CTS-PA322T 相控阵全聚焦实时 3D 超声成像系统

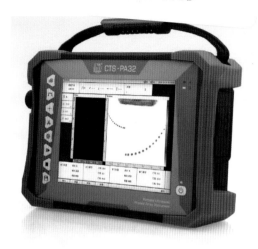

CTS-PA32 超声相控阵检测仪

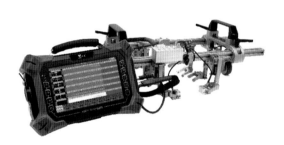

HS811TOFD 检测仪

HSPA30-E 超声波相控阵检测仪

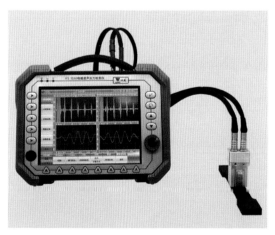

HS 1030 电磁超声应力检测仪

HS F91 电磁超声测厚仪

HS-AUT 全自动超声检测系统

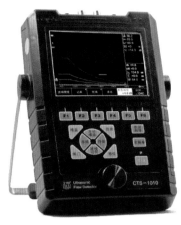

CTS-1020 新一代数字超声探伤仪

CTS-500 超声测厚仪

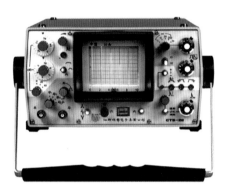

CTS-26 模拟超声探伤仪

相控阵探头

双晶直探头

斜探头

直探头

超声检测探头

定向陶瓷管 X 射线探伤机

周向平靶陶瓷管 X 射线探伤机

周向锥靶陶瓷管 X 射线探伤机

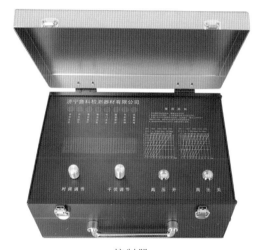

控制器

LK-LED39T&46T&60T 系列观光灯

LK-586S 系列密度计

410S 磁粉检测仪

CDX-Ⅲ磁粉检测仪

磁粉检测 A、D、E、O 型探头

LKUV-500 手持式紫外线灯

着色渗透检测剂

荧光渗透检测剂

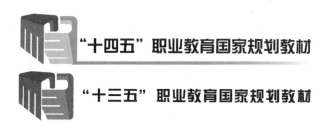

"十四五"职业教育国家规划教材

"十三五"职业教育国家规划教材

无损检测概论

主　编　胡春亮
参　编　杨春英　许文丽　高　松
主　审　张　平

机 械 工 业 出 版 社

本书为"十三五"和"十四五"职业教育国家规划教材。本书从专业架构、职业发展和工艺设计的全新角度系统地介绍了无损检测技术及其应用，阐述了无损检测各种方法的原理、特点、主要设备器材和生产应用等，较为全面地介绍了无损检测的检测对象（包括材料、铸件、锻件、焊接件、在役设备等）的结构特点、缺陷特征等无损表征对象信息，以及无损检测各种方法的标准体系和实验室认证等。

本书可作为高职高专无损检测或材料加工类专业的教材，也可供高校研究生、教师和相关工程技术人员参考。

本书配有电子课件和视频教程，读者可扫描书中二维码观看，或登录机械工业出版社教育服务网 www.cmpedu.com 注册后下载。咨询电话：**010-88379375**。

图书在版编目（CIP）数据

无损检测概论/胡春亮主编. —北京：机械工业出版社，2019.4
（2025.1 重印）

"十三五"职业教育国家规划教材

ISBN 978-7-111-62359-5

Ⅰ.①无⋯　Ⅱ.①胡⋯　Ⅲ.①无损检验-高等职业教育-教材
Ⅳ.①TG115.28

中国版本图书馆 CIP 数据核字（2019）第 055687 号

机械工业出版社（北京市百万庄大街 22 号　邮政编码 100037）
策划编辑：王海峰　责任编辑：薛　礼　王海峰
责任校对：王明欣　封面设计：鞠　杨
责任印制：常天培
北京机工印刷厂有限公司印刷
2025 年 1 月第 1 版第 11 次印刷
184mm×260mm·14.75 印张·365 千字
标准书号：ISBN 978-7-111-62359-5
定价：49.00 元

电话服务　　　　　　　　　网络服务
客服电话：010-88361066　　机 工 官 网：www.cmpbook.com
　　　　　010-88379833　　机 工 官 博：weibo.com/cmp1952
　　　　　010-68326294　　金 书 网：www.golden-book.com
封底无防伪标均为盗版　机工教育服务网：www.cmpedu.com

关于"十四五"职业教育
国家规划教材的出版说明

为贯彻落实《中共中央关于认真学习宣传贯彻党的二十大精神的决定》《习近平新时代中国特色社会主义思想进课程教材指南》《职业院校教材管理办法》等文件精神，机械工业出版社与教材编写团队一道，认真执行思政内容进教材、进课堂、进头脑要求，尊重教育规律，遵循学科特点，对教材内容进行了更新，着力落实以下要求：

1. 提升教材铸魂育人功能，培育、践行社会主义核心价值观，教育引导学生树立共产主义远大理想和中国特色社会主义共同理想，坚定"四个自信"，厚植爱国主义情怀，把爱国情、强国志、报国行自觉融入建设社会主义现代化强国、实现中华民族伟大复兴的奋斗之中。同时，弘扬中华优秀传统文化，深入开展宪法法治教育。

2. 注重科学思维方法训练和科学伦理教育，培养学生探索未知、追求真理、勇攀科学高峰的责任感和使命感；强化学生工程伦理教育，培养学生精益求精的大国工匠精神，激发学生科技报国的家国情怀和使命担当。加快构建中国特色哲学社会科学学科体系、学术体系、话语体系。帮助学生了解相关专业和行业领域的国家战略、法律法规和相关政策，引导学生深入社会实践、关注现实问题，培育学生经世济民、诚信服务、德法兼修的职业素养。

3. 教育引导学生深刻理解并自觉实践各行业的职业精神、职业规范，增强职业责任感，培养遵纪守法、爱岗敬业、无私奉献、诚实守信、公道办事、开拓创新的职业品格和行为习惯。

在此基础上，及时更新教材知识内容，体现产业发展的新技术、新工艺、新规范、新标准。加强教材数字化建设，丰富配套资源，形成可听、可视、可练、可互动的融媒体教材。

教材建设需要各方的共同努力，也欢迎相关教材使用院校的师生及时反馈意见和建议，我们将认真组织力量进行研究，在后续重印及再版时吸纳改进，不断推动高质量教材出版。

机械工业出版社

丛 书 序 言

无损检测技术对避免事故、保障安全、改进工艺、提高质量、降低成本、优化设计等发挥着特别重要的作用，在航空、航天、机械、电子、化工、能源、建筑、新材料等工业领域的应用日益广泛。在我国工业现代化进程中，安全和质量意识深入人心，通过无损检测技术来保证安全和质量正逐渐成为社会的共识。

2000年以来，我国无损检测专业的高等职业教育发展很快，人才培养规模逐年扩大，近30所高职高专院校开办了无损检测专业，每年招生超过2000人。开设无损检测专业的学校数量以及招生规模均早已超过本科院校，每年为企业输送大量新生力量。可见，高职高专院校已成为我国无损检测行业在一线工作的无损检测员的主要来源。教材是人才培养的基本资源，是提高教学质量的根本保证。但是，迄今为止，尚缺乏一套适合高职高专使用的完整的无损检测专业系列教材，编写并出版这种系列教材迫在眉睫。

在2005年5月的第二届中国无损检测高等教育发展论坛上，中国无损检测学会教育培训科普工作委员会提出由深圳职业技术学院负责联合全国高职高专院校编写无损检测系列教材。2006年8月，由中国无损检测学会和机械工业出版社主办、深圳职业技术学院发起并承办的全国高职高专无损检测系列教材编写工作会议在深圳召开。2012年7月，在由中国无损检测学会和全国机械职业教育教学指导委员会主办、深圳职业技术学院发起并承办的全国高职高专无损检测人才培养方案研讨会上，确定了高职高专无损检测专业的人才培养方案，为教材编写提供了指导。

本系列教材有《无损检测概论》《超声检测》《射线检测》《磁粉检测》《涡流检测》《渗透检测》《无损检测专业英语》《无损检测技能实训》《无损检测习题集》共9册。本系列教材是由来自我国主要的高职高专院校及部分企业资深学者和专家，按照高职高专无损检测专业人才培养方案编写的，全部教材的统筹、协调由晏荣明负责。

已故前任中国无损检测学会理事长姚锦钟教授对本套教材的编写非常支持，曾亲自到系列教材编写工作会指导。现任中国无损检测学会理事长耿荣生教授对本系列教材也十分关心，亲自为系列教材作序。中国无损检测学会副理事长任吉林教授、华东理工大学屠耀元教授、中国无损检测学会教育培训科普工作委员会主任刘晴岩教授、全国机械职业教育教学指导委员会材料工程专业指导委员会主任管平教授也对本系列教材给予了鼓励和指导，在此一并致以诚挚的感谢!

　　本系列教材在编写过程中得到许多专家、学者的指导和帮助,也参考了现有国内外的文献和教材,特此致谢! 由于无损检测涉及的知识面很广,限于编者的水平,教材中的错误在所难免,恳请读者不吝赐教!

高职高专无损检测专业系列教材编审委员会

2013 年 1 月

前　言

党的二十大报告提出，教育、科技、人才是全面建设社会主义现代化国家的基础性、战略性支撑。编写本书旨在贯彻落实国家科教兴国战略，践行职业院校培养新时代大国工匠的历史使命。

质量发展是兴国之道、强国之策。无损检测是保证产品质量和设备安全运行的一门共性技术，已被广泛应用于现代工业的各个领域。它是在物理学、电子学、电子计算机技术、信息处理技术、材料科学和人工智能等学科成果基础上发展起来的一门综合性技术，是现代工业质量保证体系中的主要技术之一。无损检测技术的发展水平是衡量一个国家工业化水平高低的重要标志，也是在现代企业中开展全面质量管理工作的一个重要标志。随着技术的不断进步和社会的发展，无损检测技术发展呈现出一些新的发展趋势，绿色发展、智能发展已经成为无损检测持续发展的时代主题和基本要求。

党的二十大报告提出，教育、科技、人才是全面建设社会主义现代化国家的基础性、战略性支撑。编写本书旨在贯彻落实国家科教兴国战略，践行职业院校培养新时代大国工匠、高技能人才的历史使命。无损检测正日益受到各个工业领域和科学研究部门的重视，在质量控制和安全生产中发挥着重要作用，无损检测一直享有"工业卫士"的美誉。无损检测人员的专业水平、对不同检测方法的掌握程度、对不同检测设备的驾驭能力、对不同结构和材料缺陷的分析能力直接关系到企业的经济效益。重视无损检测职业教育，培养优秀的检测工匠，可以为企业带来巨大的效益，可以最大限度地避免和减少工程材料缺陷可能为企业带来的质量损失和安全事故。

坚持质量为先、绿色发展的基本方针，是中国制造由弱变强的基本要求。无损检测作为一种全领域全过程的技术，在信息技术产业、高档数控机床和机器人、航空航天装备、海洋工程装备及高技术船舶、先进轨道交通装备、节能与新能源汽车、电力装备、农机装备、新材料、生物医药及高性能医疗器械等国家重点发展领域的地位和作用无可替代。为切实保障安全为先的质量发展战略的贯彻执行，国家和地方政府不断加强和鼓励检测技术和能力的建设和发展，包括加快建立健全科学、公正、权威的第三方检测体系，加强对技术机构进行分类指导和监管，规范检测行为，提高检测质量和服务水平等。

本书从专业架构、职业发展和工艺设计的全新角度系统地介绍了无损检测技术及其应用，简明阐述了无损检测各种方法的原理、特点、主要设备器材和生产应用等，较为全面地介绍了无损检测的检测对象（包括材料、铸件、锻件、焊接件、在役设备等）的结构特点、缺陷特征等无损表征对象信息，以及无损检测各种方法的标准体系和实验室认证等。

本书的编写工作由长期从事无损检测生产实践和专业教学工作的人员承担，由天津海运职业学院胡春亮任主编，编写第1章、第3章和第9章；天津海运职业学院高松编写第10章和第11章；天津海运职业学院许文丽编写第2章、第5章和第8章；天津海运职业学院杨春英编写第4章、第6章和第7章。本书由张平主审。

本书配有视频教程，读者可扫描书中二维码观看。本书可作为高职高专院校无损检测或材料加工类专业的教材，也可作为高校研究生、教师和相关领域及学科工程技术人员的参考用书。限于编者水平，书中不足在所难免，欢迎各位同仁批评指正，并对本书提出宝贵意见和建议。

编　者

二维码索引

名称	图形	名称	图形
无损检测用光		对接焊缝 TOFD 检测操作	
超声波斜探头距离-波幅-当量曲线如何制作		平面对接焊缝超声斜探头检测	
平板对接焊缝 X 射线探伤		环焊缝中心曝光法 X 射线检测操作	
磁粉与磁悬液		单磁轭磁粉探伤	
毛细现象		焊缝溶剂去除型着色渗透检测	

目　　录

第1章 绪 论

1.1 概述

随着我国科学和工农业技术的迅速发展，工农业现代化进程日新月异，高负荷、高速度、超高压、超高温、超低温等恶劣的工况条件对工程材料、零部件、结构件提出了更严格的检测和控制要求。为确保优异的产品质量，必须采用不破坏产品原来的形状、不改变使用性能的检测方法对产品进行百分之百的检测（或抽检），以确保产品的安全可靠性，这种技术就是无损检测。

无损检测是指以不损害被检测对象的使用性能为前提，应用多种物理或化学现象，对工程材料、零部件和结构件进行有效的检验和测试，借以评价它们的连续性、完整性、安全可靠性及某些物理性能，包括检测材料或构件中是否有缺陷，并对缺陷的形状、大小、方位、取向、分布和内含物等情况进行判断；还能提供组织分布、应力状态，以及某些机械和物理量等信息。

无损检测是保证产品质量和设备安全运行的一门共性技术，已被广泛应用于现代工业的各个领域。它是在物理学、电子学、电子计算机技术、信息处理技术、材料科学等学科成果基础上发展起来的一门综合性技术，是现代工业质量保证体系中的主要技术之一。无损检测作为综合性应用技术，已广泛应用于机械、冶金、化工、电力、铁道、造船、汽车、航天、航空、能源设备等工程技术及科学研究等领域。无损检测贯穿于全面质量控制的整个过程，从产品设计、工艺、试制到生产、使用等都离不开无损检测，无损检测是一种全领域的技术，如图1-1所示。作为现代基础性技术之一，无损检测已经成为现代化的工农业生产、科学技术研究、管理检测监控、产品和工程质量控制、生产安全的重要标志和手段，其"工业卫士"的美誉已得到业界普遍认同。

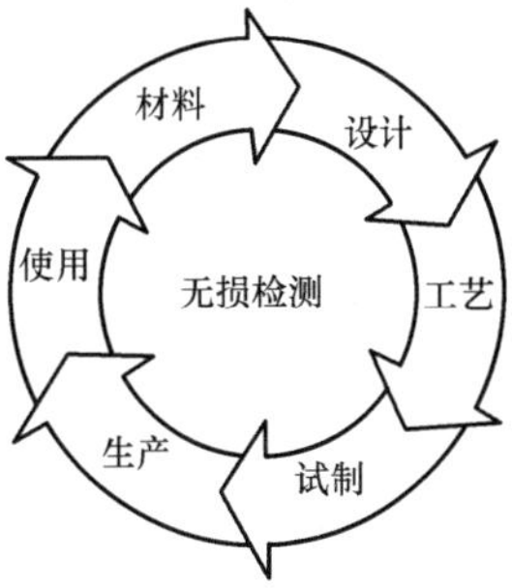

图 1-1 无损检测——
全领域技术

无损检测技术具有以下突出的特点。

（1）检测对象非破坏性 检测对象非破坏性是指在获得检测结果的同时，除了剔除不合格品外，不损害零件。因此，检测规模不受零件多少的限制，既可抽样检测，又可在必要时采用全检。因而，对产品进行100%的检测是无损检测区别于破坏性检测的显著优势，更具灵活性和可靠性。

（2）检测方法的相容性 检测方法的相容性即检测方法的互容性，指同一零件可同时或依次采用不同的检测方法，而且可重复地进行同一检测。由于任何一种无损检测方法都不是万能的，每种方法都有自己的优缺点和适用范围，要注重综合运用多种无损检测方法，取长补短，保障检测结果的真实有效性。

（3）检测实施的动态性 检测实施的动态性是指无损检测可对使用前的材料和零部件

进行检测，也可对使用中的零件进行检测，而且能够适时考察产品运行期的累计影响。可查明结构的失效机理，进行无损评价。所以，在实施无损检测时，必须根据不同无损检测方法和检测目的，正确选择检测时机。

（4）检测过程的严格性　检测过程的严格性是指无损检测技术的严格性。首先无损检测需要专用仪器、设备，同时也需要专门训练的检测人员，严格按照规程和标准进行操作。

（5）检测结果的分歧性　不同的检测方法对同一试件的检测结果可能有分歧，不同的检测人员对同一试件的检测结果也可能有分歧。对于某些检测方法，同一检测项目要由两名或多名检测人员来完成，以减小检测误差带来的损害。考虑无损检测技术自身的局限性，特别是无损检测还不能完全代替破坏性检测的情况下，必须把无损检测结果与破坏性检测结果进行比对和分析，确保无损检测做出准确评定。

（6）检测对象的本体性　无损检测直接作用于检测对象本体，而不必进行取样，可有效避免试样本身的检测误差。

1.2　无损检测工作的内容和目的

无损检测的范围非常广泛。在客观上，受检对象千差万别。例如，从尺寸上来说，有大容器、大设备和大型结构件，也有尺寸很小的机械零件、电子器件等；从材料上来说，有金属材料（磁性和非磁性的，放射性和非放射性的）和非金属材料（水泥、塑料、有机玻璃、炸药和纤维增强复合材料等）；从制造工艺上来说，有轧制、锻造、冲压、铸造、焊接、粘接、粉末冶金、热处理、表面处理和机械加工等；从被检件的形状来说，有规则的，如板材、棒材和管材等，还有不规则的，如形状各异的零件或组件；从生产数量来说，有成批生产的，也有小批量或单件生产的。此外，缺陷的位置也不一样，有内部的，也有表面的和近表面的；缺陷的形状和性质也不尽相同，有体积型的，也有面积型的。从被检件的状态来说，又可分为静态检测和实时动态检测等。

无损检测技术发展过程几乎利用了世界上所有物理研究的新成就、新方法，可以说材料物理性质研究和进展与无损检测技术的发展是一致的。目前，在无损检测技术中利用材料的物理性质有材料在弹性波作用下呈现出的性质，在电磁波作用下呈现出的性质，以及在力、光、电场、磁场、热场作用下呈现出的性质等，例如射线检测（X 射线、γ 射线、高能 X 射线、中子射线、质子和 X 光工业电视等）、超声和声振检测（超声波反射、超声波透射、TOFD 超声衍射、超声共振、超声成像、超声频谱、电磁超声和声振检测等）、电学和电磁检测（电位法、电阻法、涡流法、微波法、录磁与漏磁、磁粉法、核磁共振、巴克豪森效应和外激电子发射等）、力学和光学检测（目视法和内窥镜、荧光法、着色法、光弹性覆膜法、脆性涂层、激光全息干涉法、泄漏检查、应力测试等）、热力学检测（热电势法、液晶法、红外线热图法等）和化学分析检测（电解检测法、离子散射、俄歇电子分析和穆斯堡尔谱等）等。现代检测技术还包括计算机数据和图像处理、图像的识别与合成以及自动化检测技术。无损检测是一门理论上综合性较强，又非常重视实践环节的很有发展前途的技术。它涉及材料的物理性质、产品设计、制造工艺、断裂力学以及有限元计算等诸多方面。

综上所述，无论是哪种检测方法，无损检测基本工作内容包括三个方面：一是分析材料或构件在不同势场（超声场、电磁场、磁场、电场、热场、力和光等）作用下的性质，二是通过传感器捕捉并测量材料或构件性能的细微变化，三是说明产生变化的原因并评价其适用性。具体而言，任何无损检测方法都包括五个基本要素：①源（势场）——具有适当形式的势场（能量）分布规律，能够有效作用于被检对象；②变化——被检测物体的结构异常（不连续或某种特性改变）会引起势场（能量）分布的相应变化；③探测——应用特定探测器，获知检测对象中能量、势场或其他特征量的细微变化；④指示——应用显示装置显示和记录探测器发现的特征信号；⑤解释——解释指示原因和评价被检对象的相关性能。可见，具备不损害被检对象的前提，同时具备源（势场）、变化、探测、指示和解释五个基本要素的检测方法才能称为无损检测。

无损检测的目的主要从以下三个方面予以阐述。

（1）质量管理 每种产品的使用性质、质量水平，通常在其技术文件中都有明确规定，如技术条件、规范和验收标准等，均以一定的技术质量指标予以表征。无损检测的主要目的之一就是对非连续加工（如多工序生产）或连续加工（如自动化生产流水线）的原材料、零部件提供实时的质量控制，例如控制材料的冶金质量、加工工艺质量、组织状态、涂镀层的厚度以及缺陷的大小、方位与分布等。在质量控制过程中，将所得到的质量信息反馈到设计与工艺部门，便可反过来促使其进一步改进产品的设计与制造工艺，使产品质量得到相应的巩固和提高，从而收到降低成本、提高生产效率的效果。当然，利用无损检测技术也可以根据验收标准，把原材料或产品的质量水平控制在设计要求的范围之内，无须无限制地提高质量要求，甚至在不影响设计性能的前提下，可以使用某些有缺陷的材料，从而提高社会资源利用率，也使经济效益得以提高。

（2）在役检测 使用无损检测技术对装置或构件的运行过程进行监测，或者在检修期间进行定期检测，能及时发现影响装置或构件继续安全运行的隐患，防止事故的发生，能使重要的大型设备，如核反应堆、桥梁建筑、铁路车辆、压力容器、输送管道、飞机、火箭等防患于未然，具有不可忽视的重要意义。

在役检测的目的不仅仅是及时发现和确认危害装置安全运行的隐患并予以消除，更重要的是根据所发现的早期缺陷及其发展程度（如疲劳裂纹的萌生与发展），在确定其方位、尺寸、形状、取向和性质的基础上，还要对装置或构件能否继续使用及其安全运行寿命进行评价。虽然无损评价工作在我国才刚刚起步，但已成为无损检测技术中一个重要的发展方向。

（3）质量鉴定 对于制成品（包括材料、零部件）在进行组装或投入使用之前，应进行最终检测，此即为质量鉴定。其目的是确定被检对象是否达到设计性能，能否安全使用，亦即判断其是否合格，这既是对前面加工工序的验收，也可以避免给以后的使用造成隐患。在铸造、锻压、焊接、热处理以及切削加工的每道（或某一种、某几种）工序中，应用无损检测技术检测材料或部件是否符合要求，可以避免对不合格产品继续进行徒劳无益的加工。该项工作一般称为检查，实质上也属于质量鉴定的范畴。产品使用前的质量验收鉴定是非常重要的，特别是那些将在复杂恶劣条件（如高温、高压、高应力、高循环载荷等）下使用的产品。在这方面，无损检测技术表现出能进行百分之百检测的无比优越性。

综上所述，无损检测技术在生产设计、制造工艺、质量鉴定以及经济效益、工作效率的提高等方面都显示出极其重要的作用。所以，无损检测的基本理论、检测方法和对检测的分析，特别是对一些典型应用实例的剖析，已成为工程技术人员的必备知识。

1.3　无损检测方法及其选择

目前，无损检测方法有很多，见表 1-1。

表 1-1　无损检测主要类别

检测大类	检测方法
射线检测	X 射线检测、γ 射线检测、中子射线法检测、射线计算机层析检测、质子射线检测、正电子湮没检测、中子活化分析、穆斯堡尔谱法、电子射线照相
声学方法检测	超声检测、声发射检测、声-超声检测、声振检测、声成像与声全息检测和声显微镜检测
电学方法检测	涡流检测、电位差和交流场检测、电流微扰检测、带电粒子检测、电晕放电检测、外激电子发射检测
磁学方法检测	磁粉检测、漏磁场检测、巴克豪森噪声检测、磁声发射检测、核磁共振检测、磁吸收检测
光学方法检测	目视检测、光全息术检测、错位散斑干涉检测
热学方法检测	光声光热检测、温差电方法检测、液晶检测、热敏材料涂覆检测
渗透检测	液体渗透检测、滤出粒子检测、氪气渗透成像检测、挥发液检测
渗漏检测	渗漏检测
微波与介电测量检测	微波检测、介电测量检测

常规无损检测方法主要包括超声检测（Ultrasonic Testing，UT）、射线检测（Radiographic Testing，RT）、磁粉检测（Magnetic particle Testing，MT）、渗透检测（Penetrant Testing，PT）和涡流检测（Eddy current Testing，ET）。常规无损检测方法的适用性见表 1-2。

表 1-2　常规无损检测方法的适用性

序号	检测方法		适用性
1	射线检测	优点	1）检测结果可直接记录，保存期长 2）可以获得缺陷的影像，缺陷的定性定量准确
		局限性	1）体积型缺陷检出率很高，而面积型缺陷的检出率受到多种因素影响，因此不适宜检测板材、棒材和锻件等 2）适宜检测厚度较薄的工件，不适宜检测较厚的工件 3）有些试件结构和现场条件不适合射线照相 4）对缺陷在工件中厚度方向的位置、尺寸（高度）的确定比较困难 5）检测成本高 6）射线照相检测速度慢 7）射线对人体有伤害
2	超声检测	优点	1）面积型缺陷的检出率较高，而体积型缺陷的检出率较低 2）适宜检测厚度较大的工件，不适宜检测较薄的工件 3）应用范围广，可用于各种试件 4）检测成本低、速度快、仪器体积小、自重轻，现场使用较方便 5）对缺陷在工件厚度方向上的定位较准确
		局限性	1）以常用 A 型脉冲反射法检测时，无法得到缺陷直观图像，定性困难，定量精度不高 2）检测结果无直接见证记录 3）材质、晶粒度对检测有影响 4）工件不规则的外形和一些结构会影响检测结果 5）探头扫查面的平面度和表面粗糙度对超声检测有一定影响 6）缺陷的位置、取向和形状对检测结果有一定影响

（续）

序号	检测方法		适　用　性
3	磁粉检测	优点	1）适宜铁磁材料的检测 2）可以检出表面和近表面缺陷，不能用于检查内部缺陷 3）检测灵敏度很高，可以发现极细小的裂纹（如可检测出长 0.1mm、宽为微米级的裂纹）以及其他缺陷 4）检测成本低，速度快
		局限性	1）不能用于非铁磁材料的检测 2）不能检测宽而浅和针孔状缺陷 3）工件的形状和尺寸有时对检测有影响 4）需要退磁处理，对剩磁要求高的需要特殊处理
4	渗透检测	优点	1）可以用于除了疏松多孔性材料外任何种类的材料 2）形状复杂的部件也可用渗透检测，并一次操作就可大致做到全面检测 3）不需要大型的设备，可不用水、电 4）检测灵敏度高（可发现 0.1μm 宽的缺陷）
		局限性	1）受试件表面粗糙度影响大，检测结果往往容易受操作人员水平的影响 2）只能检出表面开口缺陷，对埋藏缺陷或闭合型表面缺陷无法检出 3）只能检出缺陷的表面分布，难以确定缺陷的实际深度 4）对工件温度要求严格 5）有些材料易燃、有毒
5	涡流检测	优点	1）适用于各种导电材质的试件检测，包括各种钢、钛、镍、铝、铜及其合金 2）可以检出表面和近表面缺陷 3）探测结果以电信号输出，容易实现自动化检测 4）由于采用非接触式检测，所以检测速度很快
		局限性	1）形状复杂的试件很难应用，因此一般只用其检测管材、板材等轧制型材 2）不能显示出缺陷图形，因此无法从显示信号判断出缺陷性质 3）各种干扰检测的因素较多，容易引起杂乱信号 4）由于趋肤效应，埋藏较深的缺陷无法检出 5）不能用于非导电材料的检测

其他无损检测技术主要包括声发射（Acoustic Emission, AE）检测、泄漏检测（Leak Testing, LT）、光全息照相（Optical Holography, OH）检测、红外热成像（Infrared Thermography, IRT）检测、微波检测（Microwave Testing, MWT）、衍射波时差法超声检测技术（Time of Flight Diffraction, TOFD）、导波检测（Guided Wave Testing, GWT）和超声相控阵检测（Phased Array Ultrasonic Testing, PAUT）。

1.4　无损检测的发展过程和趋势

20 世纪 70~90 年代是国际无损检测技术发展的兴旺时期，其特点是计算机和信息技术不断向无损检测领域延伸和渗透，无损检测本身的新方法和新技术不断出现，从而使无损检测仪器的改进取得很大进展。金属陶瓷管的小型轻量 X 射线机、X 射线工业电视和图像增强与处理装置、安全可靠的 γ 射线装置和微波直线加速器等分别出现和应用。X 射线、γ 射线和中子射线的电子计算机断层扫描技术（Computed Tomography, CT）在工业无损检测中已经得到应用。超声检测中的 A 扫描、B 扫描、C 扫描和超声全息成像装置、超声显微镜、具有多种信息处理和显示功能的多通道声发射检测系统，以及采用自适应网络对缺陷波进行识别和分类，采用模-数转换技术将波形数字化，以便存储和处理的计算机化超声检测仪已开始应用。用于高速自动化检测的漏磁和录磁探伤装置及多频参量涡流测试仪，以及各类高速、高温检测，高精度和远距离检测等技术和设备都获得了迅速的发展。微型计算机在数据和图像处理、过程的自动化控制两个方面得到了广泛的应用，从而使某些项目达到了在线和实时检测的水平。

复合材料、粘接结构、陶瓷材料以及记忆合金等功能材料的出现，为无损检测提出了新的检测课题，还需研究新的无损检测仪器和方法，以满足对这些材料进行无损检测的需要。

长期以来，无损检测有三个阶段，即 NDI（Non-destructive Inspection）、NDT（Non-destructive Testing）、NDE（Non-destructive Evaluation）。目前一般统称为无损检测（NDT）。20世纪后半叶，无损检测技术得到了迅速发展，从无损检测的三个简称及其工作内容中便可清楚地了解其发展过程，详见表1-3。实际上，工业发达国家的无损检测技术已逐步从 NDI 和 NDT 阶段向 NDE 阶段过渡，即用无损评价来代替无损探伤和无损检测。在无损评价（NDE）阶段，自动无损评价（ANDE）和定量无损评价（QNDE）是该发展阶段的两个组成部分。它们都以自动检测工艺为基础，非常注意对客观（或人为）影响因素的排除和解释。前者多用于大批大量、同规格产品的生产、加工和在役检测，而后者多用于关键零部件的检测。

表 1-3　无损检测的发展阶段及其基本工作内容

发展阶段	第一阶段	第二阶段	第三阶段
简称	NDI 阶段	NDT 阶段	NDE 阶段
汉语名称	无损探伤	无损检测	无损评价
英文名称	Non-destructive Inspection	Non-destructive Testing	Non-destructive Evaluation
基本工作内容	主要用于产品的最终检测，在不破坏产品的前提下，发现零部件中的缺陷（含人眼观察、耳听诊断等），以满足工程设计中对零部件强度设计的需要	不但要进行最终产品的检测，还要测量过程工艺参数，特别是测量在加工过程中所需要的各种工艺参数，如温度、压力、密度、黏度、浓度、成分、液位、流量、压力水平、残余应力、组织结构及晶粒大小等	不但要进行最终产品的检验以及过程工艺参数的测量，而且当认为材料中不存在致命的裂纹或大的缺陷时，还要进行如下工作： 1）从整体上评价材料中缺陷的分散程度 2）在 NDE 的信息与材料的结构性能（如强度、韧性）之间建立联系 3）对决定材料的性质、动态响应和服役性能指标的实测值（如断裂韧性、高温持久强度）等因素进行分析和评价

随着现代化工业水平的提高，我国无损检测技术取得了很大的进步，已建立和发展了一支训练有素、技术精湛的无损检测队伍，并形成了一个包括中专、大专、本科、硕士研究生、博士研究生（无损检测培养方向）的教育体系。可以乐观地说，今后我国的无损检测行业将是一个人才济济的新天地。很多工业部门近年来也大力加强了无损检测技术的应用和推广工作。

与此同时，我国已有一批生产无损检测仪器设备的专业工厂，主要生产常规无损检测技术所需的仪器设备。虽然我国的无损检测技术和仪器设备的水平从总体上讲仍落后于发达国家 15~20 年，但一些专门仪器设备（如 X 射线机、多频涡流仪和超声波检测仪等）都逐渐采用计算机控制，并能自动进行信号处理，大大提高了我国的无损检测技术水平，有效地缩短了中国无损检测技术水平与发达国家的差距。

无损检测技术的发展，首先得益于电子技术、计算机科学和材料科学等基础学科的发展，才不断产生了新的无损检测方法。同时也由于该技术广泛采用在产品设计、加工制造、成品检测以及在役检测等阶段，并都发挥了重要作用，因而越来越受到人们的重视和有效的经济投入。从某种意义上讲，无损检测技术的发展水平是衡量一个国家工业化水平高低的重要标志，也是在现代企业中开展全面质量管理工作的一个重要标志。有关资料认为，目前世界上无损检测技术最先进者当属美国，而德国、日本是将无损检测技术与工业化实际应用融合得最为有效的国家。

近年来，无损检测技术的发展比以往任何时候都更快、更新，这得益于人们在无损检测和相关领域的不断创新。随着技术的不断进步和社会发展的需要，无损检测技术发展呈现出了一些新的发展趋势。

1）无损检测（NDT）技术正向无损评价（NDE）方向发展。无损检测技术不但要在不损伤被检对象使用性能的前提下，检测其内部或表面的各种宏观缺陷，判断缺陷的位置、大小、形状和性质，还应能对被评价对象的固有属性、功能、状态和发展趋势（安全性和剩余寿命）等进行分析、预测，并做出综合评价。

2）无损检测技术应当为保护生态环境服务，为预防地球的温室效应服务，为提高人类生活质量服务。机械制造业的一个重要发展方向是"绿色制造"，低耗能、低排放和环境友好是"绿色"的核心。未来的无损检测设备也应该是"绿色"的，即环境友好型设备。因此，随着技术本身的发展和进步，一些传统的、可能会对环境产生污染的检测方法将会逐步被淘汰，或者被新的方法、新的检测媒介所代替。具有高缺陷检出率（Probability of Detection，POD）的"绿色"NDT 方法，即节能、环保型的方法必然是发展方向。

实现"绿色"检测技术首当其冲的是渗透检测，其次是磁粉检测。对渗透检测而言，应优先采用环境友好型的渗透媒介，目前已有一些低污染或者基本无污染的渗透液产品问世，它使用无色透明的表面渗透剂，利用光的折射效应发现缺陷。随着漏磁检测技术的进步和检测灵敏度的提高，以及后者可能更容易实现智能检测和可视检测，由其代替或者部分代替磁粉检测是早晚的事情。

3）无损检测技术向自动化、图像化、计算机化发展，使检测更快、更可靠和更直观。无损检测设备的自动化对于一些大型结构，特别是表面形状复杂的结构（如飞机、管道等）来说有特别重要的意义。同样，生产线的自动化检测也特别重要。这不仅是节省人力的问题，同时也是能够保证检测重复性和可靠性的问题。简单的自动检测装置和爬行器等已得到广泛应用，而对于一些更复杂的装置，无损检测工作者需要与工作在自动化领域，特别是机器人领域的工作者密切结合，图像化在 NDT 中的重要作用是其他方法所不可替代的。人类在探索自然界的奥秘时希望能有一个最直观的解答，即使对十分复杂的现象也是如此。目视检测（包括借助内窥镜、放大镜和显微镜等工具）仍然是用得最多的检测方法。传统的 A 扫描超声检测仪器虽然还有一定的市场，但被成像显示方式的仪器（B 扫描、C 扫描和超声 CT）代替已是一个不争的事实。涡流检测仪器从指针式变为平面相位图显示是一大进步，但目前，它也几乎要被涡流成像检测仪器代替。光学检测方法是一颗正在冉冉升起的新星，这在很大程度上是由于光学方法的检测结果是以图像显示的方式出现的。热成像和振动热图能够得到广泛应用，也得益于其检测结果图像化显示的优越性。

4）NDT 集成新技术的时代已经来到。每一种 NDT 检测方法都有各自的基础原理和检测特点，各有优劣。面对复杂的检测对象及不同的检测要求，单靠一种检测技术很难全面准确地判定缺陷程度并做出寿命评估。利用各种检测方法之间的互补性，发展 NDT 集成技术，在一台设备中融合多种检测方法，对关键部件采用多种检测手段，可以提高检测结果的可靠性。

随着数字电子技术的发展，现场可编程门阵列 FPGA（Field Programmable Gate Array）、微处理器 ARM（Advanced RISC Machines）和微处理器 DSP（Digital Singnal Processor）等集成电子器件大量应用，使研制和开发全新的 NDT 集成技术产品成为可能。NDT 集成技术的应用将使检测结果从定性向定量转变，并融入设备健康状态评估和再制造技术之中，从而形成设备制造、使用、维护和再制造的绿色循环经济体系。相信在不远的将来，该技术将成为无损检测技术发展的一个重要里程碑。

5）无损检测之源——传感器技术的研究越来越受到业界的重视。利用新型智能传感器，并将传感器、信号处理和计算机集成到一个微系统中，这一领域的发展也将为无损检测技术的发展提供新的空间。

1.5　无损检测人员

1.5.1　无损检测员职业

在国家职业分类目录中，无损检测从业人员的职业名称为"无损检测员"，职业代码为6260104。其职业定义为：在不破坏检测对象的前提下，应用超声、射线、磁粉、渗透等技术手段及专用仪器设备，对材料、构件、零部件、设备的内部及表面缺陷进行检验和测量的人员。无损检测员职业共设四个等级，分别为中级（国家职业资格四级）、高级（国家职业资格三级）、技师（国家职业资格二级）和高级技师（国家职业资格一级）。无损检测国家职业等级认定工作由具有相关资质的职业资格鉴定机构组织实施，考核合格由人力资源和社会保障部统一核发无损检测员国家职业资格证书。

1.5.2　无损检测资格证

从事无损检测工作的人员应按相关行业无损检测人员考核规则，经考试机构考核合格，取得无损检测资格证后，方可从事许可范围内的无损检测工作。一般无损检测资格证分为 I 级、II 级、III 级三个等级。

各级无损检测人员的能力与职责要求如下：

1）I 级人员不负责检测方法、技术以及工艺参数的选择，其工作仅限于以下内容：

① 正确调整和使用检测仪器。

② 按照无损检测作业指导书或工艺卡进行检测操作。

③ 记录检测数据，整理检测资料。

④ 了解和执行有关安全防护规则。

2）Ⅱ级无损检测人员负责按照已经批准的或者经过认可的工艺规程，实施和指导无损检测工作，具体包括以下内容：

① 实施或者监督Ⅰ级无损检测人员的工作。

② 按照工艺文件要求调试和校准检测仪器，实施检测操作。

③ 持证4年以上并且在Ⅲ级人员的指导下，可以编制和审核无损检测工艺规程。

④ 根据无损检测工艺规程编制针对具体工件的无损检测工艺卡。

⑤ 按规范、标准解释和评定检测结果，编制或审核检测报告。

⑥ 对Ⅰ级无损检测人员进行技能培训和工作指导。

3）Ⅲ级人员可以被授权指导其所具有的项目资格范围内的全部工作，并且承担相应责任，包括以下内容：

① 实施或者监督Ⅰ级和Ⅱ级无损检测人员的工作。

② 工程的技术管理、无损检测装备性能和人员技能评价。

③ 编制和审核无损检测工艺规程。

④ 确定用于特定对象的特殊检测方法、技术和工艺规程。

⑤ 对检测结果进行分析、评定或者解释。

⑥ 向Ⅰ级和Ⅱ级无损检测人员解释规范、标准、技术条件和工艺规程的相关规定。

⑦ 对Ⅰ级和Ⅱ级无损检测人员进行技能培训。

无损检测资格证取证工作由各行业协会（学会）组织实施，考核合格由各行业相关机构核发本行业无损检测资格证，如中国机械工程学会核发的机械行业无损检测资格证、中国特种设备检验检疫总局核发的无损检测资格证、中国船级社核发的无损检测资格证等。

1.5.3 无损检测"1+X"证书

"1"为学历证书，"X"为若干职业技能等级证书。职业教育全面贯彻党的教育方针，落实立德树人的根本任务，是培养德智体美劳全面发展的高素质劳动者和技术技能人才的主渠道，学历证书全面反映学校教育的人才培养质量，职业技能等级证书反映职业活动和个人职业生涯发展所需要的综合能力。

1. 路桥工程无损检测职业技能等级证书

路桥工程无损检测职业技能属于路桥工程类及相关专业技能。路桥工程无损检测职业技能等级证书面向全国中等职业院校（含）以上路桥工程类及相关专业的在校学生，以及从事路桥工程类及相关工作，并具有高中或同等文化程度的从业人员进行路桥工程无损检测职业技能等级考核与评价。路桥工程无损检测职业技能分为三个等级：初级、中级和高级。

2. 轨道交通装备无损检测职业技能等级证书

轨道交通装备无损检测职业技能属于工程材料和装备制造类及其相关专业技能。"1+X"轨道交通装备无损检测职业技能等级证书面向全国中等职业院校（含）以上轨道交通装备类及相关专业的在校学生，以及从事轨道交通装备类及相关工作，并具有高中或同等文化程度的从业人员进行轨道交通装备无损检测职业技能等级考核与评价。轨道交通装备无损检测职业技能分为三个等级：初级、中级和高级。

第2章 目视检测

从广义上说，只要人们用视觉所进行的检查都称为目视检测。现代目视检测是指用观察方式评价对象的一种无损检测方法，它仅指用人的眼睛或借助于光学仪器对工业产品表面进行观察或测量的一种无损检测方法。

目视检测是重要的无损检测方法之一，对于表面缺陷的检查，即使采用了其他方法，目视检测仍被广泛用作一种有用的补充。其主要优点是原理简单，易于理解和掌握；不受或很少受被检产品的材质、结构、形状、位置和尺寸等因素的影响；检测过程快速便捷，无需复杂的检测设备或器材；检测结果具有直观、真实、可靠以及重复性好的特点。

目视检测的主要缺点是：仅能检测表面缺陷，且不能发现表面上非常细微的缺陷；某些检测部位有难以接近的困难；观察过程中由于受到表面光照度、颜色等影响，容易发生漏检现象。

2.1 目视检测原理

2.1.1 光度学

光是能直接引起视觉的电磁辐射，光度学是有关视觉效应评价辐射量的学科。目视检测必须在可见光下进行，其光源的光通量、发光强度、光照度和亮度等基本光学物理量都与检测结果直接有关。

1. 光通量

光源发出的光能向周围的所有方向辐射，在单位时间里通过某一面积的光能，称为通过这个面积的辐射通量。光通量是指能引起眼睛视觉强度的辐射通量，用符号 Φ 表示，单位是流明（lm）。

2. 发光强度

发光强度简称光强，是指光源在给定方向上单位立体角内传输的光通量，用符号 I 表示，单位是坎［德拉］（cd）。1979 年，第十六届国际度量衡会议规定，1cd 是光源在给定方向上，在每球面立体角内发出 $1/683W = 0.00145W$，频率为 540×10^{12} Hz（即波长为 555nm）的单色光辐射通量时的光强。

3. 光照度与光照度定律

光照度又称照度，是物体单位面积上所接收的光通量，用符号 E 表示，单位是勒［克斯］（lx）。$1lx = 1lm/m^2$，即被均匀照射的物体，$1m^2$ 面积上所得到的光通量是 1lm 时，它的光照度就是 1lx。光照度是表示物体被照明的程度。照射到物体表面上的光通量也就是照明物体的光通量，我们可利用它来观察物体表面，所以光照度在目视检测中是个非常重要的概念。

表 2-1 列出了一些情况下所达到或所需要的光照度。

表 2-1　有关情况下的光照度

不同环境条件	光照度/lx	不同工作要求	光照度/lx
晚间无月光时的光照度	3×10^{-4}	读书必需的光照度	50
月光下的光照度	0.2	精细工作时所需的光照度	$100\sim200$
明朗夏天室内的光照度	$100\sim500$	摄影棚内所需的光照度	10000
没有阳光时室外的光照度	$1000\sim5000$	判别方向必需的光照度	1
阳光直射时室外的光照度	100000	眼睛能感受的最低光照度	1×10^{-9}

　　某一发光体表面上微小面积范围内所发出的光通量与这一面积之比称为这一微小面积上的光出射度。光出射度与光照度有相同的形式，两者有相同的含义，其差别仅在于光照度表征表面接收的光通量，而光出射度表征从表面发出的光通量。因此，光出射度的单位与光照度的单位一样，也为勒克斯。

　　除自身发光的光源之外，被照明的表面会反射或散射出入射在其表面上的光通量，称为二次光源。二次光源的光出射度与受照的光照度之比称为表面的反射率。大部分物体对光的反射都具有选择性。当白光入射其上时，反射光的光谱组成与白光不同，则这种物质是彩色的。若某种物质在可见光范围内对所有波长的反射率值相同且接近 1，那么这种物质称为白体，如氧化镁、硫酸钡或涂有这种物质的表面，其反射率达 95%；反之，对于所有波长的反射率值都相同且接近于 0 的物质称为黑体，如炭黑和黑色的粗糙表面，其反射率仅为 1%。

　　假设点光源的光强为 I，以点光源为中心，r 为半径作一球面，那么球面上的光照度为

$$E = \Phi/S = 4\pi I/(4\pi r^2) = I/r^2 \tag{2-1}$$

　　所以用点光源照明时，假设光源的光强不变，垂直照射面上的光照度与它到光源的距离的平方成反比。这就是光照度第一定律，也称为光照度的平方反比定律。

4. 亮度

　　一个有限面积的光源，尽管在某一方向的光强与另一点光源在相同方向的光强相同，但是会明显地感觉到点光源更亮些。这表明仅用光强来表征光源的发光特征是不全面的。为了便于说明光源的表面部分辐射特性，必须了解亮度的概念。亮度是光源单位面积上的光强，其单位是尼特，国际符号是 nt。1nt 等于 1m² 均匀发光表面在其法线方向上光强为 1cd 时的亮度。亮度的另一种单位是熙提，它是 1cm² 均匀发光表面在其表面上发出 1cd 光强时的亮度，即 1 熙提 =1cd/1cm²，因此 1 熙提 =10000 尼特。

　　一般光源的亮度在不同辐射方向上有不同的值。也有一些光源，其亮度不随方向而改变，这种亮度为常数的光源称为朗伯光源。一般的漫射表面，如磨砂玻璃等漫透射表面和涂有氧化镁或硫酸钡的漫反射面等，经光源照明以后，其漫透射光和漫反射光都近似具有这种特性，是常被采用的朗伯光源。

2.1.2　光的反射

　　当光线斜射到两种介质界面上时，光就分成两部分（图 2-1），一部分在原来的介质里改变传播的方向，另一部分进入另一介质，从界面开始改变传播的方向。前一种现象称为光的反射，后一种现象称为光的折射。光的反射和折射现象是在两种介质界面上同时存在的。

反射定律：反射光线位于入射面内，反射角 β 等于入射角 α。

如果光线逆着原来反射线的方向照射到界面，它就逆着原来入射线的方向反射。这个现象就是光路的可逆性。

由于反射面的性质不同，所以有两种不同的反射现象。如果物体的表面粗糙，各点的法线不平行，即使入射线是平行的，反射时并不能沿单一方向，这种现象称为漫反射（图2-2）。由于物体表面的漫反射，人们就能看见本身不发光的物体，并且能从各个方向看见它。

如果平行的光线照射到光滑物体的表面，反射后仍然是平行光线，称为单向反射或正反射（图2-3）。

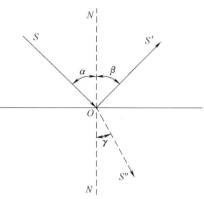

图 2-1 光的反射和折射
S—入射光线 S''—折射光线 S'—反射光线
α—入射角 β—反射角 γ—折射角

反射面极光滑时，我们只能在一定方向上看到由单向反射所造成的像或反射出来的光。

表面眩光是干扰目视检测的人工照明光源的反射光。

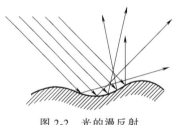

图 2-2 光的漫反射

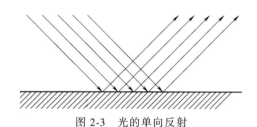

图 2-3 光的单向反射

2.1.3 光的折射

1. 光的折射和折射定律

当光从一种介质斜射入另一种介质时，它的传播方向总要发生改变，这种现象称为光的折射。

折射定律可表述为：折射光线位于折射面内，入射角的正弦值和折射角的正弦值之比，对于一定的两种介质来说是一个与入射角无关的常数。

$$\frac{\sin\alpha}{\sin\gamma}=n_{1,2} \tag{2-2}$$

折射线与入射线的延长线的交角，称为折射时的偏向角。偏向角 δ 等于入射角 α 和折射角 γ 的差。入射角越小，偏向角越小，入射角等于零，偏向角也等于零，也就是说，当光线垂直入射时，进入另一介质的光线并不改变它原来的方向。

在光的折射现象中，同样存在光路的可逆性，当光线逆着折射线（$S''O$）的方向射到界面时，一定会逆着原来入射线（OS）的方向折射。

2. 折射率

一种介质对另一种介质的折射率 $n_{1,2}$ 是第一种介质的光速 v_1 与第二种介质的光速 v_2 之比。这就是折射率和光速之间的关系。对于一定的介质，光速是不变的，因此，两种一定的介质对应的折射率应为不变的常数。

通常把一种介质对于另一种介质的折射率称为"相对折射率"，而把介质对真空的折射率称为"绝对折射率"。由于光在空气中的传播速度和真空中的传播速度相差极小，通常把空气的绝对折射率取作 1，而把介质对空气的折射率作为"绝对折射率"。

传光快的介质称为光疏介质，传光慢的介质称为光密介质。光密和光疏是相对的，完全是对传光速度的快慢而言，并非由介质密度决定。光从光疏介质进入光密介质时要向法线方向折射，折射角小于入射角；光从光密介质进入光疏介质时要离开法线方向折射，折射角大于入射角。

3. 全反射

光从光密介质进入光疏介质时要离开法线折射，入射角逐渐增大，折射角也将逐渐增大。但是折射角的最大极限是 90°，不可能再增大。折射角为 90°时对应的入射角称为光密介质对光疏介质的临界角。

当入射角大于临界角时，光线不能进入光疏介质，它服从反射定律，这种现象称为全反射。如果介质对于真空的临界角是 A，折射角 B 为 90°，它的绝对折射率为 n，根据折射定律有

$$\sin A/\sin B = 1/n, \sin A = 1/n \tag{2-3}$$

普通玻璃的折射率是 3/2，水的折射率是 4/3，相应的临界角分别是 42°和 49°。

4. 光的色散

折射率是表征介质特性的一个重要量值。但是，介质的折射率只是对单一波长的光而言的，而波长反映了光的一种颜色。实际上最常用的是白光的成像，白光是各种不同波长色光的复合光。除真空之外，任何透明介质对不同波长的色光具有不同的折射率，只是随介质的不同，其折射率随波长而变的程度不同而已。折射率随波长的变短而增大，尤其是短波长部分，折射率增加得更快。

如果入射于折射棱镜的是白光，由于棱镜对不同色光具有不同的折射率，各色光经折射后的折射角将不同，经整个棱镜后的偏角也随之不等。因此，白光经棱镜折射后将分解成各种色光而呈现出一片按顺序排列的颜色，这种现象称为色散。由于红光的波长长，折射率小，产生较小的偏角，紫光的波长短，折射率大，产生较大的偏角，故白光经折射三棱镜后，形成按红、橙、黄、绿、青、蓝、紫的顺序排列的连续光谱。

2.1.4　光的吸收和散射

1. 光的吸收

介质对光的吸收和散射都是分子尺度上光与物质的相互作用，除了真空，无一介质对光波或电磁波是绝对透明的，光强随传播距离的增加而减少的现象，称为介质对光的吸收，被吸收的光能量转化为介质的热能或内能。光线经历单位长度后所导致的光强减少的百分比，称为吸收系数。大量试验表明，吸收系数与光强无关，称为线性吸收规律。不同介质有不同的吸收系数。例如，在可见光范围内纯净水的吸收系数约为 0.02m^{-1}，这相当于光在水中传播 50m 后，其光强仅减小为原光强的 1/3。各种无色玻璃的吸收系数大体在 $0.05 \sim 0.15\text{m}^{-1}$ 之间，于是通过 5mm 厚的玻璃层后光因吸收而导致的强度减弱约为 0.05%。

2. 光的散射

介质的不均匀性将导致光的散射，它将定向入射的光强散射到其他方向，从而也造成定向光强随传播而减小。

当光束通过均匀透明介质（如玻璃或水）时，人们从侧面是难以看到光束的。如果透明介质不均匀，比如其中悬浮大量微粒的浑浊液体，便可以在侧面清晰地看到光束的径迹。散射在日常生活中很常见，如蓝天、白云、红太阳，这是大气对阳光散射的结果。又如，水是无色透明的，浪花都是白色的，这是浪花中大量且紊乱的微小水珠对阳光散射的结果。

2.1.5　眼视

1. 人眼的结构

人眼视网膜由杆状细胞和锥状细胞组成。

杆状细胞对 498 nm 的青绿光最敏感，用于黑暗环境下的视觉。

L-锥状细胞对 564nm 的红色最敏感，M-锥状细胞对 533nm 的绿色最敏感，S-锥状细胞对 437nm 的蓝色最敏感，它们为人眼提供了对三基色的视觉。

2. 人眼的分辨率

眼睛具有分开很靠近的两相邻点的能力，当用眼睛观察物体时，一般用两点间对人眼的张角来表示人眼的分辨率。

3. 视场和视角

眼睛固定注视一点或借助光学仪器注视一点时所看到的空间范围，称为视场。观察物体时，从物体两端（上、下或左、右）引出的光线在人眼光心处所成的夹角，称为视角。物体的尺寸越小，距离观察者越远，则视角越小。正常人眼能区分物体上的两个点的最小视角约为 1′。在良好的光照度条件下，人眼能分辨的最小视角为 1°。要使观察不太费力，视角需 2°~4°。

4. 对比度与可见度

（1）对比度　某个显示和围绕这个显示的表面背景之间的亮度和颜色之差，称为对比度。对比度可用两者间的反射光或发射光的相对量来表示，这个相对量称为对比率。

试验测量结果表明，从纯白色表面上反射的最大光强约为入射光强度的 98%，从最黑的表面上反射的最小光强约为入射白光强度的 3%。这表明黑白之间能得到的最大对比率为 33：1。

（2）可见度　可见度表征相对于背景及外部光等条件，人眼能直接观察到显示的能力。所谓背景，即缺陷显示的周围衬底。在强白光下，人眼对光强的微小差别不敏感，而对颜色和对比度差别的辨别能力很强。在暗光中，人眼辨别颜色和对比度的本领很差，却能看见微弱发光的物体。在暗视场中，人眼直接观察发光的小物体时，感觉到的光源尺寸要比真实物体大，这是因为人眼有自动放大作用。当光的亮度降低时，眼睛的瞳孔会自动放大，以便吸收更多的光。从明亮处进入黑暗处，必须经过一段时间，才能看见周围的东西，这种现象称为暗适应。

试验证明：眼睛的分辨率随被观察的亮度和对比度的不同而不同。即对比度一定，亮度越大，分辨率越高；亮度一定，对比度越大，分辨率越高。

5. 目视检测的分辨率测定

目视检测使用的基本工具是人的眼睛。影响目视的因素包括照在被检物体上的光线波长或颜色、光强以及物体所处现场的背景颜色和结构等。实施目视检测时，要进行分辨率测定，测定方法和标准为：人眼与被检表面的距离不大于 600mm，与被检表面夹角大于 30°，自然光源或人工光源的条件下，能在 18%中性灰度纸板上分辨出一条宽度为 0.8mm 的黑线，作为目视检测必须达到的分辨率，如图 2-4 分辨率测定示意图所示。

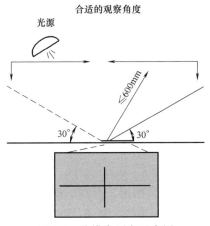

无损检测用光

图 2-4　分辨率测定示意图

2.2　目视检测器材

　　目视检测器材主要包括照明光源、放大镜、反光镜、望远镜、内窥镜、光导纤维、照相机、视频系统、自动控制系统、机器人以及其他适合的目视辅助器材。

　　目视检测器材应达到规定的性能要求和安全要求。量值可溯源的测量设备应由具备法定计量资格的单位进行鉴定，出具鉴定合格证书，方可进行量值测量，鉴定周期通常为每年一次如照度计、可测量视频内窥镜、18%中性灰度卡、焊缝检验尺、高度尺等都必须定期进行计量鉴定。

　　1. 照明光源

　　在目视检查中，照明光源是必要条件之一，合适的光照条件是保证目视检测结果正确的前提。照明光源分为自然光源和人工光源。常见光源种类见表 2-2。

表 2-2　常见光源种类

自然光源	人工光源			
日光	温度辐射光源	气体放电光源	固体放光光源	激光光源
	钨丝白炽灯、卤钨灯	钠灯、汞灯	半导体灯	激光灯

　　光源的选择通常要考虑光谱能量分布特性、灯泡寿命、使用条件、经济性和安全性。

　　不同的光源，其光谱能量的分布是不同的，在选择光源时必须考虑检测的要求，采用类似日光的光源或黄绿色是合适的，若为了使彩色还原良好，应采用光色丰富的日光，如强光白炽灯。

　　综合考虑各种条件，宜选择工作寿命长的灯泡。

从使用条件及经济性方面考虑，在进行大面积区域检测时，应采用照射面积大的白炽灯；当检测试件某局部细小缺陷时，应采用聚光性能好的聚光灯；当进入容器内部执行目视检查时，应采用强光光源。

此外，光源应具有足够的安全性能、防爆功能，工作电压应在安全电压以下。

2. 反光镜

反光镜利用光的反射原理在人眼不能直接观察的情况下，转折光路，从而达到观察的目的。

3. 放大镜

放大镜用于克服人眼的极限条件，使人眼看清工件各部分的细节。

4. 内窥镜

内窥镜利用光的反射原理，观察隐蔽物后面的部位，可以用于观察者和被观察物之间有直通道和无直通道的场合。

5. 照度计

照度计主要用于测量工作场所的光照度，对点、线、面光源，漫射光源及各种不同颜色的可见光均能正确测量。

6. 焊接检验尺

焊接检验尺主要由主尺、高度尺、咬边深度尺和多用尺四部分组成，用来检测焊件的各种角度和焊缝高度、宽度、焊接间隙以及焊缝咬边深度等。

7. 高度尺

高度尺由主尺和副尺两部分组成，用于测量焊缝余高和角焊缝焊脚高度。

8. 中性灰度卡

18%中性灰度卡主要用来检查目视检测的灵敏度是否可以达到规定的要求。

2.3　目视检测方法

目视检测方法主要包括直接目视检测、间接目视检测、透光目视检测和遥控目视检测等。通常，目视检测主要用于观察材料、零件、部件、设备和焊接接头等的表面状态、配合面的对准、变形或泄漏迹象等。目视检测不可用于确定复合材料（如半透明的层压板）表面下的状态。

1. 直接目视检测法

直接目视检测是指直接用人眼或使用低倍数放大镜（一般倍数为6倍以下），对试件进行检测。

2. 间接目视检测法

间接目视检测法是指无法直接进行观察的区域，可以辅以各种光学仪器或设备进行间接观察，如使用反光镜、望远镜、工业内窥镜、光导纤维或其他合适的仪器进行检测。通常把不能直接进行观察而借助于光学仪器或设备进行目视观察的方法称为间接目视检测。

3. 透光目视检测法

透光目视检测法是指借助人工照明，产生具有足够光强的定向光照条件，照亮并均匀地通过被检部位和区域，从而能够检查透明或半透明层中缺陷分布和厚度变化情况。

4. 遥控目视检测技术

在实际检测中，有些区域既无法直接进行目视检测，又无法使用普通光学设备进行间接目视检测，甚至这些区域附近工作人员根本无法接近或长时间停留。例如，对核电站蒸汽发生器一次侧管板、传热管二次侧进行目视检测时，由于附近区域放射性剂量相当高，人要充分避免在这样的区域长时间工作，因此，必须使用专用的机械装置加光学设备对这些试件进行目视检测。使用特殊的机械装置加光学设备，使人在相对远或安全的地方通过遥控技术对试件进行目视检测的技术称为遥控目视检测技术。遥控目视检测技术属于间接目视检测技术。

2.4　目视检测程序

目视检测的一般程序包括检测准备、检测操作、图像记录和结果评价等。

2.4.1　检测准备

1. 环境准备

根据检测对象和环境，具体制订光照度范围，选择光源。如 NB/T 47013.7—2012 标准规定：直接目视检测的区域应有足够的照明条件，被检件表面至少要达到 500lx 的光照度；对于必须仔细观察或发现异常情况并需要做进一步观察和检测的区域，则至少要达到 1000lx 的光照度。

2. 目视检测的分辨率

目视检测使用的基本工具是人的眼睛。影响目视的因素包括照在被检物体上的光线波长或颜色、光强以及物体所处现场的背景颜色和结构等。实施目视检测时，要进行分辨率测定。

3. 试件确认

目视检测开始前，首先应对试件进行确认，以防误检和漏检。对于大批大量试件，应核对批号和数量；对于单件小批量试件，应核对试件编号或其他识别标识；对于容器类设备，应核对铭牌。

4. 表面清理

（1）表面清理的目的　目视检测是基于缺陷与基底表面具有一定的色泽差和亮度差而构成可见性来实现的。因此，当被检件表面有影响目视检测的污染物时，必须将这些污染物清理干净，以达到全面、客观、真实地观察的目的。

（2）污染物类别　表面需清理的污染物分为固体污染物和液体污染物两大类。固体污染物有铁锈、氧化皮、腐蚀产物、焊接飞溅物、焊渣、铁屑、毛刺、油漆及其他有机防护层。液体污染物有防锈油、机油、润滑油和含有有机组分的其他液体，以及水和水蒸发后留下的水合物。

（3）清除方法　清除污染物的方法分为机械方法、化学方法和溶剂去除方法。

（4）焊缝表面准备　被检焊缝表面应没有油漆、锈蚀、氧化皮、油污、焊接飞溅物或者妨碍目视检测的其他不洁物。表面准备还有助于随后进行的无损检测。表面准备区域包括整条焊缝表面和邻近 25mm 宽的基体金属表面。

对于锈蚀、氧化皮、油漆和焊接飞溅物，可用砂皮进行磨光处理，也可以用砂轮机进行打磨处理；对于油污污染物等，可以用溶剂进行表面清洗，以达到可以进行目视检测的条件。

（5）原材料表面准备

1）铸件。铸件加工完成后应经过表面清砂、修整、打磨和表面清洁等处理手段，方可进行目视检测。

2）锻件。锻件表面应没有氧化皮或者妨碍目视检测的其他不洁物，可以用砂皮进行磨光处理，也可用钢丝刷进行清理，当然也可将两种方法混合使用，以达到最适合的观察条件。用吹砂清理锻件表面是可以的，但必须防止吹得过重。

3）管材。当被检表面锈蚀、氧化、不规则、过度粗糙或污染物形成的不洁度严重到足以湮没缺陷指示，或者当被检表面上具有涂层时，则必须对相应的表面进行酸洗或碱洗、喷砂或清洗处理，以使它露出固有色泽，达到表面清洁和光洁的状态。

2.4.2　检测操作

在进行直接目视检测时，应当能够充分靠近被检试件，使眼睛与被检试件表面不超过600mm，眼睛与被检表面形成的夹角不小于30°。检测区域应有足够的照明条件，不能有影响观察者的刺眼反光，特别是对光泽的金属表面进行检测时，不能使用直射光，而要选用具有漫反射特性的光源。对于必须仔细观察或发现异常情况需要做进一步观察和研究的区域，应提高光强。

间接目视检测必须至少具有直接目视检测相当的分辨能力。

2.4.3　图像记录

1. 记录介质的分类
记录介质一般分为纸质记录、照片记录、录像记录和覆膜记录等。

2. 记录介质的应用
（1）纸质记录　这是一种最常用的方法，适用于各种场合，通过观察对发现的问题用文字描述，结合绘制简图的方法进行记录。纸质记录常用于单件试件的直接目视检测，具有成本低、经济性好的特点，但是对图像的记录不够直观、准确，只能绘制形状较为简单的试件和缺陷。

（2）照片记录　使用普通照相机或数码照相机对观察发现的问题进行拍摄，记录在感光胶片上，通过冲洗得到便于观察的照片；或记录在存储介质上，通过计算机屏幕观察，也可以与普通感光胶片一样冲洗成照片后，进行观察分析。照片记录具有图像清晰直观、真实、成本低、经济性好等特点，但是所记录的图像往往比实际的缺陷小，有时受环境、背景的影响，较难一次全面记录缺陷。

（3）录像记录　使用普通摄像机或数码摄像机对通过观察发现的问题进行拍摄或对整个检测区域进行拍摄，记录在磁带或存储器上，然后通过放录系统重现所摄图像，具有图像清晰、直观、真实等特点，但是使用摄像机要有较高的专业技能，否则所摄图像容易产生抖动、模糊等现象。

（4）覆膜记录　使用特种材料（如橡皮泥、胶状树脂等）对缺陷进行印膜，适用于记录表面不规则类缺陷，其记录的印膜与真实缺陷凹凸相反，大小相同，有助于缺陷大小、深度的精确测量和永久保存。使用覆膜记录对操作者有较高的要求，揭膜时必须小心，以防印膜损坏。

2.4.4　结果评价

所有的检测结果应按相关法规、标准和（或）合同要求进行评价。

2.5　工业内窥镜操作

1. 工业内窥镜概述

工业内窥镜是目视无损检测的重要工具之一，如图 2-5 所示。其主要结构包括摄像头、导向关节、视频内窥探头插入管、显示单元和存储单元等，如图 2-6 所示。工业内窥镜是集光学、精密机械、电子技术和显微摄像技术于一体的新型视频无损检测仪器。通过工业内窥镜采集图像，可以反映被检测物体内部的使用或损伤情况。工业内窥镜采用 CCD 芯片，能在监视器上直接显示图像。它适用于各种人体无法直接进入和观察的环境中或对人体健康有威胁的场所。只要工业内窥镜探头可以进入物体内部，便可以检查各种机器、设备等的内部，而不需要拆卸或破坏被检测物体。

图 2-5　工业内窥镜

工业内窥镜应用于 NDT（无损检测）场合，已受到工业制造和维修行业的欢迎。我国在 20 世纪 70 年代就将内窥镜作为 NDT 检测的重要仪器，用于民航飞机维修上。20 世纪 80 年代中期，在压力容器、石化、电力、机械制造、军械等行业的 NDT 工作中也陆续使用了该产品。现在工业内窥镜技术应用已发展到运用计算机图像处理技术、打印技术、网络技术，完成内窥镜下图像的捕获、存储、处理分析，标准化报告的书写、先进的文档管理、准确的图像测量分析、局部放大、清晰的图文一体化报告输出等。

摄像头　　　导向关节　　　　　视频内窥探头插入管

图 2-6　工业内窥镜结构

2. 工业内窥镜的检测程序

1）按程序进行仪器连接，检查电源、接地是否可靠，仪器位置是否安全平稳。

2）选择合适的探头、镜头及进入产品的通道，检测前应清除通道内的障碍、毛刺等可能阻碍、损伤探头的物体。

3）对于一些内部无法了解或结构复杂的产品，可使用观察镜头观察后再进行检测，检测中尽量使镜头正对检测区域。

4）眼睛应适应检测环境及光强，注意避免眼睛疲劳，产生人为漏检。

5）检测过程中应确保探头能顺利到达指定部位，必要时可使用探头辅助工装；探头在推进过程中如遇到明显阻力，应立即停止前进；探头退出时应缓慢，如被卡住不能用力拉，以免损坏工件或探头。

6）一般探头移动速度不超过 10mm/s，应使图像过渡平滑，利于观察，大面积扫查时应采用直线扫描方式，每次扫查宽度不超过 20mm，还不得超过探头的观察范围。

7）对采集的图像进行处理分析。

8）按规定清洁探头，整理仪器和检测现场。

3. 工业内窥镜在航空航天中的应用

工业内窥镜可应用于 C919 大型客机等国家重点建设项目的开发制造和运行维护。在航空发动机维修中，使用工业内窥镜将发动机内部的图像传输到外部显示器上，可检查压气机叶片、燃烧室和涡轮叶片等部件的损伤和裂纹，机务人员通过经验和发动机维修手册标准进行故障判断，决定发动机是否满足适航要求。

第3章　超声检测

超声检测（Ultrasonic Testing，UT）一般是指使超声波与工件相互作用，就反射、透射、散射和衍射波进行研究，对工件进行宏观缺陷检测、几何特性测量、组织结构和力学性能变化的检测和表征，进而对其特定应用性进行评价的技术。在无损检测领域，超声检测通常指宏观缺陷检测和材料厚度测量。

采用超声波进行无损检测，研究物体内部结构的方法始于20世纪30年代。到20世纪40年代中期，美国、英国先后成功研制出脉冲反射式超声波检测仪。20世纪50年代，超声检测开始广泛应用于工业检测领域。20世纪60年代，德国等国家研制出高灵敏度和高分辨率的超声波仪器，有效解决了焊缝超声波检测难题，超声波检测的应用范围得到进一步扩大。20世纪50年代，我国航空、装备制造等领域系统陆续引进苏联、德国的超声波检测仪。1952年，中国铁道科学研究院仿制苏联超声波检测仪成功。1988年，我国研制出国内第一台数字超声波检测仪。2008年，我国国产第一台具有TOFD功能的数字式超声波探伤仪问世。超声检测由于可探测的厚度大、成本低、速度快、对人体无害及对危害较大的平面型缺陷的检测灵敏度高等一系列优点，已获得广泛应用。

3.1　超声检测原理

3.1.1　机械振动和机械波

1. 机械振动

（1）机械振动的定义　质点沿着直线或曲线在某一平衡位置附近做往复周期性的运动，称为机械振动。日常生活中常见的钟摆运动、气缸中活塞的往复运动等都是机械振动的例子。

物体（或质点）受到一定力的作用，将离开其平衡位置，产生一个位移，该力消失后，它将回到平衡位置，并且还要越过平衡位置移动到相反方向的最大位移位置，然后再返回平衡位置。这样一个完整运动过程称为一次"全振动"。

机械振动是往复、周期性的运动，机械振动的快慢常用机械振动周期和机械振动频率两个物理量来描述。

机械振动周期是振动物体完成一次全振动所需要的时间，一般用 t 表示。常用单位为秒（s）。

机械振动频率是振动物体在单位时间内完成全振动的次数，用 f 表示。常用单位为赫兹（Hz），1Hz表示1s内完成1次全振动，即1Hz＝1次/s。此外，还有千赫、兆赫等单位。

由周期和频率的定义可知，两者互为倒数。

（2）机械振动的类型　机械振动的类型有谐振动、阻尼振动和受迫振动等，其定义和特点见表3-1。

表 3-1　机械振动的类型和特点

机械振动的类型	定义	特点
谐振动	位移随时间的变化符合余弦规律的机械振动,称为谐振动	物体受到的回复力大小与位移成正比,其方向总是指向平衡位置。谐振物体的振幅不变,为自由振动,其频率为固有频率。谐振物体的机械能恒定
阻尼振动	振幅或能量随时间不断减少的机械振动,称为阻尼振动	阻尼振动的振幅不断减小,而周期不断增大,阻尼振动受阻力作用,机械能不恒定
受迫振动	物体受到周期性变化的外力作用时产生的机械振动,称为受迫振动	经过一段时间达到稳定状态后,变为周期性的谐振动。其振动频率与策动力频率相同,振幅保持不变。受迫振动物体受到策动力作用,机械能不恒定

受迫振动的振幅与策动力的频率有关,当策动力的频率与受迫振动物体的固有频率相同时,受迫振动的振幅达到最大值,这种现象称为共振。

超声波探头中的压电晶片在发射超声波时,一方面在高频电脉冲激励下产生受迫振动,另一方面在开始振动后受到晶片背面吸声块的阻尼作用,因此又是阻尼振动。压电晶片在接收超声波时同样产生受迫振动和阻尼振动。在设计探头中的压电晶片时,应使高频电脉冲的频率等于压电晶片的固有频率,从而产生共振,这时压电晶片的电声能量转换效率最高。

振动的传播过程称为波动。波动分为机械波和电磁波两大类。

2. 机械波

(1) 机械波的产生与传播　机械波是机械振动在弹性介质中的传播过程,如水波、声波和超声波等。

产生机械波必须具备两个条件:要有机械振动的波源,要有能传播机械振动的弹性介质。

机械振动与机械波是互相关联的,机械振动是产生机械波的根源,机械波是机械振动状态的传播。机械波传播过程中,介质中各质点并不随波前进,只是以交变的振动速度在各自的平衡位置附近往复运动。

机械波是振动状态的传播过程,也是振动能量的传播过程。但这种能量的传播不是靠相邻质点的弹性碰撞来完成的,而是由各质点的振动连续变化逐渐传递出去的。

(2) 机械波的波长和频率　同一波线上相邻两振动相位相同的质点间的距离,称为波长,用 λ 表示,如图 3-1 所示。波源或介质中任意一个质点完成一次全振动,波正好前进一个波长的距离。波长的常用单位为 mm、m。

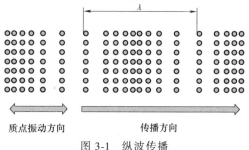

图 3-1　纵波传播

波动过程中,任一给定点在 1s 内所通过的完整波的个数,称为波动频率。波动频率在数值上等于振动频率,用 f 表示,常用的单位为 Hz。

波速 c 与频率 f、波长 λ 的关系由波速、波长和频率的定义可得

$$c = \lambda f \text{ 或 } \lambda = c/f \tag{3-1}$$

由式 (3-1) 可知,波长与波速成正比,与频率成反比。当频率一定时,波速越大,波长就越长;当波速一定时,频率越低,波长就越长。

3. 超声波

机械振动在弹性介质中的传播，称为弹性波。超声波是超声振动在弹性介质中的传播，这与交变电磁场以光速在空间的传播（电磁波）是完全不同的。

描述超声波的基本物理量如下：

（1）声速 单位时间内，超声波在介质中传播的距离称为声速，用符号 c 表示。

（2）频率 单位时间内，超声波在介质中任一点所通过完整波的个数称为频率，用符号 f 表示。

（3）波长 超声波在传播时，同一波线上相邻两个相位的质点之间的距离称为波长，用符号 λ 表示。

（4）周期 超声波向前传播一个波长距离时所需的时间称为周期，用符号 T 表示。

（5）角频率 角频率以符号 ω 表示，定义为 $\omega = 2\pi f$。

上述各量之间的关系为

$$T = 1/f = 2\pi/\omega = \lambda/c \tag{3-2}$$

如果以频率 f 来表征声波，并以人的可感觉频率为分界线，可将声波划分为次声波（$f <$ 20Hz）、可闻声波（$20\mathrm{Hz} \leqslant f \leqslant 20\mathrm{kHz}$）和超声波（$f > 20\mathrm{kHz}$）。

工业超声检测常用的工作频率为 0.5～10MHz。较高的频率主要用于细晶材料和高灵敏度检测，而较低的频率则常用于衰减较大和粗晶材料的检测。有些特殊要求的检测工作，往往首先对超声波的频率做出选择，如粗晶材料的超声检测常选用 1MHz 以下的工作频率，金属陶瓷等超细晶材料的检测，其频率选择可达 10～200MHz，甚至更高。

3.1.2 超声波的分类和特点

1. 按介质质点的振动方向与波的传播方向之间的关系分类

按介质质点的振动方向与波的传播方向之间的关系分类，超声波分为纵波、横波、表面波和板波。各种类型波的特征见表 3-2。

表 3-2 各种类型波的特征

波的类型		定义	质点振动的特点	传播介质	应用
纵波（L）		介质中质点的振动方向与波的传播方向平行的超声波	质点的振动方向平行于波的传播方向	固体和气体	钢板、锻件检测等
横波（S 或 T）		介质中质点的振动方向与波的传播方向垂直的超声波	质点的振动方向垂直于波的传播方向	固体	焊缝、钢管检测等
表面波（R）		在交变应力作用下，沿介质表面传播的超声波	介质表面的质点做椭圆运动，椭圆的长轴垂直于波的传播方向，短轴平行于波的传播方向	固体	钢管检测等
板波	对称型（S）	在板厚和波长相当的弹性薄板中传播的超声波	薄板表面质点振动轨迹为椭圆，薄板中部质点横向振动	固体（厚度与波长相当的薄板）	薄板、薄壁钢管检测等
	非对称型（A）		薄板表面质点振动轨迹为椭圆，薄板中部质点纵向振动		

（1）纵波 L　介质中质点的振动方向与波的传播方向平行的波称为纵波，用 L 表示，如图 3-1 所示。介质质点在交变拉、压应力的作用下，质点之间产生相应的伸缩变形，从而形成了纵波。纵波传播时，介质的质点疏密相间，所以纵波有时又被称为压缩波或疏密波。

固体介质可以承受拉、压力的作用，因而可以传播纵波，液体和气体虽不能承受拉应力，但在压应力的作用下会产生容积变化，因此液体和气体介质也可以传播纵波。

（2）横波 S（T）　介质中质点的振动方向垂直于波的传播方向的波称为横波，用 S 或 T 表示，如图 3-2 所示。横波的形成是由于介质质点受到交变切应力的作用时，产生了切变形变，所以横波又称为切变波。液体和气体介质不能承载切应力，因而横波不能在液体和气体介质中传播，只能在固体介质中传播。

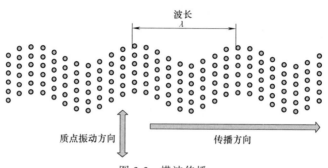

图 3-2　横波传播

（3）表面波 R　当超声波在固体介质中传播时，对于有限介质而言，在交变应力的作用下，有一种沿介质表面传播的波称为表面波。1885 年，瑞利（Raleigh）首先对这种波进行了理论上的说明，因此表面波又被称为瑞利波，常用 R 表示，如图 3-3 所示。

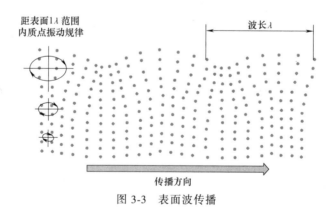

图 3-3　表面波传播

超声波在介质表面以表面波的形式传播时，介质表面的质点做椭圆运动，椭圆的长轴垂直于波的传播方向，短轴平行于波的传播方向，介质质点的椭圆振动可视为纵波与横波的合成。表面波同横波一样只能在固体介质中传播，不能在液体和气体介质中传播。

表面波的能量随在介质中传播深度的增加而迅速降低，其有效透入深度大约为一个波长。此外，质点振动平面与波的传播方向相平行时称为 SH 波，也是一种沿介质表面传播的波，又称为乐埔波（Love Wave），但目前尚未获得实际应用。

（4）板波　在板厚和波长相当的弹性薄板中传播的超声波称为板波（或兰姆波）。板波在传播时，薄板的两表面质点的振动为纵波和横波的组合，质点振动的轨迹为一椭圆，在薄板的中间也有超声波传播，如图 3-4 所示。

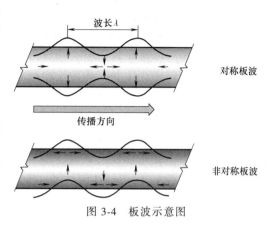

图 3-4　板波示意图

板波按其传播方式不同，又可分为对称型板波（S 型）和非对称型板波（A 型）两种。

1）S 型。薄板两面有纵波和横波成分组合的波传播，质点的振动轨迹为椭圆。薄板两面质点的振动相位相反，而薄板中部质点以纵波形式振动和传播。

2）A 型。薄板两面质点的振动相位相同，质点振动轨迹为椭圆，薄板中部的质点以横波形式振动和传播。

超声波在固体中的传播形式是复杂的，如果固体介质有自由表面，可将横波的振动方向分为 SH 波和 SV 波来研究。其中，SV 波是质点振动平面与波的传播方向相垂直的波，在具有自由表面的半无限大介质中传播的波叫表面波。但是传声介质如果是细棒材、管材或薄板，且当壁厚与波长接近时，则纵波和横波受边界条件的影响，不能按原来的波形传播，而是按照特定的形式传播。超声纵波在特定的频率下，被封闭在介质侧面之中的现象称为波导，这时候传播的超声波统称为导波。

2. 按波阵面的形状分类

波的形状（波形）是指波阵面的形状。

1）波阵面。同一时刻，介质中振动相位相同的所有质点所连成的面，称为波阵面。

2）波前。某一时刻，波动到达的空间各点连成的面，称为波前。

3）波线。波的传播方向称为波线。

由以上定义可知，波前是距离声源最远的波阵面，是波阵面的特例。任意时刻，波前只有一个，而波阵面却有无限个。在各向同性的介质中，波线恒垂直于波阵面或波前。

根据波阵面形状的不同，可以把不同波源发出的波分为平面波、柱面波和球面波，如图 3-5 所示。

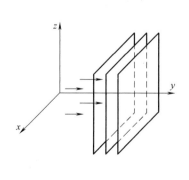
a)

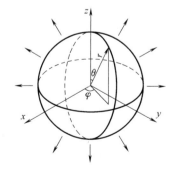
b)

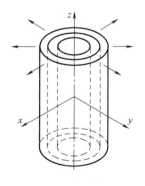
c)

图 3-5　波的种类（按波阵面的形状分类）

a）平面波　b）球面波　c）柱面波

（1）平面波　当声波的波阵面是垂直于传播方向的一系列平面时，称为平面波，如图3-5a所示。如将振动活塞置于均匀直管的始端，管道的另一端伸向无限远，当活塞在平衡位置附近做小振幅的往复运动时，在管内同一截面上的各质点将同时受到压缩或扩张，具有相同的振幅和相位，产生的波即为平面波。一般来讲，可以将各种远离声源的声波近似地看成平面声波。

（2）球面波　当声源的几何尺寸比声波波长小得多时，或者测量点离开声源相当远时，则可以把声源看成一个点，称为点声源。在各向同性的均匀介质中，从一个表面同步胀缩的点声源发出的声波是球面波，也就是在以声源点为球心，以任何值为半径的球面上，声波的相位相同，如图3-5b所示。球面波的一个重要特点是振幅随传播距离的增加而减小，两者成反比关系。

（3）柱面波　如果声源在一个尺度上特别长，例如繁忙的公路、比较长的运输线，都可能看成是线声源的实例。这类声源形成的声波波阵面是一系列同心圆柱，这种波阵面是同轴圆柱面的声波称为柱面波，如图3-5c所示。柱面波的波阵面是圆柱面或半圆柱面。

3. 按振动的持续时间分类

超声波的分类方法有很多，还可按振动的持续时间等进行分类，如图3-6所示。超声检测过程中，常常采用脉冲波。由超声波探头发射的超声波脉冲包含的频率成分取决于探头的结构、晶片形式和电子电路中激励的形状。当然，脉冲波并非单一频率。可以认为，对应于脉冲宽度为 τ 的脉冲，约有（$1/\tau$）Hz的范围。仿照傅里叶分析法，脉冲波可视为由许多不同频率的正弦波组成，其中每种频率的声波将决定一个声场，总声场为各种频率的声场强度的叠加。

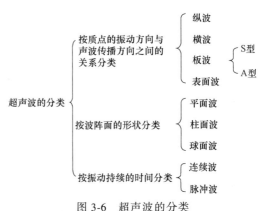

图 3-6　超声波的分类

4. 超声波的特点

1）超声波的方向性好。超声波具有像光波一样良好的方向性，经过专门的设计可以定向发射，犹如手电筒的灯光可以在黑暗中帮助人的眼睛探寻物体一样，利用超声波可在被检对象中进行有效的探测。

2）超声波的穿透能力强。对于大多数介质而言，它具有较强的穿透能力。例如在一些金属材料中，其穿透能力可达数米。

3）超声波的能量高。超声检测的工作频率远高于声波的频率，超声波的能量远大于声波的能量。研究表明，材料的声速、声衰减和声阻抗等特性携带着丰富的信息，并且成为广泛应用超声波的基础。

4）遇有界面时，超声波将产生反射、折射和波形的转换。人们利用超声波在介质中传播时出现的这些物理现象，经过巧妙的设计，使超声检测工作的灵活性、精确度得以大幅度提高，这也是超声检测得以迅速发展的原因。

5）对人体无害。

3.1.3 超声场及介质的声参量

1. 描述超声场的物理量

充满超声波的空间或在介质中超声振动所波及的质点占据的范围称为超声场。为了描述超声场，常采用声压、声强、声阻抗、质点振动位移和质点振动速度等物理量。

（1）声压 p 超声场中某一点在某一瞬间所具有的压强 p_1，与没有超声场存在时同一点的静态压强 p_0 之差称为该点的声压，常用 p 表示，$p = p_1 - p_0$，单位为帕［斯卡］，记作 Pa（$1\text{Pa} = 1\text{N/m}^2$）。

对于平面余弦波，可以证明

$$p = \rho c A \omega \cos\omega \left[\omega t - kx + \pi/2 \right] \tag{3-3}$$

式中 ρ——介质的密度；

c——介质中的波速；

A——介质质点的振幅；

ω——介质中质点振动的圆频率（$\omega = 2\pi f$）；

$A\omega$——质点振动的速度振幅（$V = A\omega$）；

t——时间；

k——波数（$k = \omega/c = 2\pi/\lambda$）；

x——至波源的距离。

且有

$$|p_m| = |\rho c A \omega|$$

式中 p_m——声压的极大值。

可见声压的绝对值与波速、质点振动的速度振幅（或角频率）成正比。因超声波的频率高，所以超声波比声波的声压大。

（2）声强 I 在超声波传播的方向上，单位时间内介质中单位截面上的声能称为声强，常用 I 表示，单位为 W/cm^2。

以纵波在均匀的、各向同性的固体介质中传播为例，可以证明平面波传播：

$$I = \frac{1}{2}\rho c A^2 \omega^2 = \frac{1}{2}p_m^2 \frac{1}{\rho c} = \frac{1}{2}\rho c V_m^2 \tag{3-4}$$

可见，超声波的声强正比于质点振动位移振幅的平方，正比于质点振动角频率的平方，还正比于质点振动速度振幅的平方。由于超声波的频率高，其强度（能量）远远大于可闻声波的强度。例如，1MHz 声波的能量等于 100kHz 声波能量的 100 倍，等于 1kHz 声波能量的 100 万倍。

（3）分贝和奈培 引起听觉的最弱声强 $I_0 = 10^{-16}\text{W/cm}^2$ 为声强标准，这在声学上称为"闻阈"，即 $f = 1000\text{Hz}$ 时引起人耳听觉的声强最小值。将某一声强 I 与标准声强 I_0 之比 I/I_0 取常用对数得到两者相关的数量级，称为声强级，用 IL 表示。声强级的单位用贝尔（BeL）表示，即

$$IL = \lg(I/I_0) \tag{3-5}$$

在实际应用的过程中，认为贝尔这个单位太大，常用分贝（dB）作为声强级的单位。超声波的幅度或强度比值也用分贝（dB）来表示，并定义为

$$\Delta = 10\lg\left(\frac{I_2}{I_1}\right) \tag{3-6}$$

因为声强与声压的平方成正比，如果 I_1 和 I_2 与 p_1 和 p_2 相对应，则

$$\Delta = 20\lg\left(\frac{p_2}{p_1}\right) \tag{3-7}$$

目前市售的放大线性良好的超声波检测仪，其示波屏上波高与声压成正比，即示波屏上同一点的任意两个波高比（H_2/H_1）等于相应的声压之比（p_2/p_1），两者的分贝差为

$$\Delta = 20\lg\left(\frac{p_2}{p_1}\right) = 20\lg\left(\frac{H_2}{H_1}\right) \tag{3-8}$$

若对 H_2/H_1 或 p_2/p_1 取自然对数，其单位则为奈培（NP），即

$$\Delta = \ln\left(\frac{H_2}{H_1}\right) = \ln\left(\frac{p_2}{p_1}\right) \tag{3-9}$$

令 $p_2/p_1 = H_2/H_1 = e$ 并分别代入式（3-8）和式（3-9），则有

$$1\text{NP} = 8.86\text{dB} \tag{3-10}$$

$$1\text{dB} = 0.115\text{NP} \tag{3-11}$$

在实际检测时，常按照式（3-8）计算超声波检测仪的示波屏上任意两个波高的分贝差。

2. 介质的声参量

无损检测领域中，超声检测技术的应用和研究工作非常活跃。声波在介质中的传播是由声参量（包括声阻抗、声速和声衰减系数等）决定的，因而深入分析研究介质的声参量具有重要意义。

（1）声阻抗　超声波在介质中传播时，任一点的声压 p 与该点速度振幅 V 之比称为声阻抗，常用 Z 表示，单位为 $\text{g}/(\text{cm}^2 \cdot \text{s})$ 或 $\text{kg}/(\text{cm}^2 \cdot \text{s})$。

$$Z = p/V \tag{3-12}$$

声阻抗表示声场中介质对质点振动的阻碍作用。在同一声压下，介质的声阻抗越大，质点的振动速度就越小。不难证明：$Z = \rho c$，但这仅是声阻抗与介质的密度和声速之间的数值关系，绝非物理学表达式。同是固体介质（或液体介质）时，介质不同，其声阻抗也不同。同一种介质中，若波形不同，则 Z 值也不同。当超声波由一种介质传入另一种介质，或是在介质的界面上反射时，传播特性主要取决于这两种介质的声阻抗。

在所有传声介质中，气体、液体和固体的 Z 值相差较大，通常认为气体的密度约为液体密度的千分之一、固体密度的万分之一。试验证明，气体、液体与金属之间特性声阻抗之比接近 1∶3000∶8000。

（2）声速　声波在介质中传播的速度称为声速，常用 c 表示。在同一介质中，超声波的波形不同，其传播速度也不同。超声波的声速还取决于介质的特性，如密度、弹性模量等。

声速又可分为相速度与群速度。

1）相速度。相速度是声波传播到介质的某一选定的相位点时，在传播方向上的声速。

2）群速度。群速度是指传播声波的包络具有某种特性（如幅值最大）的点上，声波在传播方向上的速度。群速度是波群的能量传播速度，在非频散介质中，群速度等于相速度。

从理论上讲，声速应按照一定的方程式，并根据介质的弹性模量和密度来计算，声速的一般表达式为

$$声速 = \sqrt{弹性模量/密度} \qquad (3-13)$$

（3）声衰减系数　超声波在介质中传播时，随着传播距离的增加能量逐渐减弱的现象称为超声波的衰减。在传声介质中，单位距离内某一频率下声波能量的衰减值称为该频率下该介质的衰减系数。

1）扩散系数。声波在介质中传播时，因其波前在逐渐扩展，从而导致声波能量逐渐减弱的现象称为超声波的扩散衰减。它主要取决于波阵面的几何形状，而与传播介质无关。

对于平面波而言，由于该波的波阵面为平面，波束并不扩散，因此不存在扩散衰减。如在活塞声源附近，就存在一个波束的未扩散区，在这一区域内不存在扩散衰减问题。而对于球面波和柱面波，声场中某点的声压 p 与其至声源的距离关系密切。在探测大型工件时，因探头晶片产生的超声场在距离大于 2 倍近场长度之后，波阵面往往有较明显的扩展，应给予充分的注意。

2）散射衰减。散射是由物质的不均匀性产生的。不均匀材料含有声阻抗急剧变化的界面，在这两种物质的界面上，将产生声波的反射、折射和波形转换现象，必然导致声能的降低。在固体介质中，最常遇到的是多晶材料，每个晶粒之中，又分别由几个相组成。加上晶体的弹性各向异性和晶界均使声波产生散射，杂乱的散射声程复杂，且没有规律性。声能将转变为热能，导致了声波能量的降低。特别是在粗晶材料中，如奥氏体不锈钢、铸铁、黄铜等，对声波的散射尤其严重。

通常超声检测多晶材料时，对频率的选择要使波长远大于材料的平均晶粒度尺寸。当超声波在多晶材料中传播时，就像灯光被雾中的小水珠散射那样，只不过这时被散射的是超声波。当平均晶粒尺寸为波长的 1/1000 ~ 1/100 时，对声能的散射随晶粒度的增加而急剧增加，且约与晶粒度的 3 次方成正比。一般地，若材料具有各向异性，且平均晶粒尺寸在波长的 1/10 ~ 1 的范围内，常规的反射法检测工作就不能进行了。

3）吸收衰减。超声波在介质中传播时，由于介质质点间的内摩擦和热传导引起的声波能量减弱的现象，称为超声波的吸收衰减。介质质点间的内摩擦、热传导、材料中的位错运动以及磁畴运动等都是导致吸收衰减的原因。

在固体介质中，吸收衰减相对于散射衰减几乎可以忽略不计，但对于液体介质来说，吸收衰减是主要的。吸收衰减和散射衰减使材料超声检测工作受到限制，分别克服两种限制的方法略有不同。

纯吸收衰减是声波传播能量减弱或者说反射波减弱的现象，为消除这一影响，增强检测仪的发射电压和增益就可以了。另外，降低检测频率以减少吸收也可以达到此目的。比较难解决的是超声波在介质中的散射衰减。这是由于声波的散射在反射法中不仅降低了缺陷波以及底面反射波的高度，而且产生了很多种波形，在检测仪上表现为传播时间不同的反射波，即所谓的林状回波，而真正的缺陷反射波则隐匿其中。这犹如汽车驾驶人在雾中，自己车灯的灯光能够遮蔽自己的视野一样。在这种情况下，由于"林状回波"也同时增强，不管是提高检测仪的发射电压，还是增加增益，都无济于事。为消除其影响，只能采用降低检测频率的方法。但由于声束变钝和脉冲宽度增加，不可避免地限制了检测灵敏度的提高。

3.1.4　超声波的传播

1. 超声平面波在大平界面垂直入射时的反射和透射

超声波在异质界面上的反射、透射和折射规律是超声检测的重要物理基础。当超声波垂直入射于大平界面时，主要考虑超声波能量经界面反射和透射后的重新分配和声压的变化，此时的分配和变化主要取决于界面两边介质的声阻抗。

当平面超声波垂直入射于两种声阻抗不同的介质的大平界面时，反射波以与入射波方向相反的路径返回，且有部分超声波透过界面射入第二介质，如图 3-7 所示。大平界面上入射声强为 I，声压为 p；反射声强为 I_r，声压为 p_r；透射声强为 I_t，声压为 p_t。若声束入射一侧介质的声阻抗为 Z_1，透射一侧介质的声阻抗为 Z_2，且把 p_r/p 和 p_t/p 分别定义为声压反射率（γ）和声压透射率（τ），就可得到：

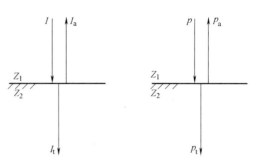

图 3-7　超声平面波在大平界面
垂直入射时的反射和透射

声压反射率

$$\gamma = \frac{p_r}{p} = \frac{Z_2 - Z_1}{Z_1 + Z_2} \qquad (3\text{-}14)$$

声压透射率

$$\tau = \frac{p_t}{p} = \frac{2Z_2}{Z_1 + Z_2} \qquad (3\text{-}15)$$

若把声压看作是单位面积上受的力，那么作用于同一平面的力应符合力的平衡原理，因此，声压变化就可写作 $p + p_r = p_t$，则有

$$1 + \gamma = \tau \qquad (3\text{-}16)$$

若把 I_r/I 和 I_t/I 分别定义为声强反射率（R）和声强透射率（T），就可得到声强反射率为

$$R = \frac{I_r}{I} = \frac{\dfrac{p_r^2}{2Z_1}}{\dfrac{p^2}{2Z_1}} = \frac{p_r^2}{p^2} \qquad (3\text{-}17)$$

声强透射率为

$$T = \frac{I_t}{I} \qquad (3\text{-}18)$$

声强是一种单位能量，作用于同一界面的声强，应满足能量守恒定律，所以声强变化可写作 $I = I_t + I_r$，等式两边除以 I，得到

$$R + T = 1 \qquad (3\text{-}19)$$

从式（3-14）和式（3-17）可知

$$R = \gamma^2 = \left(\frac{Z_2 - Z_1}{Z_1 + Z_2}\right)^2 \qquad (3\text{-}20)$$

从式（3-19）和式（3-20）可知

$$T = 1 - \gamma^2 = \frac{4Z_1 Z_2}{(Z_1 + Z_2)^2} \qquad (3\text{-}21)$$

2. 超声平面波在大平界面上斜入射的反射、折射和波形转换

超声平面波以一定的倾斜角入射到异质界面上时，就会产生声波的反射和折射，并且遵循反射和折射定律。在一定条件下，界面上还会产生波形转换现象。

（1）超声波在固体界面上的反射

1）固体中纵波斜入射于固体-气体界面。如图 3-8 所示，α_L 为纵波入射角，α_{L1} 为纵波反射角，α_{S1} 为横波反射角，根据斯涅耳定律有

$$\frac{c_L}{\sin\alpha_L} = \frac{c_{L1}}{\sin\alpha_{L1}} = \frac{c_{S1}}{\sin\alpha_{S1}} \tag{3-22}$$

因入射纵波 L 与反射纵波 L_1 在同一介质内传播，故它们的声速相同，即 $c_L = c_{L1}$，所以 $\alpha_L = \alpha_{L1}$。又因同一介质中纵波声速大于横波声速，即 $c_{L1} > c_{S1}$，所以 $\alpha_{L1} > \alpha_{S1}$。

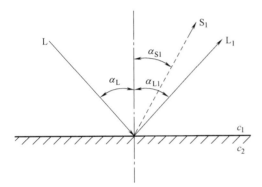

图 3-8　纵波斜入射于固体-气体界面的反射

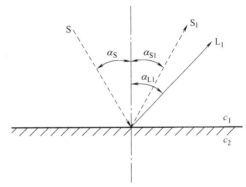

图 3-9　横波斜入射于固体-气体界面的反射

2）横波斜入射于固体-气体界面。如图 3-9 所示，α_S 为横波入射角，α_{S1} 为横波反射角，α_{L1} 为纵波反射角。根据斯涅耳定律有

$$\frac{c_S}{\sin\alpha_S} = \frac{c_{S1}}{\sin\alpha_{S1}} = \frac{c_{L1}}{\sin\alpha_{L1}} \tag{3-23}$$

因入射横波 S 与反射横波 S_1 在同一介质内传播，故它们的声速相同，即 $c_S = c_{S1}$，所以 $\alpha_S = \alpha_{S1}$。又因同一介质中 $c_{L1} > c_{S1}$，所以，$\alpha_{L1} > \alpha_{S1}$。

结论：当超声波在固体中以某角度斜入射于异质面上，其入射角等于反射角，纵波反射角大于横波反射角，或者说横波反射声束总是位于纵波反射声束与法线之间。

（2）超声波的折射

1）纵波斜入射的折射。如图 3-10 所示，α_L 为第一介质的纵波入射角，β_L 为第二介质的纵波折射角，β_S 为第二介质的横波折射角，其折射定律可用下列数学式表示：

$$\frac{c_L}{\sin\alpha_L} = \frac{c_{L2}}{\sin\beta_L} = \frac{c_{S2}}{\sin\beta_S} \tag{3-24}$$

在第二介质中，因 $c_{L2} > c_{S2}$，所以 $\sin\beta_L > \sin\beta_S$，$\beta_L > \beta_S$，横波折射声束总是位于纵波折射声束与法线

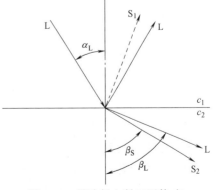

图 3-10　纵波斜入射于固体-气体界面的反射、折射

之间。

2）横波斜入射的折射。横波在固体中斜入射至固-固界面时，其折射规律同样符合式（3-23）所示的形式，可写成

$$\frac{c_S}{\sin\alpha_S} = \frac{c_{S2}}{\sin\beta_{S2}} = \frac{c_{L2}}{\sin\beta_L} \tag{3-25}$$

3. 波的叠加原理

当几列声波同时在同一介质中传播时，如果在某处相遇，则相遇处质点的振动是各列波引起的振动的合成，声场的合成声压是每列声波声压的矢量和，这就是波的叠加原理。几列波相遇后仍保持各自原有的频率、波长和振幅等特性，并按原来的传播方向继续前进，好像在各自的途中没有遇到其他波一样，这也被称为波的独立性原理。

4. 波的干涉

两列频率相同、振动方向相同、相位差恒定的波相遇时，介质中某些地方振动加强，而另一些地方的振动始终减弱或完全抵消的现象称为波的干涉现象。产生干涉现象的波称为相干波，其波源称为相干波源。

波的叠加原理是波的干涉现象的基础，波的干涉是波动的重要特征。在超声波测中，由于波的干涉，使超声波源附近出现了声压极大值和极小值的变化。

5. 波的衍射

波在传播过程中遇到与波长相当的障碍物时，能绕过障碍物边缘改变方向继续前进的现象，称为波的衍射或波的绕射。

3.1.5 活塞源声场

1. 波源轴线上的声压分布

在连续简谐纵波且不考虑介质衰减的条件下，图 3-11 所示的液体介质中圆盘上一点波源 dS 辐射的球面波在波源轴线上 Q 点引起的声压为

$$dp = \frac{p_0 dS}{\lambda r}\sin(\omega t - kr) \tag{3-26}$$

式中　p_0——波源的起始声压；

　　　dS——点波源的面积；

　　　λ——波长；

　　　r——点波源至 Q 点的距离；

　　　k——波数；

　　　ω——圆频率；

　　　t——时间。

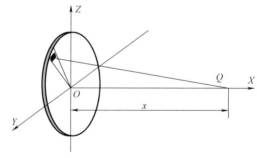

图 3-11　圆盘波源轴线上声压推导图

根据波的叠加原理，做活塞振动的圆盘波源上各点波源在轴线上 Q 点引起的声压可以线性叠加，所以对整个波源面积进行积分可以得到波源轴线上任一点的声压，其幅值为

$$p = 2p_0\sin\frac{\pi}{\lambda}\left(\sqrt{R_S^2 + x^2} - x\right) \tag{3-27}$$

式中 R_S——波源半径；

x——轴线上 Q 点至波源的距离。

根据牛顿二项式，当 $x \geqslant 2R_S$ 且 $x \geqslant 3R_S^2/\lambda$ 时，声压公式可简化为

$$p \approx \frac{p_0 \pi R_S^2}{\lambda x} = \frac{p_0 F_S}{\lambda x} \qquad (3\text{-}28)$$

式中 F_S——波源面积，$F_S = \pi R_S^2 = \pi D_S^2/4$（$D_S$ 为波源直径）。

可见，当 $x \geqslant 3R_S^2/\lambda$ 时，圆盘波源轴线上的声压与距离成反比，与波源面积成正比。波源轴线上的声压随距离变化的情况如图 3-12 所示。

2. 近场区

波源附近由于波的干涉而出现一系列声压极大值的区域，称为超声场的近场区，又称为菲涅耳区。近场区声压分布不均，这是由于波源各点至轴线上某点的距离不同，存在波程差，互相叠加时存在相位差而互相干涉，使某些地方声压互相加强，另一些地方互相减弱，于是就出现了声压极大值、极小值的点。

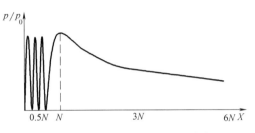

图 3-12 圆盘波源轴线上声压分布

波源轴线上最后一个声压极大值至波源的距离称为近场区长度，用 N 表示。

$$N = \frac{D_S^2 - \lambda^2}{4\lambda} \approx \frac{D_S^2}{4\lambda} = \frac{R_S^2}{\lambda} = \frac{F_S}{\pi \lambda} = \frac{A_S f}{\pi c} \qquad (3\text{-}29)$$

由式（3-29）可知，近场区长度与波源面积成正比，与波长成反比。在近场区检测定量是不利的，处于声压极小值处的较大缺陷回波可能性较低，而处于声压极大值处的较小缺陷回波可能性很高，这就容易引起误判，甚至漏检，因此应尽可能避免在近场区检测定量。

3. 远场区

波源轴线上至波源距离 $x > N$ 区域称为远场区。远场区轴线上的声压随距离单调减小。当 $x > 3N$ 时，声压与距离成反比，近似球面波的规律，$p = p_0 F_S/(\lambda x)$。这是因为距离足够大时，波源各点至轴线上某一点的波程差很小，引起的相位差也很小，这时干涉现象可忽略不计。所以远场区轴线上不会出现声压极大值、极小值。

超声场近场区与远场区各横截面上的声压分布是不同的。在近场区内，存在中心轴线上声压为 0 的截面，如 $x = 0.5N$ 的截面，中心声压为 0，偏离中心声压较高。在远场区内，轴线上的声压最高，偏离中心的声压逐渐降低，且同一横截面上声压的分布是完全对称的。因此，规定要在 $2N$ 以外进行探头波束轴线的偏离和横波斜探头 K 值的测定。

4. 波束的指向性和半扩散角

超声场中离波源充分远处同一横截面上各点的声压是不同的，轴线上的声压最高。实际检测中，只有当波束轴线垂直于缺陷时，缺陷回波才最高就是这个原因。圆盘波源辐射的纵波声场的第一零值发散角，又称为半扩散角或指向角，用 θ_0 来表示。当声源为圆形活塞声源且直径为 D_S 时，用 θ_0（°）来描述主声束宽度，即

$$\theta_0 = \sin^{-1}\left(1.22 \frac{\lambda}{D_S}\right) \approx 70\lambda/D_S \qquad (3\text{-}30)$$

3.1.6　各种规则反射体的反射规律

规则反射体的反射规律是研究超声检测的物理基础，规则反射体可以分为大平底、平底孔、圆柱面和球面等，这里只介绍在不考虑介质衰减的理想条件下，大平底、平底孔、长横孔、短横孔、球孔和圆柱体曲底面超声波的回波声压和反射规律。

1. 大平底的反射

大平底是常见的反射面，如厚板的轧制面等，一般用 B 来表示。在 $x \geqslant 3N$ 的圆盘波源轴线上，超声波在与波束轴线垂直的大平底上的反射就是球面波在平面上的反射，其回波声压 p_B 为

$$p_B = \frac{p_0 F_S}{2\lambda x} \qquad (3\text{-}31)$$

式中　p_0——探头波源的起始声压；

　　　F_S——探头波源的面积，$F_S = \pi D_S^2 / 4$；

　　　λ——波长；

　　　x——平底孔到波源的距离。

可见，大平底的反射声压与其距声源的距离成反比，也就是说，距离每增加一倍，反射声压将减小 1/2，或者说将减小 6dB。

2. 平底孔的反射

平底孔也是常见的反射体，在 $x \geqslant 3N$ 的圆盘波源轴线上存在一平底孔缺陷，则探头接收到的平底孔回波声压 p_f 为

$$p_f = \frac{p_0 F_S F_f}{\lambda^2 x^2} \qquad (3\text{-}32)$$

式中　A_f——平底孔缺陷的面积，$A_f = \pi D_f^2 / 4$。

可见，平底孔的反射规律为其反射声压与其距声源距离的平方成反比，与平底孔的面积成正比。换句话说，距离每增加一倍，反射声压将减少 1/4，也就是减小 12dB；而平底孔直径每增加一倍，反射声压将上升 4 倍，也就是增大 12dB。

3. 长横孔的反射

在 $x \geqslant 3N$ 的圆盘波源轴线上存在一长横孔缺陷，长横孔直径较小，长度大于波束截面尺寸，超声波垂直入射到长横孔上全反射，类似于球面波在柱面的反射，则探头接收到的长横孔回波声压 p_f 为

$$p_f = \frac{p_0 F_S}{2\lambda x}\sqrt{\frac{D_f}{D_f + 2x}} \approx \frac{p_0 F_S}{2\lambda x}\sqrt{\frac{D_f}{2x}} \qquad (3\text{-}33)$$

式中　D_f——长横孔直径。

可见，检测条件（F_S、λ）一定时，长横孔回波声压与长横孔的直径平方根成正比，与距离的 3/2 次方成反比。长横孔直径一定，距离增加一倍，回波减小 9dB；长横孔距离一定，直径增加一倍，回波增大 3dB。

4. 短横孔的反射

短横孔是长度明显小于波束截面尺寸的横孔。在 $x \geqslant 3N$ 的圆盘波源轴线上存在一短横

孔缺陷, 则探头接收到的短横孔回波声压 p_f 为

$$p_f = \frac{p_0 F_S}{2\lambda x} \sqrt{\frac{D_f}{D_f + 2x}} \approx \frac{p_0 F_S}{\lambda x} \frac{l_f}{2x} \sqrt{\frac{D_f}{\lambda}} \tag{3-34}$$

式中　l_f——短横孔长度。

可见, 检测条件 (F_S、λ) 一定时, 短横孔回波声压与短横孔的长度成正比, 与直径的平方根成正比, 与距离的平方成反比。短横孔直径和长度一定时, 距离增加一倍, 回波减小 12dB, 与平底孔变化规律相同; 直径和距离一定时, 长度增加一倍, 回波增大 6dB; 长度和距离一定时, 直径增加一倍, 回波增大 3dB。

5. 球孔的反射

在 $x \geq 3N$ 的圆盘波源轴线上存在一球孔缺陷, 超声波垂直入射到球孔上的反射, 类似于球面波在球面上的反射, 则探头接收到的球孔回波声压 p_f 为

$$p_f = \frac{p_0 F_S}{\lambda x} \frac{D_f}{4(x + D_f/2)} \approx \frac{p_0 F_S}{\lambda x} \frac{D_f}{4x} \tag{3-35}$$

式中　D_f——球孔直径。

可见, 检测条件 (F_S、λ) 一定时, 球孔回波声压与球孔的直径成正比, 与距离的平方成反比。球孔直径一定时, 距离增加一倍, 回波减小 12dB; 球孔距离一定时, 直径增加一倍, 回波增大 6dB。

6. 圆柱体曲底面的反射

超声波径向入射至 $x \geq 3N$ 实心圆柱, 类似于球面波在凹柱曲底面上的反射, 其反射规律和回波声压与大平底面相同。空心圆柱体外圆周径向检测, $x \geq 3N$, 类似于球面波在凸柱面上的反射, 回波声压为

$$p_f = \frac{p_0 F_S}{2\lambda x} \sqrt{\frac{d}{D}} \tag{3-36}$$

式中　d——内孔直径;

　　　D——外圆直径。

式 (3-36) 表明, 外圆周检测空心圆柱体, 其回波声压小于同距离大平底面回波声压, 因为凸柱面反射波发散。

空心圆柱体内孔径向检测, $x \geq 3N$, 类似于球面波在凹柱面上的反射, 回波声压为

$$p_f = \frac{p_0 F_S}{2\lambda x} \sqrt{\frac{D}{d}} \tag{3-37}$$

式 (3-37) 表明, 内孔检测空心圆柱体, 其回波声压大于同距离大平底面回波声压, 因为凹柱面反射波聚焦。

3.2　超声检测系统

超声检测系统 (UT System) 主要包括超声波检测仪、探头、耦合剂、试块和辅助器材等。

选择检测系统应从被检对象的材质及其缺陷存在的状况来考虑，如果检测系统选择不当，不但检测结果不够可靠，在经济上也将蒙受损失。适当的超声波检测仪和有效匹配的探头是超声检测系统选择的主要内容。超声检测系统的选择应从选择最合适的探头开始，因为探头的性能是检测工作得以顺利进行的关键，同时超声波检测仪也应使探头性能获得最充分的发挥。与此同时，还要确定是否需要自动化，选择标准试块还是自制与被检对象材质一样的试块，选择耦合介质和辅助器材等。

3.2.1　超声波检测仪

实际上不可能对每一种被检对象都配备相应的仪器，应主要考虑重复性大的被检材料（或工件）的需要，甚至要为以后可能检测的新对象留有余地。而探头则要尽可能满足专用的需要。在自动检测装置中，仪器和探头的专用性往往都比较突出，即使在这种情况下，仪器的零部件应尽量具备一定的互换性，以便于管理。

超声波检测仪是根据超声波传播原理、电声转换原理和无线电测量原理设计的，其种类繁多，性能也不尽相同。脉冲式超声波检测仪应用最为广泛，图 3-13 所示为脉冲式超声波检测仪。脉冲式超声波检测仪主要可分为 A 型显示和平面显示两大类，其中，A 型显示超声波检测仪具有结构简单、使用方便、适用面广等许多优点，在我国已形成系列产品；其缺点是难以判断缺陷的几何形状，缺乏直观性。A 型显示如图 3-14 所示。

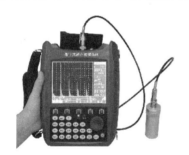

图 3-13　脉冲式超声波检测仪

为了更好地进行缺陷的定量和定位，设计了多种检测设备，例如 B 型显示、C 型显示、准三维显示和超声透视等。

B 型显示是一种可以显示出工件的某一纵断面声像的显示方法，如图 3-14 所示。C 型显示是一种可以显示出工件的某一横断面声像的显示方法。C 型显示是很直观的显示方法之一，它同时采用高分辨率探头，主要用于要求较高的工件的检测。若把接收探头与发射探头分置于被检工件的两侧，所得图像便是超声的投影面。它与 X 射线检测时对缺陷的显示类似，这就是超声透视。

在获得 B 型显示和 C 型显示的基础上，借助计算机信号处理技术，可以获得准三维显示的缺陷图像，经过仔细处理后，该图像将具有较好的立体感。

图 3-15 所示为 A 型脉冲反射式检测仪的基本电路方框图，由图可知，它主要是由同步电路、时基电路（扫描电路）、发射电路、接收放大电路四个部分和示波管、电源、探头等组成。

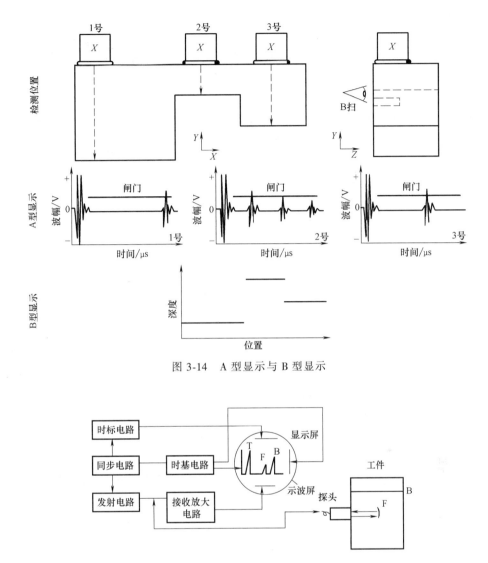

图 3-14　A 型显示与 B 型显示

图 3-15　A 型脉冲反射式检测仪的基本电路方框图

3.2.2　探头

　　凡能将任何其他形式能量转换成超声波振动形式能量的元器件均可用来发射超声波，具有可逆效应时又可用来接收超声波，这类元件称为超声换能器。以换能器为主要元件组装成具有一定特性的超声波发射、接收器件，常称为探头。目前超声检测工作中应用最广、数量最多的是以压电效应为工作原理的超声波探头。当它用作发射时，是将来自发射电路的电脉冲加到压电晶片上，转换成机械振动，从而向被检对象辐射超声波。反之，当它用作接收时，则是将声信号转换成电信号，以便信号被送入接收、放大电路并在荧光屏上进行显示。可见，探头是电子和超声场间联系的纽带，起耳目作用，是超声检测设备的重要组成部分，而不是检测装置的附件。探头的主要形式有直探头和斜探头，其结构一般包括压电晶片、背衬（阻尼块、吸声材料）、接头、电缆线（信号线、地线）、保护膜和密封壳等。图 3-16 所示为直探头的基本结构。斜探头中通常还有一个使晶片与入射面成一定角度的斜楔块。

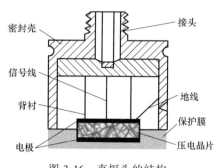

图 3-16　直探头的结构

在超声检测中，超声波探头大多采用脉冲信号，其脉冲又分为宽脉冲和窄脉冲。宽脉冲是频率近乎单一的脉冲，而宽脉冲探头发射的超声波在声束轴线上的声压分布近似于连续激励的情况。窄脉冲是包含较多频率成分的谐波，且每一谐波都有自己的近场、远场和声压分布规律。由于高频谐波近场长，低频谐波近场短，各频率谐波的声压叠加后近场变平滑，故窄脉冲能减小干涉现象的影响。与宽脉冲相比，窄脉冲分辨率高。利用窄脉冲发射超声波，联合频谱分析技术，是今后超声检测技术的发展方向之一。

探头的种类繁多，根据波形不同，可分为纵波探头、横波探头、表面波探头和板波探头等。根据耦合方式不同，探头分为接触式探头和液浸探头。根据波束不同，探头分为聚焦探头与非聚焦探头。根据晶片数量不同探头分为单晶探头、双晶探头和相控阵探头等。探头的主要使用性能指标除频率外，还有检测灵敏度和分辨力。检测灵敏度是指探头与检测仪配合起来，在最大深度上发现最小缺陷的能力，它与探头的换能特征有关。一般来讲，效率高、接收灵敏度高的探头，其检测灵敏度也高，且辐射面积越大，检测灵敏度越高。检测分辨力可分为横向分辨力和纵向分辨力，纵向分辨力是指沿声波传播方向，对两个相邻缺陷的分辨能力。脉冲越窄，频率越高，分辨力越高。然而其灵敏度越高，则分辨力越低。横向分辨力是指声波传播方向上对两个并排缺陷的分辨能力，探头发射的声束越窄，频率越高，则横向分辨力越高。总之，探头的频率、频率特性及其辐射特性均对超声检测有很大影响。

在选择探头时，首先必须分清两个问题：缺陷的检出和缺陷大小与方位的确定。从理论上讲，高强度细声束的探头对于小缺陷具有较强的检出能力，但是被检出的缺陷只限于声束轴线上很小的范围内。因此，使用细声束探头进行超声检测时，必须认真考虑由于缺陷漏检而造成的危害。大多数探头的直径为 5~40mm，直径大于 40mm 时，由于很难获得与之对应的平整的接触面，故一般不予采用。

众所周知，在近场区内底波高度与探头晶片的面积成正比，但在远场区则与晶片面积的平方成正比。换言之，在远场区底波高度是按晶片直径的 4 次方变化的，所以当晶片直径小于 5mm 时，由于检测灵敏度显著下降，因此难以采用。不同的检测目的、使用仪器和环境条件对探头的要求是不一样的。

总之，性能稳定、结构可靠、使用方便，并能够适应工作环境等是选择探头的基本要求。

3.2.3　试块

在当量法中所采用的具有简单几何形状的人工反射体的试件称为试块，如图 3-17 所示。在超声检测中试块主要用于调整和确定检测仪的测定范围，确定合适的检测方法、检验仪器、探头的性能以及检测灵敏度、测量材料的声学特性（如声速、声衰减和弹性模量等）。通常试块和仪器、探头一样，是超声检测的重要器材，因此试块的选用十分重要。

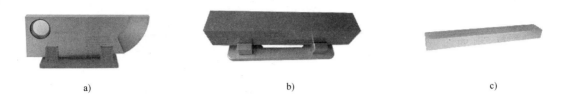

a)　　　　　　　　　　　　　　　　b)　　　　　　　　　　　　　　　　c)

图 3-17　试块

a) CSK-ⅠA 试块　b) CSK-ⅡA 试块　c) RB-1 试块

试块主要可分为标准试块、对比试块和模拟试块三大类。

标准试块可用于测试检测仪的性能、调整检测灵敏度和声程的测定范围。标准试块通常具有规定的材质、形状、尺寸及表面状态，如我国的标准试块 CSK-ⅠA（图 3-18）、CSK-ⅡA（图 3-19），以及国际标准试块ⅡW、ⅡW2 等。

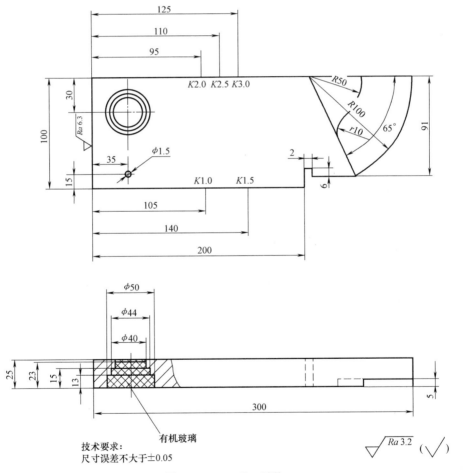

图 3-18　CSK-ⅠA 试块

对比试块是特定方法检测特定工件时采用的试块，含有意义明确的人工反射体。它与被检工件材料声学特性相似，其外形尺寸应能代表被检工件的特征，如我国的 RB-1 试块

（图 3-20）等。

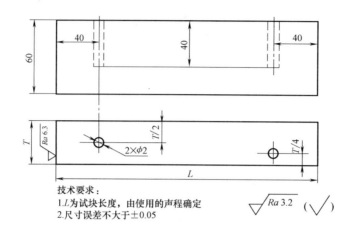

技术要求：
1.L为试块长度，由使用的声程确定
2.尺寸误差不大于±0.05

图 3-19　CSK-ⅡA 试块

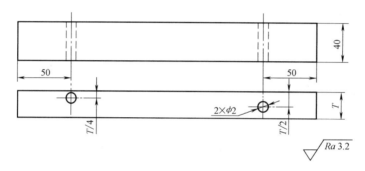

图 3-20　RB-1 试块

3.2.4　声波的耦合

为了使探头有效地向试件中发射和接收超声波，必须保持探头与试件之间良好的声耦合，即在两者之间填充耦合介质以排除空气，避免因空气层的存在致使声能几乎全部被反射的现象发生。探头与试件之间为排除空气而填充的耦合介质称为耦合剂，耦合剂应具有较好的透声性能和较高的声阻抗等，如甘油、硅油和机油等。

根据不同的耦合条件和耦合介质，探头与试件之间的耦合方式可分为直接接触法和液浸法。工件表面粗糙度以及耦合剂的种类等都将影响超声波的耦合效果。

3.3　超声检测方法

3.3.1　超声检测的适用范围、优点及局限性

1. 适用范围

超声检测的适用范围非常广泛。从检测对象的材料来说，不仅适用于各种金属材料的检

测，而且可用于一些非金属材料的检测；从检测对象的加工工艺来说，机加工件、锻件、铸件、焊接件及复合材料构件等各种加工工艺零部件都可以进行超声检测；从检测对象的形状来说，可以是板材、棒材和管材等；从检测对象的尺寸来说，可小至 1mm，也可大至数米；从检测缺陷的特点来说，既可以检测表面缺陷，也可以检测内部缺陷。

2. 超声检测的优点

与其他无损检测方法相比，超声检测方法的主要优点如下：

1）适用于金属、非金属和复合材料等多种材料制件的无损检测。

2）穿透能力强，可对较大范围的材料内部缺陷进行检测，也可进行整个部件全体积的扫查。如对金属材料，既可以检测厚度为 1~2mm 的薄壁管材和板材，也可检测几米长的钢锻件。

3）灵敏度高，可检测材料内部最小尺寸大致为超声波波长 1/2 的缺陷。

4）可较准确地测量缺陷的位置，这在大多数情况下是十分必要的。

5）对绝大多数超声检测技术来说，检测时仅需从一侧接近被检部件。

6）设备轻便，对人体及环境无害，可进行现场检测。

3. 局限性

1）由于纵波脉冲反射法存在盲区，以及缺陷取向对检测灵敏度有影响，位于表面和近表面的缺陷常常难以被发现，容易漏检。

2）试件的形状，如尺寸大小、形状是否规则、表面粗糙度值的大小、曲率半径的大小等，对超声检测的可实施性及可靠性有较大的影响。

3）材料的某些内部结构，如晶粒度、相组成、均匀性和致密度等，会使小缺陷的检测灵敏度和信噪比发生变化。

4）对材料中缺陷的定性和定量需要操作者具有比较丰富的经验。

3.3.2 超声检测的主要方法

超声检测方法的分类方式有多种，常用的有以下几种：

1）按原理分类：脉冲反射法、衍射时差法和透射法。

2）按显示方式分类：A 型显示和超声成像显示。

3）按波形分类：纵波法、横波法、表面波法、板波法和爬波法等。

4）按探头数目分类：单探头法、双探头法和多探头法。

1. 透射法

透射法又叫穿透法，是最早采用的一种超声检测技术。

（1）透射法的工作原理　透射法是将发射探头和接收探头分别置于试件的两个相对面上，根据超声波穿透试件后的能量变化情况来判断试件内部质量的方法。若试件内无缺陷，声波穿透后衰减小，则接收信号较强；若试件内有小缺陷，声波在传播过程中部分被缺陷遮挡，使之在缺陷后形成阴影，接收探头只能收到较弱的信号；若试件中缺陷面积大于声束截面，全部声束被缺陷遮挡，接收探头则收不到发射信号。值得指出的是，超声信号的减弱既与缺陷尺寸有关，还与探头的超声特性有关。此方法除超声信号是衰减而不是增加外，与分贝降低法十分相似。

透射法简单易懂，便于实施，不需考虑反射脉冲幅度，而且裂纹的遮蔽作用不受缺陷粗糙度或缺陷方位等因素的影响（这通常是造成检测结果变化的主要原因）。

（2）透射法的优缺点　透射法具有以下主要优点：

1）在试件中声波只做单向传播，适合检测高衰减的材料。

2）对发射和接收的相对位置要求严格，需专门的探头支架。当选择好耦合剂后，特别适用于单一产品大批大量加工制造过程中的机械化自动检测。

3）在探头与试件相对位置布置得当后，即可进行检测，在试件中几乎不存在盲区。

透射法的主要缺点如下：

1）一对探头单收单发的情况下，只能判断缺陷的有无和大小，不能确定缺陷的方位。

2）当缺陷尺寸小于探头波束宽度时，该方法的检测灵敏度低。若用检测仪上透射波高低来评价缺陷的大小，则仅当透射声压变化 20% 以上时，才能将超声信号的变化进行有效的区分。若用数据采集器采集超声波信号，并借助于计算机进行信号处理，则可大大提高检测灵敏度和精度。

2. 脉冲反射法

脉冲反射法是应用最广泛的一种超声检测方法。脉冲反射法超声检测技术的分辨力和灵敏度大大高于连续波穿透式检测技术，使焊接接头的检测问题得到很好的解决。在实际检测中，直接接触式脉冲反射法最为常用（图3-21）该方法按照检测时所使用的波形大致可分为纵波法、横波法、表面波法和板波法。在某些特殊的情况下，有的是用两个探头来进行检测的，有的则必须在液浸的情况下才能进行检测。

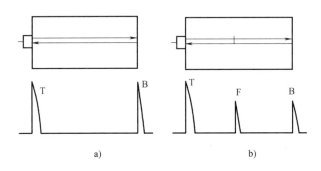

图 3-21　脉冲反射法
a）无缺陷　b）有缺陷

（1）脉冲反射法的工作原理　脉冲反射法是利用超声波脉冲在试件内传播的过程中，遇有声阻抗相差较大的两种介质的界面时将发生反射的原理进行检测的。采用一个探头兼做发射和接收器件，接收信号在检测仪的荧光屏上显示，并根据缺陷及底面反射波的有无、大小及在时基轴上的位置来判断缺陷的有无、大小及方位。

（2）脉冲反射法的特点　脉冲反射法的主要优点如下：

1）检测灵敏度高，能发现较小的缺陷。

2）当调整好仪器的垂直线性和水平线性后，可得到较高的检测精度。

3）适用范围广，适当改变耦合方式，选择一定的探头以实现预期的探测波形和检测灵敏度，或者说，可采用多种不同的方法对试件进行检测。

4）操作简单、方便，容易实施。

脉冲反射法的主要缺点如下：

1）单探头检测往往在试件留有一定盲区。

2）由于探头具有近场效应，故不适用于薄壁试件和近表面缺陷的检测。

3）缺陷波的大小与被检测缺陷的取向关系密切，容易有漏检现象发生。

4）因声波往返传播，故不适用于衰减太大的材料。

（3）直接接触脉冲反射法　直接接触脉冲反射法使探头与试件直接接触，接触情况取决于探测表面的平行度、平面度和表面粗糙度，但良好的接触状态一般很难实现。若在两者之间填充很薄的一层耦合剂，则可保持两者之间良好的声耦合，当然耦合剂的性能将直接影响声耦合的效果。

直接接触脉冲反射法可分为纵波法、横波法、表面波法和板波法等，其中以纵波法应用最为普遍。

3. 液浸法

液浸法是在探头与试件之间填充一定厚度的液体介质作为耦合剂，使声波首先经过液体耦合剂，而后再入射到试件中，探头与试件并不直接接触，从而克服了直接接触法的上述缺点。液浸法的探头角度可任意调整，声波的发射、接收也比较稳定，便于实现检测自动化，大大提高了检测速度。该方法的缺点是当耦合层较厚时，声能损失较大。另外，自动化检测还需要相应的辅助设备，有时是复杂的机械设备和电子设备，它们对单一产品（或几种产品）往往具有很高的检测能力，但缺乏灵活性。总之，与直接接触法相比，各有利弊，应根据被检测对象的具体情况（几何形状的复杂程度和产品的产量等）选用不同的方法。

3.4　超声检测工艺

超声波斜探头距离-波幅-
当量曲线如何制作

超声检测工艺由下列六个主要部分组成。

1. 扫描速度调节

根据被检工件厚度确定扫描速度，并在超声检测仪上调节扫描速度。其目的是使仪器的时基线显示的范围能够覆盖需要检测的声程范围，使时基线刻度与超声波在工件中传播的距离成一定比例，以便准确测定缺陷的位置。

2. 制作距离-波幅曲线

距离-波幅曲线是用于调整检测灵敏度和确定缺陷当量大小的重要依据，曲线应按所用探头和仪器在试块上实测的数据绘制而成，该曲线族由评定线、定量线和判废线组成。评定线与定量线之间（包括评定线）为Ⅰ区，定量线与判废线之间（包括定量线）为Ⅱ区，判废线及其以上区域为Ⅲ区，如图3-22所示。

3. 检测灵敏度的调整

检测灵敏度是指在确定的声程范围内发现规定大小缺陷的能力。调整检测灵敏度的目的是使工件中不小于规定大小的缺陷都能被发现，并对发现的缺陷进行定量。当用试块法调整检测灵敏度时，如

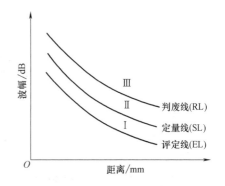

图 3-22　距离-波幅曲线

果试块与工件的表面粗糙度存在差异、所用的耦合剂不同或材质衰减差异较大，则应对检测灵敏度进行补偿。与此相关的工艺参数有试块种类和规格、检测灵敏度、耦合补偿和材质衰减系数等。

4. 扫查

扫查是指移动探头使超声束覆盖工件上所需要检测的所有体积的过程。扫查时，通常还需要将调整好的检测灵敏度再提高 4~6dB，作为扫查灵敏度。与此相关的工艺参数有扫查灵敏度、探头移动方式、扫查速度和扫查间距等。

5. 缺陷评定与记录

当扫查中发现缺陷显示信号后，应对缺陷进行评定，内容主要包括缺陷位置的确定和缺陷当量尺寸的测定，并将评定结果予以记录。

6. 后处理

超声检测工作结束后，涂敷在工件表面的耦合剂若对该工件的下道工序或以后的使用产生不利的影响，则应采用适当的方法清除干净。

3.5　超声检测应用

超声检测适用于各种尺寸的锻件、轧制件、焊缝和某些铸件，无论是钢铁、有色金属还是非金属，都可以采用超声法进行检测。各种机械零件、结构件、电站设备、船体、锅炉、压力管道和化工容器、非金属材料等都可以运用超声波进行有效的检测。以大兴国际机场为例，其主体自由曲面空间由支撑体系和屋盖钢网架组成，网架面积达 18 万平方米，用钢量达 4 万多吨，5 条指廊的屋面钢网架共需要焊接 8472 个焊接球和 55267 根杆件。利用超声检测可保证焊缝合格率达 100%，即使针尖大小的气孔、夹渣或裂纹都逃不过检测仪的"慧眼"。

焊缝检测主要用斜探头（横波），有时也可使用直探头（纵波）。检测频率通常为 2.5~5MHz，应主要依据工件厚度选择探头角度。发现缺陷后，即可对其进行定位计算，计算时可以使用探头折射角的正弦和余弦，也可使用正切值（它等于探头入射点到缺陷的水平距离与缺陷至工件表面垂直距离之比）。仪器灵敏度调整和探头性能测试应在相应的标准试块（或自制的试块）上进行。

1. 焊缝超声检测技术等级

以 NB/T 47013.3—2015 为例，超声检测技术等级分为 A、B、C 三个检测级别。超声检测技术等级的选择应符合制造、安装、在用等有关规范、标准及设计图样的规定。不同检测技术等级的要求如下：

（1）A 级检测　A 级检测仅适用于母材厚度为 8~46mm 的对接焊接接头。可用一种 K 值探头采用直射波法和一次反射波法在对接焊接接头的单面单侧进行检测。一般不要求进行横向缺陷的检测。

（2）B 级检测

1）母材厚度为 8~46mm 时，一般用一种 K 值探头采用直射波法和一次反射波法在对接焊接接头的单面双侧进行检测。

2）母材厚度大于 46~120mm 时，一般用一种 K 值探头采用直射波法在焊接接头的双面双侧进行检测，如受几何条件限制，也可在焊接接头的双面单侧或单面双侧采用两种 K 值探头进行检测。

3）母材厚度为 120~400mm 时，一般用两种 K 值探头采用直射波法在焊接接头的双面双侧进行检测。两种探头的折射角相差应不小于 10°。

4）进行横向缺陷的检测时，可在焊接接头两侧边缘使探头与焊接接头中心线成 10°~20°。做两个方向的斜平行扫查，如图 3-23 所示。如焊接接头余高磨平，探头应在焊接接头及热影响区上做两个方向的平行扫查，如图 3-24 所示。

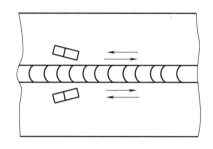

图 3-23 斜平行扫查

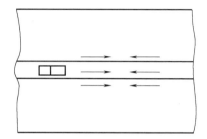

图 3-24 平行扫查

（3）C 级检测 采用 C 级检测时应将焊接接头的余高磨平，对焊接接头两侧斜探头扫查经过的母材区域要用直探头进行检测。

1）母材厚度为 8~46mm 时，一般用两种 K 值探头采用直射波法和一次反射波法在焊接接头的单面双侧进行检测。两种探头的折射角相差应不小于 10°，其中一个折射角应为 45°。

2）母材厚度为 46~400mm 时，一般用两种 K 值探头采用直射波法在焊接接头的双面双侧进行检测。两种探头的折射角相差应不小于 10°。对于单侧坡口角度小于 5°的窄间隙焊缝，如有可能，应增加与坡口表面平行缺陷的有效检测方法。

3）进行横向缺陷的检测时，将探头放在焊缝及热影响区上做两个方向的平行扫查，如图 3-24 所示。

2. 平板对接焊接接头的超声检测

为检测纵向缺陷，斜探头应垂直于焊缝中心线放置在检测面上，做锯齿形扫查，如图 3-25 所示。探头前后移动的范围应保证扫查到全部焊接接头截面，在保持探头垂直焊缝做前后移动的同时，还应做 10°~15°的左右转动。为观察缺陷动态波形和区分缺陷信号或伪缺陷信号，确定缺陷的位置、方向和形状，可采用前后、左右、转角和环绕四种探头基本扫查方法，如图 3-26 所示。

平面对接焊缝
超声斜探头检测

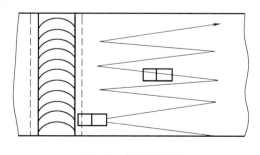

图 3-25 锯齿形扫查

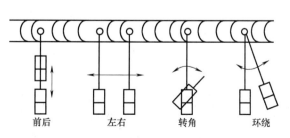

图 3-26 四种基本扫查方法

3. 曲面工件（直径小于或等于 500mm）对接焊接接头的超声检测

检测面为曲面时，可尽量按平板对接焊接接头的检测方法进行检测。对于受几何形状限制无法检测的部位应予以记录。检测纵缝时，对比试块的曲率半径与检测面曲率半径之差应小于 10%。根据工件的曲率和材料厚度选择探头 K 值，并考虑几何临界角的限制，确保声束能扫查到整个焊接接头。探头接触面修磨后，应注意探头入射点和 K 值的变化，并用曲率试块进行实际测定。应注意荧光屏指示的缺陷深度或水平距离与缺陷实际径向埋藏深度或水平距离弧长的差异，必要时应进行修正。检测环缝时，对比试块的曲率半径应为检测面曲率半径的 0.9~1.5 倍。

4. 管座角焊缝的检测

在选择检测面和探头时应考虑到各种类型缺陷的可能性，并使声束尽可能垂直于该焊接接头结构的主要缺陷。根据结构形式，管座角焊缝的检测有多种检测方式，可选择其中一种或几种方式组合实施检测。检测方式的选择应由合同双方商定，并应考虑主要检测对象和几何条件的限制。管座角焊缝以直探头检测为主，必要时应增加斜探头检测的内容。如图 3-27 所示，位置 1 为在接管内壁采用直探头检测，位置 2、位置 3 和位置 4 为斜探头检测。

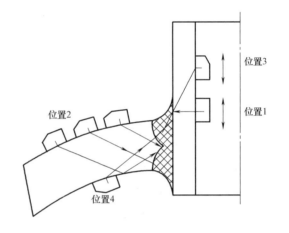

图 3-27　插入式管座角焊缝

5. T 形焊接接头的超声检测

在选择检测面和探头时应考虑到检测各类缺陷的可能性，并使声束尽可能垂直于该类焊接接头结构的主要缺陷。根据焊接接头结构形式，T 形焊接接头的检测可选择不同检测方式或几种方式组合。检测方式的选择应由合同双方商定，并应考虑主要检测对象和几何条件的限制。如图 3-28 所示，位置 1 为用斜探头从翼板外侧用直射法进行探测，位置 2 和位置 4 为用斜探头在腹板一侧用直射法或一次反射法进行探测，位置 3 为用直探头或双晶直探头在翼板外侧沿焊接接头探测，或者用斜探头在翼板外侧沿焊接接头探测，位置 3 包括直探头和斜探头两种扫查。

6. 缺陷定量检测

灵敏度应调到定量线灵敏度。对于所有反射波幅达到或超过定量线的缺陷，均应确定其位置、最大反射波幅和缺陷当量。缺陷位置测定应以获得缺陷最大反射波的位置为准。将探头移至缺陷出现最大反射波信号的位置，测定波幅大小，并确定它在距离-波幅曲线中的区域。应根据缺陷最大反射波幅确定缺陷当量直径或缺陷指示长度 ΔL。

7. 缺陷评定和分级

超过评定线的信号应注意其是否具有裂纹等危害性缺陷特征，当怀疑有危害性缺陷特征时，应采取改变探头 K 值、增加检测面、观察动态波形并结合结构工艺特征进行判定。若对波形不能判断时，应辅以其他检测方法进行综合判定。缺陷指示长度小于 10mm 时，按 5mm 计。相邻两缺陷在一条直线上，其间距小于其中较小的缺陷长度时，应作为一条缺陷

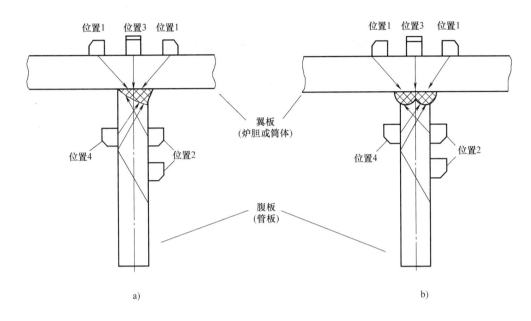

位置1 位置3 位置1

翼板
(炉胆或筒体)

位置4 位置2

腹板
(管板)

a)   b)

图 3-28 T 形焊接接头

处理，以两缺陷长度之和作为其指示长度（间距不计入缺陷长度）。焊接接头质量分级按相关标准执行，表 3-3 所示为 NB/T 47013.3—2015 锅炉、压力容器本体焊接接头超声检测质量分级标准。

表 3-3 锅炉、压力容器本体焊接接头超声检测质量分级   （单位：mm）

等级	工件厚度 t	反射波幅所在区域	允许的单个缺陷指示长度 L	多个缺陷累计长度最大允许值 L'
I	≥6~100	I	≤50	—
	>100		≤75	—
	≥6~100	II	≤t/3,最小可为10,最大不超过30	在任意 9t 焊缝长度范围内 L'不超过 t
	>100		≤t/3,最大不超过50	
II	≥6~100	I	≤60	—
	>100		≤90	—
	≥6~100	II	≤2t/3,最小为12,最大不超过40	在任意 4.5t 焊缝长度范围内 L'不超过 t
	>100		≤2t/3,最大不超过75	
III	≥6	II	超过 II 级者	
		III	所有缺陷(任何缺陷指示长度)	
		I	超过 II 级者	—

注：当焊缝长度不足 9t（I 级）或 4.5t（II 级）时，可按比例折算。当折算后的多个缺陷累计长度允许值小于该级别允许的单个缺陷指示长度时，以允许的单个缺陷指示长度作为缺陷累计长度允许值。

第4章 射线检测

自从 1895 年伦琴发现了 X 射线之后，X 射线便很快在医疗领域得到了应用。在 20 世纪 30 年代初期，射线照相检测技术就已经广泛应用于工业产品的质量检验，至今已经发展成为一种完整的无损检测技术。射线检测是利用其在穿透物体时，会发生强度不同的衰减的原理而工作的。影响衰减程度的因素除了射线的能量高低外，还包括被穿过物体的性质、密度和厚度等因素，从而在感光材料上获得与材料内部结构和缺陷相对应的黑度不同的图像，进而评价出物体内部缺陷的种类、大小和分布状况。

4.1 射线检测物理基础

4.1.1 原子与原子结构

1. 元素与原子

世界上一切物质都是由元素构成的，迄今为止，已发现的元素有 100 多种，其中天然存在的有 94 种，人工制造的有十几种。元素用元素符号表示，例如，碳的元素符号是 C，钴的元素符号是 Co，铁的元素符号是 Fe 等。

原子是体现元素性质的最小微粒。在化学反应中，原子的种类和性质不会发生变化。物理学中"原子质量单位"用符号"u"表示，规定碳的同位素 $^{12}_{6}C$ 的质量的 1/12 为 1u。相对原子质量就是某元素原子的平均质量相对于 $^{12}_{6}C$ 原子质量 1/12 的比值。例如，氢元素的相对原子质量为 1，氧元素的相对原子质量为 16。原子由一个原子核和若干核外电子组成。原子核带正电荷，位于原子中心，电子带负电，在原子核周围高速运动。原子核所带的正电荷与核外电子所带的负电荷相同，所以，整个原子呈电中性。

在原子中，原子核所带的正电荷数（简称核电荷数）与核外电子所带的负电荷数相等。所以核外电子数等于核电荷数。不同元素的核电荷数不同，核外电子数也不同。元素周期表中的原子序数 z 等于核电荷数。试验证明，原子核由质子和中子组成。中子不带电，1 个质子带 1 个单位正电荷，原子核中有几个质子，就有几个核电荷，因此得到以下关系：

$$质子数 = 核电荷数 = 核外电子数 = 原子序数 \tag{4-1}$$

用原子质量单位度量，质子的质量为 1.007u，中子的质量为 1.009u，都接近于 1，计算相对原子质量时，电子可以忽略不计，由此得到以下关系：

$$相对原子质量 = 质子数 + 中子数 \tag{4-2}$$

$$中子数 = 相对原子质量 - 质子数 = 相对原子质量 - 原子序数 z \tag{4-3}$$

通常将相对原子质量标于元素符号的左上角，核电荷数标于左下角。例如，$^{60}_{27}Co$ 表示钴元素中相对原子质量为 60 的钴原子，其核电荷数为 27，核内有 27 个质子，而中子数为 33。

同一种元素的原子具有相同的核电荷数，即核内质子数相同，但核内的中子数可以不同。例如，氢元素有三种原子：$_1^1H$（氕）、$_1^2H$（氘）、$_1^3H$（氚），它们均含有 1 个电子，1 个质子，但中子数分别为 0、1、2，相对原子质量分别为 1、2、3，这些质子数相同而中子数不同（或表述为核电荷数相同而相对原子质量不同）的几种原子互称为同位素。

同位素可分为稳定和不稳定两类，不稳定的同位素又称为放射性同位素，它能自发地放出某些射线——α、β 或 γ 射线，而变为另一种元素。放射性同位素又可分为天然的和人工制造的两类，前者为自然界存在的矿物，一般 $z \geqslant 83$ 的许多元素及其化合物具有放射性。获得后者最常用的方法是用高能粒子轰击稳定同位素的核，使其变成放射性同位素。天然放射性同位素稀少，又不易提炼，价格昂贵，所以当前射线检测所用的均为人工放射性同位素。

2. 原子核结构

在原子核内，带正电的质子间存在着库仑斥力，但质子和中子仍能非常紧密地结合在一起，这说明核内存在一个非常强大的力，即核力。核力具有以下性质：①核力与电荷无关，无论中子还是质子都受到核力的作用；②核力是短程力，只在相邻核子之间发生作用，因此一个核子所能相互作用的其他核子数目是有限的，这称为核力的饱和性；③核力约比库仑力大 100 倍，是一种强相互作用；④核力能促成粒子的成对结合。

根据核力的性质以及核力与库仑力之间的相互作用，可以定性了解核的稳定性。采用人为的方法，以中子、质子或其他基本粒子轰击原子核，从而改变核内质子或中子的数目，便可以制造出新的同位素，也可以使稳定的同位素变为不稳定的同位素。

现已发现的约 2000 种核素中，天然存在的有 300 多种，其中有 30 多种是不稳定的；人工制造的有 1600 多种，其中绝大部分是不稳定的。不稳定的核素会自发蜕变，变成另一种核素，同时放出各种射线，这种现象称为放射性衰变。

放射性衰变有多种模式，其中最主要的有以下几种：

1）α 衰变：放出带两个正电荷的氦核，衰变后形成的子核的核电荷数较母核减 2，即在周期表上前移两位，而质量数较母核减少 4。

2）β 衰变：放出电子。衰变后子核的质量数不变，而核电荷数增加 1，即在周期表上后移一位。

3）γ 衰变：放出波长很短的电磁辐射。衰变前后核的质量数和电荷数均不发生改变。

γ 衰变总是伴随着 α 衰变或 β 衰变，母核经 α 或 β 衰变到子核的激发态，这种激发态的核是不稳定的，它要通过 γ 衰变过渡到正常态。所以 γ 射线是原子核由高能级跃迁到低能级而产生的。

4.1.2　射线种类及其性质

波长较短的电磁波称为射线，那些速度高、能量大的粒子流也称为射线。射线由射线源向周围发射的过程称为辐射，辐射一般分为电离辐射和非电离辐射两大类。非电离辐射是指射线能量很低，因而不足以引起物质发生电离的辐射，如微波辐射、红外线辐射等；电离辐射是指能够直接或间接引起物质电离的辐射，电离辐射一般分为直接电离辐射和间接电离辐射。

直接电离辐射通常是指带电粒子辐射，如阴极射线、α 射线、β 射线和质子射线等辐射。由于它们带有电荷，所以在与物质发生作用时，在库仑场的作用下会发生偏转。同时会以物质中原子激发、电离或本身产生场致辐射的方式损失能量，故其穿透能力较差，因而一般不直接利用这类射线进行无损检测。

　　而间接电离辐射是不带电的粒子辐射，如 X 射线、γ 射线及中子射线等辐射。其中，X 射线、γ 射线属于电磁波，中子射线属于粒子流，由于它们属于电中性，不会受到库仑场的影响而发生偏转，且穿透物质的能力较强，故广泛用于无损检测。从图 4-1 所示的电磁波谱中可以看到各种电磁辐射所占据的波长范围。

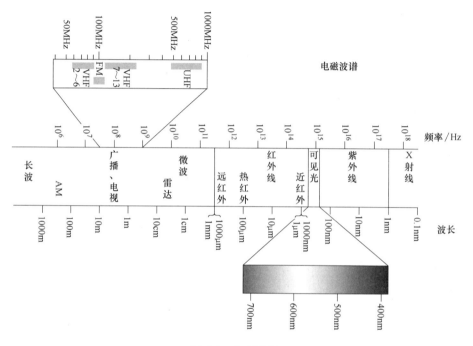

图 4-1　电磁波谱

电磁波的波长 λ 和频率 f 以及波速（光速）c 的关系式为

$$\lambda = c/f \tag{4-4}$$

X 射线和 γ 射线具有以下性质：

1）在真空中以光速沿直线传播。

2）本身不带电，不受电场和磁场的影响。

3）在媒质界面可以发生反射和折射，但 X 射线和 γ 射线只能发生漫反射，而不能像可见光那样产生镜面反射。X 射线和 γ 射线的折射系数非常接近 1，所以折射的方向改变不明显。

4）可以发生干涉和衍射现象，但只能在非常小的光栅（如晶体组成的光栅）中才能发生这种现象。

5）不可见，能够穿透可见光不能穿透的物质。

6）在穿透物质过程中，会与物质发生复杂的物理和化学作用，例如电离作用、荧光作用、热作用和光化学作用等。

7）具有辐射生物效应，能够杀伤生物细胞，破坏生物组织。

4.1.3 X 射线的产生及特点

射线检测中，X 射线是通过 X 射线机产生的，X 射线机的核心部件为 X 射线管，如图 4-2 所示。X 射线管是一个具有阴极和阳极的真空管，阴极是钨丝，阳极是金属制成的靶。在阴阳两极之间加有很高的直流电压（管电压），当阴极加热到白炽状态时释放出大量电子，这些电子在高压电场的作用下，加速由阴极飞向阳极（管电流），最终以很高的速度撞击在金属靶面上，电子失去的动能大部分转换为热能，另外极少部分转换为 X 射线向四周辐射。

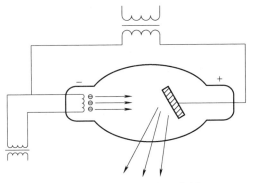

图 4-2　X 射线管工作示意图

对 X 射线管发出的 X 射线做光谱测定，可以发现 X 射线谱由两部分组成：一是波长连续变化的部分，称为连续谱，它的最小波长只与外加电压有关；另一部分是具有特定波长的谱线，这部分谱线要么不出现，一旦出现其所对应的波长位置完全取决于靶材料本身，这部分谱线称为标识谱，又称特征谱。

1. 连续谱的产生和特点

经典电动力学指出，带电粒子在加速或减速时必然伴随着电磁辐射，当带电粒子与原子相碰撞（更确切地说是与原子核的库仑场相互作用）发生骤然减速时，由此伴随产生的辐射称韧致辐射。大量电子（例如，当管电流为 5mA 时，撞击到靶上的电子数目约为 $3×10^{15}$ 个）与靶相撞，减速过程各不相同，少量电子经一次撞击就失去全部动能，而大部分电子经过多次制动逐步丧失动能，这就使能量转换过程中所发出的电磁辐射可以具有各种波长，因此 X 射线的波谱呈连续分布。

连续谱存在着一个最短波长 λ_{min}，其数值只依赖于外加电压 U，而与靶材料无关。在实际检测中，以最大强度波长为中心的邻近波段的射线起主要作用。试验证明，X 射线的总强度 I_T 与管电流 i（mA）、管电压 U（kV）、靶材料原子序数 z 有以下关系：

$$I_T = K_i i z U^2 \tag{4-5}$$

式中　K_i——比例常数，$K_i ≈ (1.1 \sim 1.4)×10^{-6}$。

管电流越大，表明单位时间撞击靶的电子数越多；管电压增加时，虽然电子数未变，但每个电子所获得的能量增大，因而短波成分射线增加，且碰撞发生的能量转换过程增加；靶材料的原子序数越高，核库仑场越强，韧致辐射作用越强，所以靶一般采用高原子序数的钨制作。

X 射线的产生效率 η 等于连续 X 射线的总强度 I_T 与管电压 U 和管电流 i 的乘积之比，即

$$\eta = \frac{I_T}{Ui} = \frac{K_i i z U^2}{iU} = K_i z U \tag{4-6}$$

在其他条件相同的情况下，管电压越高，X 射线产生效率越高；管电压的高压波形越接近恒压，X 射线产生效率也越高。当电压为 100kV 时，X 射线的转换效率约为 1%，而产生 4MeV 的 X 射线的加速器，其转换效率约为 36%。由于输入的能量绝大部分转换为热能，所

以 X 射线管必须有良好的冷却装置，以保证阳极不被烧坏。

2. 标识谱的产生和特点

当 X 射线管两端所加的电压超过某个临界值 U_K 时，波谱曲线上除连续谱外，还将在特定波长位置出现强度很大的线状谱线，这种线状谱的波长只依赖于阳极靶面的材料，而与管电压和管电流无关，因此，把这种标识靶材料特征的波谱称为标识谱，U_K 称为激发电压。不同靶材的激发电压各不相同，例如，管电压为 35kV 时，低于钨的激发电压（$U_K = 69.3kV$），高于钼的激发电压（$U_K = 20.0kV$），所以，钼靶的波谱上有标识谱，而钨靶的波谱上没有标识谱。

标识谱的产生机理是：如果 X 射线管的管电压超过 U_K，阴极发射的电子可以获得足够的能量，它与阳极靶相撞时，可以把靶原子的内层电子逐出壳层之外，使该原子处于激发态。此时外层电子将向内层跃迁，同时放出一个光子，光子的能量等于发生跃迁的两能级能值之差。K_α 标识射线是 L 层电子跃迁至 K 层释放的，K_β 标识射线则是 N 层电子跃迁至 K 层释放的。L、M 等各壳层也可发生标识辐射，但其能量小，通常被 X 射线管管壁吸收，所以 X 射线波谱中最常见的是 K 系标识谱。

标识 X 射线强度只占 X 射线总强度极少一部分，能量也很低，所以在工业射线检测中，标识谱不起什么作用。

4.1.4　γ 射线的产生及特点

γ 射线是放射性同位素经过 α 衰变或 β 衰变后，从激发态向稳定态过渡的过程中，从原子核内发出的，这一过程称为 γ 衰变，又称 γ 跃迁。γ 跃迁是核内能级之间的跃迁，与原子核外电子的跃迁一样，都可以放出光子，光子的能量等于跃迁前后两能级能值之差。不同的是，原子核外电子跃迁放出的光子能量在电子伏到千电子伏范围内。而核内能级的跃迁放出的 γ 光子能量在千电子伏到十几兆电子伏范围内。

以放射性同位素 Co60 为例，Co60 经过一次 β 衰变成为处于 2.5MeV 激发态的 Ni60，随后放出能量分别为 1.17MeV 和 1.33MeV 的两种 γ 射线而跃迁到基态。

由此可见，γ 射线的能量是由放射性同位素的种类所决定的。一种放射性同位素可能放出许多种能量的 γ 射线，对此取其所辐射出的所有能量的平均值作为该同位素的辐射能量。例如 Co60 的平均能量为（1.17+1.33）MeV/2 = 1.25MeV。

γ 射线的光谱称为线状谱，即谱线只出现在特定波长的若干点上。

放射性同位素的原子核衰变是自发进行的，对于任意一个放射性核，它何时衰变具有偶然性，不可预测，但对于足够多的放射性核的集合，它的衰变规律服从统计规律，即

$$N = N_0 e^{-\lambda \tau} \tag{4-7}$$

式中　　λ——比例系数，称为衰变常数；

　　　　τ——衰变时间；

　　　　N——衰变后原子核的数目；

　　　　N_0——衰变前原子核的数目。

衰变常数 λ 反映了放射性物质的固有属性，λ 值越大，说明该物质越不稳定，衰变得越快。

放射性同位素衰变掉原有核数一半所需的时间，称为半衰期，用 $T_{1/2}$ 表示。当 $\tau = T_{1/2}$

时，$N = N_0/2$，由式（4-7）可得

$$\frac{N_0}{2} = N_0 \mathrm{e}^{-\lambda T_{1/2}} \tag{4-8}$$

$$T_{1/2} = \frac{\ln 2}{\lambda} = \frac{0.693}{\lambda} \tag{4-9}$$

$T_{1/2}$ 也反映了放射性物质的固有属性，λ 越大，$T_{1/2}$ 越小。

4.1.5　射线与物质的相互作用

射线通过物质时，会与物质发生相互作用而使强度减弱。导致强度减弱的原因可分为两种，即吸收与散射。在 X 射线和 γ 射线能量范围内，光子与物质作用的主要形式有：光电效应、康普顿效应、电子对效应和相干散射。

1. 光电效应

如图 4-3 所示，射线光子透过物质时，与原子壳层电子作用，将所有能量传给电子，使其脱离原子而成为自由电子，但光子本身消失。这种现象称为光电效应，电子称为光电子。当射线光子能量小时，只和原子外层电子作用；当射线光子能量大时，加之与被检物质内层电子的相互作用，除产生上述光电效应外，还伴随次级标识 X 射线的产生。

2. 康普顿效应

如图 4-4 所示，光子与原子一个壳层电子发生碰撞，光子只将部分能量传递给电子，使该电子脱离原子核的束缚，该电子称为康普顿电子。光子本身能量减少并改变传播方向，成为散射光子，这种现象称为康普顿效应。

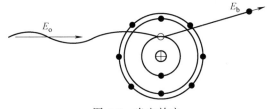

图 4-3　光电效应

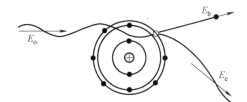

图 4-4　康普顿效应

3. 电子对效应

如图 4-5 所示，当入射光子的能量大于 1.02MeV 时，在原子核的库仑场作用下，光子转变成一对正负电子，而光子则完全消失。光子的能量一部分转变成正负电子的静止能量（1.02MeV），其余就作为它们的动能。被发射出的电子还能继续与介质产生激发、电离等作用；正电子在损失能量之后，将与物质中的负电子相结合而变成 γ 射线，即湮没（Annihilation）。

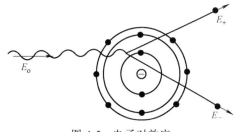

图 4-5　电子对效应

4. 相干散射

对低能光子（能量远小于电子静止能量）来说，内层电子受原子核束缚较紧，不能视为自由电子。如果光子和这种束缚电子碰撞，相当于和整个原子相碰，碰撞中光子传给原子

的能量很小，几乎保持自己的能量不变，散射光中就保留了原波长，这种散射称为汤姆逊散射（Thomson Scattering）或瑞利散射（Rayleigh Scattering）或相干散射（Coherent Scattering）。

4.1.6　射线的衰减定律

射线的衰减是由于射线光子与物质之间发生相互作用而产生的光电效应、康普顿效应、电子对效应、相干散射等，使射线被吸收和散射而引起的。由此可知，当射线通过物质时，随着贯穿行程的增大，射线的衰减越严重，即物质越厚，则穿透它的射线衰减越严重。

衰减不仅和材料厚度有关，而且与射线的性质（λ）、物质的性质（密度和原子序数）有关。

一般地，材料厚度越大，电磁波波长越长，材料密度越大，原子序数越大，则射线的衰减越大。对于单色平行射线，存在

$$I = I_0 e^{-\mu d} \tag{4-10}$$

$$\mu = K\lambda^3 z^3 \tag{4-11}$$

式中　K——与材料密度相关的系数；

z——原子序数；

λ——入射线波长；

μ——线衰减系数；

d——射线穿透厚度；

I——透射线强度；

I_0——入射线强度。

4.1.7　射线防护

应采取适当措施，减少射线对工作人员和其他人员的射线剂量，以避免或减少射线对人体的伤害。

1. 剂量的概念

（1）吸收剂量　吸收剂量是指电离辐射传递给单位质量的被辐照物质的能量，单位为Gy（戈瑞）或 rad（拉德），$1Gy = 1J/kg = 100rad$。

（2）剂量当量　不同类型的电离辐射和不同的照射条件，对于生物体产生的辐射损伤即使在相同的吸收剂量之下也可以不同。在研究辐射防护时，必须考虑不同辐射的辐射损伤差别，因此引入剂量当量的概念。剂量当量为吸收剂量与辐射品质因数及修正因子之积，单位为 Sv（希沃特）或 rem（雷姆），$1Sv = 1J/kg = 100rem$。

2. 射线防护方法

（1）屏蔽防护法　利用各种屏蔽物体吸收射线，以减少射线对人体的伤害。主要屏蔽物有屏蔽 X 射线、γ 射线所用的铅、铁、铅玻璃、混凝土、岩石、砖、土、水等，屏蔽中子射线所用的含氢元素多的水等。

（2）距离防护法　剂量率和距离的平方成反比。若与放射源的距离为 R_1 处的剂量率为 P_1，在另一径向距离为 R_2 处的剂量率为 P_2，则有

$$P_2 = P_1 \frac{R_1^2}{R_2^2} \qquad (4\text{-}12)$$

可见，在无防护或防护层不够时，远离放射源也是一种非常有效的防护方法。

（3）时间防护法　时间防护是让工作人员尽可能减少接触射线的时间。国家标准规定，每人每周最大容许剂量为 1×10^{-3} Sv，即小于或等于 0.1rem，每人每天最大容许剂量为 17mrem，每人终身容许剂量应小于 250rem。

4.2　射线照相检测系统

射线照相检测系统主要包括射线机、射线胶片（底片）、像质计（透度计）、增感屏和辅助器材等。

4.2.1　射线机

1. X 射线机

（1）X 射线机的分类　按能量高低分类如下：

1）普通 X 射线机。一般指管电压小于或等于 500kV。

2）高能 X 射线机。一般指能量大于或等于 1MeV。

按结构分类如下：

1）携带式 X 射线机。通常管电压小于或等于 300kV，电流小于或等于 5mA，结构简单，体积小，自重轻，适于高空和野外作业。

2）移动式 X 射线机。通常管电压可达 500kV，电流较大，可达几十毫安。结构复杂，体积和自重大，适于固定或半固定使用。

按使用性能分类如下：

1）定向 X 射线机。40°左右圆锥角定向辐射，适用于定向单张拍片。

2）周向 X 射线机：360°周向辐射，适用于环焊缝周向曝光。

此外，还可按绝缘介质、工作频率等进行分类。

图 4-6 所示为 X 射线机实物图。

（2）X 射线机的基本结构　通常 X 射线机由四个系统组成：高压系统、冷却系统、保护系统和控制系统。这里以工频 X 射线机为例做简要介绍。

1）高压系统。X 射线机的高压系统包括 X 射线管、高压发生器（高压变压器、灯丝变压器、高压整流管和高压电容）及高压电缆等。

图 4-6　X 射线机

X 射线管是 X 射线机的核心部件，其作用是直接产生 X 射线。其结构主要包括阴极灯丝、阳极靶、阳极体、阴极罩、阳极罩、玻璃外壳和窗口等。

高压变压器的作用是将输入的电源电压（通常是 220V）通过变压器提升到几百千伏。

灯丝变压器是一个降压变压器，其作用是将输入的电源电压（通常是 220V）通过变压器降低到 X 射线管灯丝所需要的十几伏电压，并提供较大的加热电流（约十几安培）。

高压整流管的作用是将交流电转换为直流电，有玻璃外壳二极整流管和高压硅堆两种。

高压电容在倍压整流电路里使用，起储存能量并倍增电压的作用。高压电容采用金属外壳、耐高压、容量较大的纸介电容。

高压电缆是移动式 X 射线机用来连接高压发生器和 X 射线机头的电缆。

2）冷却系统。冷却系统是保证 X 射线机正常工作和长期使用的关键，冷却不好，会造成 X 射线管阳极过热而损坏，还会导致高压变压器过热，绝缘性能变坏，耐压强度降低而被击穿，甚至影响 X 射线管的寿命。

油绝缘携带式 X 射线机常采用自冷方式，气体冷却 X 射线机常用六氟化硫（SF_6）气体作为绝缘介质，移动 X 射线机多采用循环油外冷方式。

3）保护系统。X 射线机的保护系统主要有：每一个独立电路的短路过电流保护，X 射线管阳极冷却的保护，X 射线管的过载保护（过电流或过电压），零位保护，接地保护，其他保护。

4）控制系统。控制系统是指 X 射线管外部工作条件的总控制部分，主要包括管电压的调节，管电流的调节，以及各种操作指示等。

2. γ 射线机

（1）γ 射线机的分类　按所装放射性同位素不同，γ 射线机可分为 Co60γ 射线机、Ir192γ 射线机、Se75 γ 射线机、Cs137γ 射线机、Tm170γ 射线机和 Yb169γ 射线机。

按机体结构 γ 射线机可分为 S 形通道形式和直通道形式。

按使用方式 γ 射线机可分为便携式、移动式、固定式和管道爬行器四种。

（2）γ 射线机的结构　γ 射线机的结构大体可分为五个部分：源组件、机体、驱动机构、输源管和附件。

1）源组件。源组件由放射源物质、包壳和源辫组成。图 4-7 所示为源组件结构示意图。

2）机体。机体最主要的部分是屏蔽容器，其内部通道设计有 S 形通道和直通道两种。

3）驱动机构。驱动机构是一套用来将放射源从机体的屏蔽储藏位置驱动到曝光焦点位置，并能将放射源收回机体内的装置。

4）输源管。输源管也称为源导管，由一根或多根软管连接一个一头封闭的包塑不锈钢软管制成，其用途是保证源始终在管内移动。

5）附件。为了使用 γ 射线机时更加安全和操作方便，一般都配套一些设备附件。常用的有专用准直器、γ

图 4-7　γ 射线机源组件结构

射线监测仪、个人剂量计、报警器、换源器、专用曝光计算尺和各种定位架等。

4.2.2　射线照相胶片

1. 胶片的结构

射线胶片不同于一般的感光胶片，一般感光胶片只在胶片片基的一面涂布感光乳剂层，在片基的另一面涂布反光膜。射线照相胶片片基的两面均涂布感光乳剂层，目的是增加卤化银含量，以吸收较多的穿透能力很强的 X 射线或 γ 射线，从而提高胶片的感光速度，同时增加底片的黑度。因此，射线照相胶片的厚度大于普通感光胶片。射线照相胶片的结构如图 4-8 所示。

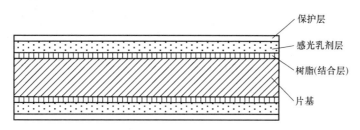

保护层

感光乳剂层

树脂(结合层)

片基

图 4-8 射线照相胶片的结构

（1）片基 乳剂的支持体，用赛璐珞 [硝酸纤维（不安全胶片），醋酸纤维（安全胶片）]、涤纶制作。

（2）感光乳剂层 明胶、银和卤族元素的化合物颗粒（溴化银和微量碘化银），在射线作用下会发生光化反应。

（3）保护层 明胶，保护乳剂层不受损害，增感。

（4）树脂 使乳剂层牢固地黏附在片基上。

2. 胶片的类别和性能要求

按照 GB/T 19348.1—2014，胶片系统分为六类，即 C1、C2、C3、C4、C5 和 C6 类。C1 为最高类别，C6 为最低类别。胶片系统的特性指标主要有黑度、梯度、颗粒度、梯度与颗粒度的比等。胶片处理方法、设备和化学药剂可按照 GB/T 19348.2—2003 的规定，用胶片制造商提供的预先曝光胶片测试片进行测试和控制。胶片的感光特性主要有感光度（S）、灰雾度（D_0）、梯度（G）、宽容度（L）和最大密度（D_{max}）等。

4.2.3 照相法的灵敏度及透度计

1. 灵敏度

X 射线检测的灵敏度是指发现最小缺陷的能力，即所能发现的缺陷越小，则检测的灵敏度越高。它是检测质量的标志，有如下两种形式：

1）绝对灵敏度：射线底片上能发现的、被检工件中与射线方向平行的最小缺陷尺寸。

2）相对灵敏度：射线底片上能发现的、被检测工件中与射线方向平行的最小缺陷尺寸与试件厚度的百分比。相对灵敏度 K 的计算式为

$$K = \frac{x}{d} \times 100\% \tag{4-13}$$

2. 像质计

像质计也称为透度计，通常用与被检工件材质相同或衰减性能相似的材料制作。检测时，将像质计置于工件待检部位附近，在底片上同时出现影像。放在工件上的像质计图像可以表明工件是在一定条件下进行检测的，但像质计的指示数值（孔径、槽深或丝径），并不等于被检工件中可以发现的缺陷的实际尺寸。

像质计主要有槽式像质计和金属丝像质计两种。

（1）槽式像质计　槽式像质计的结构如图 4-9 所示。

（2）金属丝像质计　在金属丝像质计中，7~11 根直径不同（0.1~4mm）的金属丝（钢、铁、铜、铝）平行排列在粘紧着的两块塑料板之间。其相对灵敏度计算式为

$$K = \frac{b}{T} \times 100\% \tag{4-14}$$

式中　b——在底片上可见的最小金属丝的直径；

　　　 T——工件沿射线透照方向的厚度。

在使用像质计时，除正确选择像质计外，其摆放位置直接影响检测灵敏度。原则上应将像质计摆放在透照灵敏度最低的区域，为此，像质计应放在工件靠近射线源的一侧，并靠近射线场边缘的表面上，使像质计细径或浅槽一端远离射线中心。原则上，每张底片都应有像质计的影像。金属丝像质计的结构如图 4-10 所示。

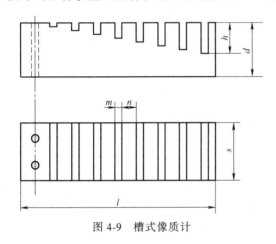

图 4-9　槽式像质计　　　　　　　　图 4-10　金属丝像质计

4.2.4　增感屏

因 X 射线的波长短，所以对胶片的感光效果差。一般只有 1% 的射线能量能够被胶片吸收感光，使影像显示出来，因此，必须采用某些增感物质，在射线作用下能够激发出荧光或产生次级射线，而对胶片加强感光作用，这就要用到增感屏。

根据材质及增感机理不同，增感屏可分为荧光增感屏、金属增感屏和金属荧光增感屏。

1. 荧光增感屏

荧光增感屏是将荧光物质（如 $CaWO_4$）均匀涂布在质地均匀而光滑的支撑物（硬纸或塑料薄板）上，再覆盖一层薄薄的透明保护层而形成的。依靠荧光物质在射线的激发之下发出荧光来增加曝光量。图 4-11 所示为荧光增感屏的结构。

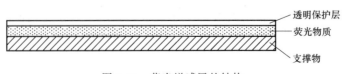

透明保护层
荧光物质
支撑物

图 4-11　荧光增感屏的结构

2. 金属增感屏

金属增感屏在射线照射时产生 β 射线和次级标识 X 射线来增加对胶片的曝光量。金属箔一般采用高原子序数材料，如铅 Pb（82）、锡 Sn（50）和金 Au（79）等。图 4-12 所示为金属增感屏的结构。

图 4-12 金属增感屏的结构

3. 金属荧光增感屏

图 4-13 所示为金属荧光增感屏的结构。

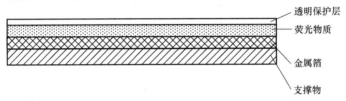

图 4-13 金属荧光增感屏的结构

4.2.5 观片灯

观片灯如图 4-14 所示，其主要性能应符合 GB/T 19802—2005 的有关规定，最大亮度（cd/m^2）应能满足评片的要求，主要性能指标还包括可观测的黑度、均匀度、观察屏大小、观察屏光衰周期、噪声和净重量等。

图 4-14 观片灯

4.2.6 黑度计（光学密度计）

黑度计可测的最大黑度应不小于 4.5，测量值的误差应不超过 ±0.05。黑度计应至少每 6 个月校验一次。

4.3 射线照相检测方法

射线检测是工业无损检测的一个重要专业门类。射线检测最主要的应用是探测试件内部的宏观几何缺陷。按照不同特征，例如使用的射线种类、记录的器材、工艺和技术特点等，可将射线检测分为许多种方法。

射线照相法是指用 X 射线或 γ 射线穿透试件，以胶片作为记录信息的器材的无损检测方法。该方法是最基本的、应用最广泛的一种射线检测方法。

4.3.1 射线照相法的原理

如图 4-15 所示，射线在穿透物体过程中会与物质发生相互作用，因吸收和散射而使其强度减弱。强度衰减程度取决于物质的衰减系数和射线在物质中穿越的厚度。如果被透照物体（试件）的局部存在缺陷，且构成缺陷的物质的衰减系数又不同于试件，该局部区域的透过射线强度就会与周围产生差异。把胶片放在适当位置，使其在透过射线的作用下感光，经暗室处理后得到底片。底片上各点的黑化程度取决于射线照射量（射线强度×照射时间），由于缺陷部位和完好部位的透射射线强度不同，底片上相应部位就会出现黑度差异。底片上相邻区域的黑度差定义为"对比度"。把底片放在观片灯光屏上借助透过光线观察，可以看到由对比度构成的不同形状的影像，评片人员可据此判断缺陷情况并评价试件质量。

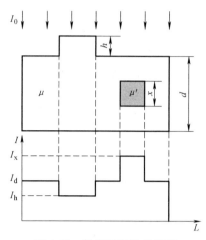

图 4-15　射线照相法的原理

根据式（4-10），则有

$$I_d = I_0 e^{-\mu d} \tag{4-15}$$

$$I_h = I_0 e^{-\mu(d+h)} \tag{4-16}$$

$$I_x = I_0 e^{-[\mu(d-x)+\mu'x]} \tag{4-17}$$

假设一般缺陷的线吸收系数小于被测工件本身材料的线衰减系数，即有 $\mu > \mu'$，则 $I_x > I_d > I_h$。因而，在被检工件的另一侧就形成了辐射线强度不均匀的分布图，通过一定的方式将这种不均匀射线强度分布进行记录或显示，就可以评定被检工件的内部质量。

4.3.2　射线照相法的特点

射线照相法在锅炉、压力容器的制造检测和在用检测中得到了广泛应用，它适用的检测对象是各种熔化焊接方法，如电弧焊、气体保护焊、电渣焊、气焊等对接接头，也适于检查铸钢件，特殊情况下也可用于检测角焊缝或其他一些特殊结构试件。它不适于钢板、钢管、锻件的检测，也不适宜钎焊、摩擦焊等焊接方法接头的检测。

射线照相法用底片作为记录介质，可以直接得到缺陷的直观图像，并可以长期保存。通过观察底片，能够比较准确地判断出缺陷的性质、数量、尺寸和位置。

射线照相法容易检出那些形成局部厚度差的缺陷。对气孔和夹渣之类的缺陷有很高的检出率，对裂纹类缺陷的检出率则受透照角度的影响。它不能检出垂直照射方向的薄层缺陷，例如钢板的分层。

射线照相所能检出的缺陷高度尺寸与透照厚度有关，可以达到透照厚度的1%，甚至更小。所能检出的长度和宽度尺寸分别为毫米数量级和亚毫米数量级，甚至更小。

射线照相法检测薄工件没有困难，几乎不存在检测厚度下限，但检测厚度上限受射线穿透能力的限制。而穿透能力取决于射线光子能量。420kV 的 X 射线机能穿透的钢厚度约为80mm，Co60γ 射线穿透的钢厚度约为 150mm。更大厚度的试件则需要使用特殊的设备——加速器，其最大穿透厚度可达到 500mm。

射线照相法适用于几乎所有材料，在钢、钛、铜、铝等金属材料上使用均能得到良好的效果，它对试件的形状、表面粗糙度没有严格要求，材料晶粒度对其不产生影响。

射线照相法检测成本较高，检测速度不快。射线对人体有伤害，需要采取防护措施。

4.3.3　射线检测技术等级

以 NB/T 47013.3—2015 为例，射线检测技术分为三级：A 级低灵敏度技术、AB 级中灵敏度技术和 B 级高灵敏度技术。

1）射线检测技术等级选择应符合制造、安装、在用等有关标准及设计图样的规定。承压设备对接焊接接头的制造、安装、在用时的射线检测，一般应采用 AB 级射线检测技术进行检测。对重要设备、结构、特殊材料和特殊焊接工艺制作的对接焊接接头，可采用 B 级技术进行检测。

2）由于结构、环境条件、射线设备等方面的限制，检测的某些条件不能满足 AB 级（或 B 级）射线检测技术的要求时，经检测方技术负责人批准，在采取有效补偿措施（例如，选用更高类别的胶片）的前提下，若底片的像质计灵敏度达到了 AB 级（或 B 级）射线检测技术的规定，则可认为按 AB 级（或 B 级）射线检测技术进行了检测。

3）承压设备在用检测中，由于结构、环境、射线设备等方面限制，检测的某些条件不能满足 AB 级射线检测技术的要求时，经检测方技术负责人批准，在采取有效补偿措施（例如，选用更高类别的胶片）后可采用 A 级技术进行射线检测，但应同时采用其他无损检测方法进行补充检测。

4.4　射线检测技术应用

射线检测的一般过程包括检测准备、射线透照操作、暗室处理、评片和出具报告等。

4.4.1　透照方式

应根据工件特点和技术条件的要求选择适宜的透照方式。常见焊缝的透照方式如图 4-16～图 4-27 所示。图中 d 表示射线源的有效焦点尺寸，F 表示焦距，b 表示工件至胶片的距离，f 表示射线源至工件的距离，T 或 t 表示公称厚度，D_0 表示管子外径。

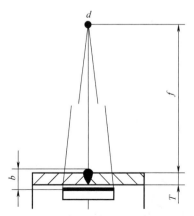

平板对接焊缝
X 射线探伤

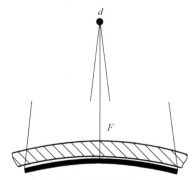

图 4-16　纵向焊接接头单壁透照方式　　　　　　图 4-17　环向焊接接头源在
外单壁透照方式

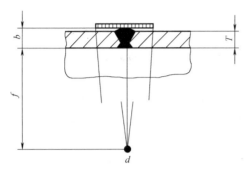
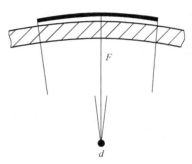

图 4-18　环向焊接接头源在内单壁透照方式

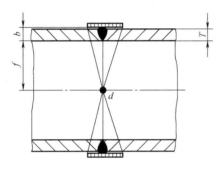
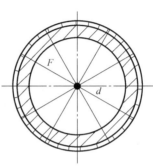

环焊缝中心曝光法
X 射线检测操作

图 4-19　环向焊接接头源在中心周向透照方式

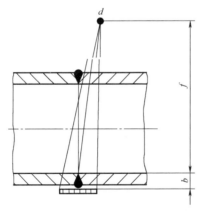
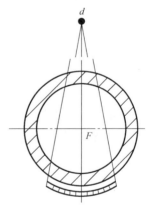

图 4-20　环向焊接接头源在外双壁单影透照方式

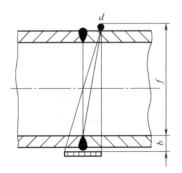
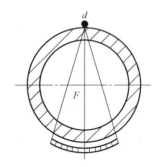

图 4-21　环向焊接接头源在外双壁单影透照方式

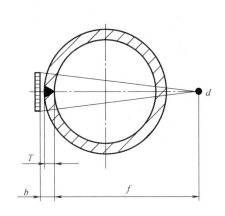

图 4-22 纵向焊接接头源在外
双壁单影透照方式

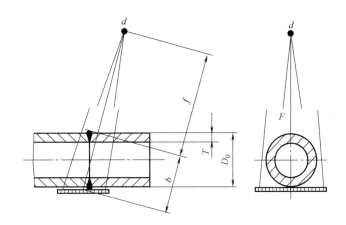

图 4-23 小径管环向对接焊接接头
倾斜透照方式（椭圆成像）

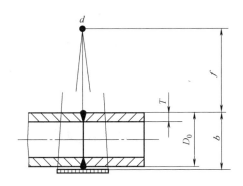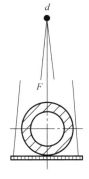

图 4-24 小径管环向对接焊接接头垂直透照方式（重叠成像）

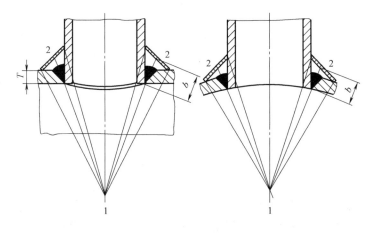

图 4-25 插入式管座焊缝单壁中心内部透照

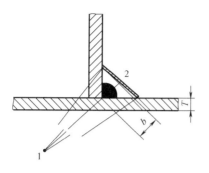

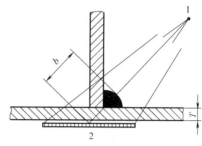

图 4-26　角焊缝透照

4.4.2　射线能量

1. X 射线能量

　　X 射线照相应尽量选用较低的管电压。在采用较高管电压时，应保证适当的曝光量。图 4-28 规定了不同材料、不同透照厚度允许采用的最高 X 射线管电压。对截面厚度变化大的材料或结构，在保证灵敏度要求的前提下，允许采用超过图 4-28 规定的 X 射线管电压，但应符合相关标准要求。

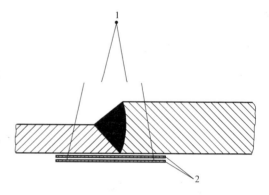

图 4-27　厚度变化工件的多胶片透照

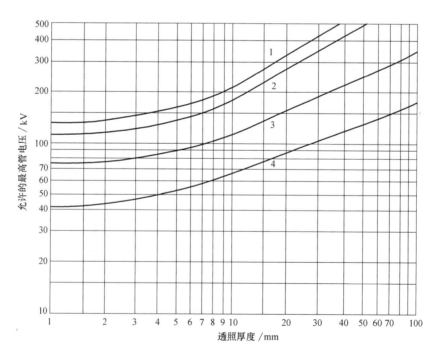

图 4-28　不同材料、不同透照厚度允许采用的最高 X 射线管电压

1—铜及铜合金　2—钢　3—钛及钛合金　4—铝及铝合金

2. γ 射线源和高能 X 射线能量

一般情况下，γ 射线源和高能 X 射线透照厚度范围见表 4-1。

表 4-1 γ 射线源和能量 1MeV 以上 X 射线设备的透照厚度范围（钢、不锈钢、镍合金等）

射线源	透照厚度 w/mm	
	A 级, AB 级	B 级
Se75	≥10~40	≥14~40
Ir192	≥20~100	≥20~90
Co60	≥40~200	≥60~150
X 射线（1~4MeV）	≥30~200	≥50~180
X 射线（>4~12MeV）	≥50	≥80
X 射线（>12MeV）	≥80	≥100

4.4.3 射线源至工件表面的最小距离

所选用的射线源至工件表面的距离应满足下述要求：

A 级射线检测技术等级为

$$f > 7.5db^{2/3} \tag{4-18}$$

式中 f——射线源至工件的最小距离（mm）；

d——射线源的尺寸（mm）；

b——工件至胶片的距离（mm）。

AB 级射线检测技术等级为

$$f \geq 10db^{2/3} \tag{4-19}$$

B 级射线检测技术等级为

$$f \geq 15db^{2/3} \tag{4-20}$$

也可根据式（4-18）~式（4-20）制作相应诺模图，根据诺模图确定射线源至工件表面的最小距离，如图 4-29 所示。射线源尺寸 d 按规范计算。

4.4.4 常见缺陷及其在底片上的影像特征

射线检测中，对于缺陷的特征很难用文字予以确切的描述，生动明晰的缺陷影像只有在检测实践中才能逐步建立起来。这里只对铸件和焊件的常规性缺陷进行简要介绍。

1. 焊件中的常见缺陷

（1）焊接裂纹 焊接裂纹是指金属在焊接应力（热应力、相变应力）及其他致脆因素作用下，焊接接头局部区域金属原子结合力遭到破坏而形成的新界面所产生的缝隙。焊接裂纹是焊接结构件中最危险的缺陷。从成因上分为冷裂纹、热裂纹和层状撕裂等；从形式上分为纵向裂纹、横向裂纹和弧坑裂纹等。底片上呈黑色的曲线或直线，线的两端尖细且黑度较小，中间粗且黑度较大。

（2）气孔 焊接时，熔池中的气体在凝固过程中未能及时逸出而残留在焊缝中所形成的空穴称为气孔。气孔的分布包括单个、多个或密集分布，外观呈球形、梨形、条形或虫形，气孔内壁较为光滑。底片上呈圆形、椭圆形和条虫形的黑斑，轮廓清晰，中间较边缘黑

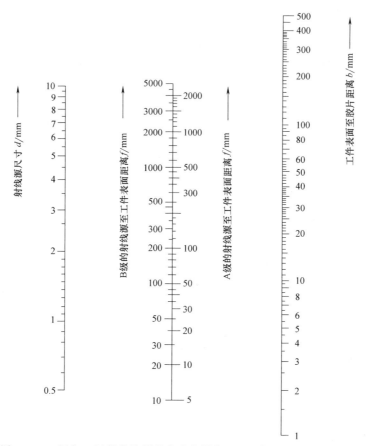

图 4-29　A 级和 B 级射线检测技术确定射线源至工件表面距离的诺模图

度高。

（3）夹杂　熔化焊过程中产生的金属氧化物或金属夹杂物来不及浮出表面，停留在焊缝内部而形成的缺陷称为夹杂。一般分为非金属夹杂（例如夹渣）和金属夹杂（例如夹钨）。前者呈不规则的黑色块状、条状或点状，黑度均匀；后者呈白色斑点。

（4）未焊透和未熔合　未熔合是指在焊缝金属和母材之间或焊道金属和焊道金属之间未完全熔化和结合的现象。未焊透是指焊接时接头的根部未完全熔透的现象。底片特征是连续或断续的黑线，未焊透分布在焊缝中心，比较直；未熔合可能分布在焊缝的中心，也可能分布在熔合线的任何位置，或出现于层间。

（5）表面裂纹　射线检测主要是检测工件的内部缺陷。但裂纹有时会出现在表面（表面张口型），目视很难发现；而其他的表面缺陷，例如表面砂眼、表面夹渣，在底片上的影像和内部缺陷没什么区别，因此，发现影像特征时，应与工件表面仔细查对，以得出正确结论。

2. 铸件中的缺陷

铸造和焊接都属于液态成形工艺，都经历一个冶金过程。从某种意义上讲，焊接属于微型铸造，因此，焊件中会出现的各种缺陷（除未焊透和未熔合之外）也均会出现在铸件中，底片中的影像特征也相似。

3. 伪缺陷

由于暗室操作不当，射线照相透照操作不当，或胶片本身存在质量问题，在底片上可能出现一些非缺陷的影像，常称为伪缺陷。如果不注意，它们容易同缺陷影像相混淆，造成错误的质量评定结论。如使用的器具、台面、指甲，划破胶片的乳剂层；暗室处理，停止显像不当，可能导致局部区域继续显影，在底片上产生模糊的条纹状影像。

4. 缺陷埋藏深度的确定

根据底片上的缺陷图像，只能判定缺陷在工件中的平面位置，为了确定其埋藏深度，必须保持焦距不变，进行两次不同方向上的透射，称为两次透照法，如图 4-30 所示。

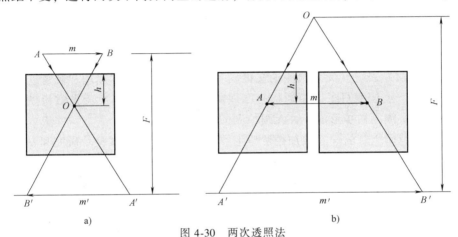

图 4-30　两次透照法

a) 移动射线机　b) 移动被测试件

4.4.5 射线检测工艺指导书（表 4-2）

表 4-2　射线检测工艺指导书（样例）

部件名称	考试试板		规格/材质	300mm×250mm×12mm/20 钢	
焊接方法	焊条电弧焊		检测时机	外观检验合格后	
坡口形式	V		检测标准	NB/T 47013.2—2015	
检测技术等级	AB 级		合格级别	Ⅱ 级	
源种类	☑X/□γ	设备型号	XXG-2005	设备编号	/
焦点尺寸	2.0mm×2.0mm	胶片型号	天津Ⅲ型	胶片规格	300mm×80mm
像质计型号	Fe 10～16	像质计灵敏度	12	像质计摆放	射线源侧
底片黑度范围	2.0～4.5	增感方式	■Pb □荧光	增感屏	前屏：0.02-0.15mm 后屏：0.02-0.15mm
冲洗方式	□自动　■手工	显影时间	5min	显影温度	20℃
检测工艺参数					
焊缝编号	焊缝长度	检测比例	透照厚度	透照方式	焦距
B1	300mm	100%	14mm	单壁透照	700mm
一次透照长度	透照次数	一次透照片数（张）	管电压（kV）	管电流	曝光时间（min）
260mm	2	1	查曝光曲线	5mA	查曝光曲线
透照布置示意图：略					
透照布置、标记摆放及防护要求	1. 像质计摆放；2. 搭接标记置于胶片两侧各 10mm 处，布置胶片时应保证两相邻胶片有 10mm 重叠；3. 注意背散射防护。				
编制人及资格	MT Ⅱ		审核人及资格	MT Ⅲ	
日期	年　月　日		日期	年　月　日	

第5章 磁粉检测

磁粉检测是利用磁现象来检测工件中缺陷的方法，17世纪以来一大批物理学家对磁力、电流周围存在的磁场、电磁感应规律以及材料的铁磁性进行了系统的研究。

1928年，美国人Forest为解决油井钻杆断裂的问题，研制出了周向磁化，使用了尺寸和形状受控并具有磁性的磁粉，获得了可靠的检测结果。

1934年，生产磁粉检测设备和材料的美国磁通公司创立，用来演示磁粉检测技术的试验性的固定式磁粉检测设备问世。

1938年，德国发表了《无损检测论文集》，对磁粉检测的基本原理和装置进行了描述。

1940年2月，美国编写了《磁通检验原理》教科书；1941年，荧光磁粉投入使用。磁粉检测从理论到实践，初步形成一种无损检测的方法。

苏联航空材料研究院的学者瑞加德罗毕生致力于磁粉检测的试验、研究和发展工作，为磁粉检测的发展做出了卓越的贡献。20世纪50年代初期，他系统地研究了各种因素对检测灵敏度的影响，在大量试验的基础上，制定出磁化规范，被世界很多国家认可并采用。我国各工业部门的磁粉检测一般也以此为依据。

磁粉检测方法的应用比较广泛，主要用于探测磁性材料表面或近表面的缺陷，多用于检测焊缝、铸件或锻件，如阀门、泵、压缩机部件、法兰和喷嘴等。

5.1 磁粉检测原理

5.1.1 磁现象和磁场

1. 磁的基本现象

磁铁能够吸引铁磁性材料的特性称为磁性，凡能够吸引其他铁磁性材料的物体称为磁体，磁体是能够建立或有能力建立外磁场的物体。磁体分为永磁体、电磁体和超导磁体等，永磁体是不需要外力维持其磁场的磁体，电磁体是需要电源维持其磁场的磁体，超导磁体是用超导材料制成的磁体。磁铁各部分的磁性强弱不同，靠近磁铁两端磁性特别强、吸附磁粉特别多的区域称为磁极。磁极间相互排斥或吸引的力称为磁力。使原来没有磁性的物体得到磁性的过程称为磁化。

2. 磁场

磁体间的相互作用是通过磁场来实现的。磁场是指具有磁力作用的空间。磁铁或通电导体的内部和周围存在着磁场。

3. 磁力线

磁力线也称为磁感应线，是用于形象地描绘磁场的大小、方向和分布情况的曲线。磁力线每点的切线方向定义为该点的磁场方向。磁力线的疏密程度反映磁场的大小，磁场大小与单位面积磁力线数目成正比。故磁力线密集的地方磁场大，磁力线稀疏的地方磁场小。

磁力线具有以下特性：

1）磁力线是具有方向性的闭合曲线。

2）磁力线互不相交，且同向磁力线相互排斥。

3）磁力线可描述磁场的大小和方向。

4）磁力线总是沿着磁阻最小的路径通过。

5.1.2 磁场强度

表征磁场方向和大小的量称为磁场强度，常用符号 H 表示，磁场强度的方向由载电流的小线圈在磁场中取稳定平衡位置时线圈法线的方向确定；磁场强度的大小则由线圈法线垂直于磁场强度方向的位置时作用于线圈上的力偶矩来决定。磁场强度的法定计量单位为安［培］每米（A/m），1A/m 等于与一根通以 1A 电流的长导线相距（$1/2\pi$）m 的位置处产生的磁场强度的大小。

5.1.3 磁感应强度

将原来不具有磁性的铁磁性材料放入外加磁场中，便得到了磁化，它除了外加磁场外，在磁化状态下铁磁性材料自身还产生一个感应磁场，这两个磁场叠加起来的总磁场，称为磁感应强度，用符号 B 表示。磁感应强度的法定计量单位为特［斯拉］（T），1T 相当于每平方米面积上通过 10^8 条磁感应线的磁感应强度。

5.1.4 磁导率

磁导率又称为导磁系数，它表示材料被磁化的难易程度，用符号 μ 表示，单位为亨［利］每米（H/m）。磁导率是物质磁化时磁感应强度与磁场强度的比值，反映物质被磁化的能力。磁场强度 H、磁感应强度 B 和磁导率 μ 之间的关系可表示为 $\mu=B/H$，μ 又被称为绝对磁导率。一般在真空中磁导率为一不变的常数，用 μ_0 表示，$\mu_0=4\pi\times10^{-7}$H/m。为了比较各种材料的导磁能力，常将任一种材料的绝对磁导率和真空磁导率的比值用作该材料的相对磁导率，用 μ_r 表示，$\mu_r=\mu/\mu_0$，μ_r 为一个量纲为一的数。

5.1.5 磁性材料的分类

磁场对所有材料都有不同程度的影响，当材料处于外加磁场中时，可依据相应的磁特性的变化，将材料分为三类。

1. 抗磁材料

置于外加磁场中时，抗磁材料呈现非常微弱的磁性，其附加磁场与外磁场方向相反。铜、铋、锌等属此类（$\mu<1$）材料。

2. 顺磁材料

置于外加磁场中时，顺磁材料也呈现微弱的磁性，但附加磁场与外磁场方向相同。铝、铂、铬等属此类（$\mu>1$）材料。

3. 铁磁性材料

置于外加磁场中时，铁磁性材料能产生很强的与外磁场方向相同的附加磁场。铁、钴、镍和它们的许多合金属此类（$\mu\gg1$）材料。

5.1.6　磁化过程

在铁磁性材料中，相邻原子中的电子间存在着非常强的交换耦合作用，这个相互作用促使相邻原子中电子磁矩平行排列，形成一个自发磁化达到饱和状态的微小区域，这些自发磁化的微小区域，称为磁畴。

铁磁性材料的磁化过程如图 5-1 所示。

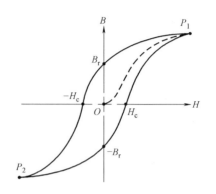

一块未被磁化的铁磁性材料放入外磁场中时，随着外磁场强度 H 的增大，材料中的磁感应强度（B）开始时增加是很快的，如图 5-1 中曲线 OP_1 所示；而后增加较慢直至达到饱和点 P_1。当磁场强度逐步回到零时，材料中的磁感应强度（B）不为零，而是保持为 B_r 值，这时的磁感应强度称为剩余磁感应强度（剩磁）。要使材料中的磁感应强度减小到零，必须施加反向磁场。使 B 减小到零所需施加的反向磁场强度的大小 H_c 称为矫顽力。如果反向磁场强度继续增大，B 可再次达到饱和值点 P_2，当 H 从负值回到零时，材料具有反方向的剩磁，磁场强度经过零点沿正方向增加时，曲线经过一个循环回到 P_1 点，完成

图 5-1　铁磁性材料的磁化过程

的闭合曲线称为材料的磁滞回线。如果磁滞回线是细长的，通常说明该材料是低矫顽力（低剩磁）的，易于磁化；而宽的磁滞回线表明该材料具有高的矫顽力，较难磁化。

5.1.7　电流的磁场

1. 电流产生的磁场

电流通过的导体内部及其周围都存在着磁场，这些电流产生的磁场同样可以对磁铁产生作用力，这种现象称为电流的磁效应，如图 5-2 所示。磁场的方向与电流的方向之间存在着一定的关系，即满足右手螺旋法则。

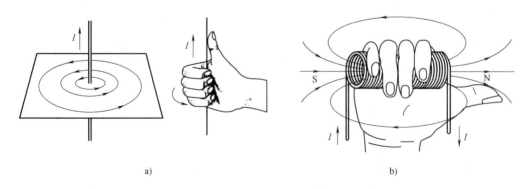

图 5-2　电流产生的磁场

a）通电直导线产生的磁场　b）通电螺线管产生的磁场

2. 通电圆柱导体的磁场

如果在一根长圆柱导体中通入电流，导体内部和周围空间将产生磁场。磁力线绕导体轴

线形成同心圆。设圆柱导体半径为 R，均匀通入电流 I。P 为导体内任一点，距中心轴线为 r；P' 为导体外任一点，距离中心轴线为 r'。

根据安培环路定理可知，导体外任一点 P' 处的磁场强度为

$$H = \frac{I}{2\pi r} \tag{5-1}$$

导体内任一点 P 处的磁场强度为

$$H = \frac{Ir}{2\pi R^2} \tag{5-2}$$

直圆柱导体内、外及表面的磁场强度分布如图 5-3 所示。

3. 通电线圈的磁场

把一根长导线紧密而均匀地绕成一个螺旋形的圆柱线圈，这种线圈称为螺线管，又称为螺管线圈（图 5-4）。通电螺管线圈中存在磁场，磁场的方向除了线圈的两端附近外，都与线圈轴线方向平行，并与磁化电流的方向有关。

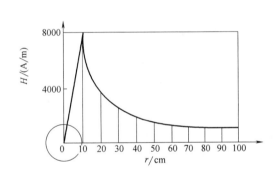

图 5-3　直圆柱导体内、外及表面的磁场强度分布

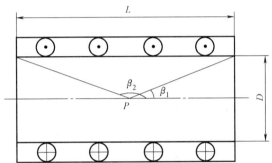

图 5-4　通电螺管线圈磁场

通电螺管线圈中心轴线上一点 P 的磁场强度可以用公式计算，即

$$H = \frac{NI}{2L}(\cos\beta_1 - \cos\beta_2) \tag{5-3}$$

式中　H——螺管线圈中心轴线上 P 点的磁场强度；

　　　N——螺管线圈总匝数；

　　　L——螺管线圈总长度；

　　　I——通过线圈的电流；

　　　β_1——P 点轴线与线圈一端的夹角；

　　　β_2——P 点轴线与线圈另一端的夹角。

线圈匝数与电流的乘积 NI 称为线圈的磁通势，简称磁势，单位为安匝。在螺管线圈轴线中心，其磁场强度为

$$H = \frac{NI}{L}\cos\beta = \frac{NI}{\sqrt{L^2 + D^2}} \tag{5-4}$$

式中　β——螺管线圈对角线与轴线间的夹角；

　　　D——螺管线圈的直径。

可见，螺管线圈中的磁场不是均匀的：在轴线上，其中心最强，越向外越弱。当螺管线圈细而长时，可以认为 $\cos\beta = 1$，则

$$H = \frac{NI}{L} \tag{5-5}$$

此时长螺线管内部的磁场强度为较均匀的平行于轴线的磁场。在实际检测中应用较多的是短螺线管，此时线圈长度一般小于线圈直径，其磁场特点是沿线圈轴向磁场很不均匀，线圈中心磁场最大，并迅速向线圈两端发散。在线圈横截面上磁场分布也是不均匀的，在靠近线圈壁处的磁场较大，而在断面中心磁场强度最小。

如图 5-5a 所示，在有限长螺管线圈内部的中心轴线上，磁场分布较均匀，线圈两端处的磁场强度为内部的 1/2 左右；如图 5-5b 所示，在线圈横截面上，靠近线圈内壁中心的磁场强度较线圈中心强。

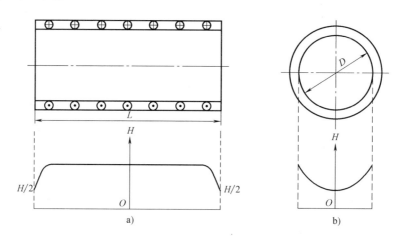

图 5-5　有限长螺管线圈磁场分布

a) 内部中心轴线上磁场分布　b) 横截面磁场分布

5.1.8　漏磁场

1. 磁感应线的折射

在磁路中，磁感应线通过同一磁介质时，它的大小和方向是不变的。但从一种介质通向另一种磁介质时，如果两种磁介质的磁导率不同，那么这两种磁介质中磁感应强度将发生变化，即磁感应线将在两种介质的分界面处发生突变，形成折射，这种折射现象与光或声波的传播规律相似，并遵从折射定律：

$$\frac{\tan\alpha_1}{\mu_1} = \frac{\tan\alpha_2}{\mu_2} \tag{5-6}$$

式中　α_1——磁感应线从第一种介质到第二种介质时在界面处与法线的夹角；

α_2——磁感应线在第二种介质中在界面处与法线的夹角；

μ_1——第一种介质的磁导率；

μ_2——第二种介质的磁导率。

折射定律表明，在两种磁介质的分界面处磁场将发生改变，磁感应线不再沿着原来的路径行进而发生折射。折射角与两种介质的磁导率有关：当磁感应线由磁导率较大的介质进入磁导率较小的介质时，磁感应线将折向法线，而且变得稀疏；反之，当磁感应线由磁导率较小的介质进入磁导率较大的介质时，磁感应线将折离法线，而且变得密集。

2. 漏磁场

在磁性材料不连续处或磁路的截面变化处形成磁极，磁感应线溢出磁性材料表面所形成的磁场，称为漏磁场。磁通量从一种介质进入另一种介质时，因其磁导率不同，磁感应线将发生折射，磁力线方向在界面处发生改变。可见，漏磁场是由于介质磁导率的变化而使磁通漏到缺陷附近的空气中所形成的磁场。

3. 影响缺陷漏磁场的因素

（1）外加磁场强度　漏磁磁感应强度随工件磁感应强度的增加而增加。当外加磁场使材料的磁感应强度达到饱和值的80%时，漏磁场强度急剧上升。

（2）工件材料及状态　工件材料及状态主要包括材料的碳含量、合金化、冷加工及热处理状态等方面。

1）随着合金碳含量的增加，碳钢矫顽力增大，最大相对磁导率减小，漏磁场增大。

2）合金化增大钢材的矫顽力，使其磁性硬化，漏磁场增大。

3）退火和正火态钢材磁特性差别不大，而淬火后的钢材矫顽力变大，漏磁场增大。

4）晶粒越大，钢材的磁导率越大，矫顽力越小，漏磁场越小。

5）钢材的矫顽力和剩磁将随压缩变形率的增大而增加，漏磁场也增大。

（3）缺陷位置和形状

1）同样的缺陷，位于表面时漏磁场最强；若位于距表面很深的地方，则几乎没有漏磁场。

2）缺陷的宽深比越小，漏磁场越强。

3）当缺陷垂直于工件表面，磁力线与缺陷平面接近垂直时，漏磁场最强。

4）缺陷平面与工件表面平行时，几乎不产生漏磁通。缺陷平面与磁力线夹角小于20°时，很难被检出。

（4）被检材料表面的覆盖层　如图5-6所示，材料表面有覆盖层时（如涂料等），缺陷漏磁场强度将减小。

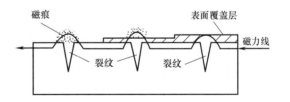

图 5-6　工件表面覆盖层对磁痕的影响

5.1.9　磁粉检测的原理和特点

1. 磁粉检测的原理

当被磁化的铁磁性材料表面或近表面存在缺陷，或组织状态发生变化，导致该处的磁阻变化足够大时，在材料表面空间可形成漏磁场，如图 5-7 所示。将微细的铁磁性粉末（磁粉）施加在此表面上，漏磁场吸附磁粉形成磁痕，在适合的光照条件下，显示出缺陷的存在及形状，这就是磁粉检测的原理。

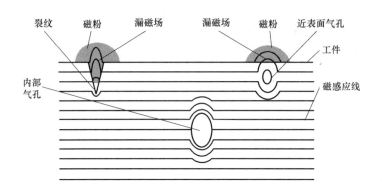

图 5-7　不连续处漏磁场的分布和磁粉检测的原理

2. 磁粉检测的特点

磁粉检测的优点是：①能直观显示缺陷的形状、位置和大小，并可大致确定其性质；②具有高的灵敏度，可检出的缺陷最小宽度约为 $1\mu m$；③几乎不受试件大小和形状的限制；④检测速度快，工艺简单，费用低廉。

磁粉检测的局限性是：①只能用于铁磁性材料；②只能发现表面和近表面缺陷，可探测的深度一般为 $1\sim2mm$；③磁化场的方向应与缺陷的主平面相交，夹角应为 $45°\sim90°$，有时还需从不同方向进行多向磁化；④不能确定缺陷的埋深和自身高度；⑤宽而浅的缺陷难以检出；⑥检测后常需退磁和清洗；⑦试件表面不得有油脂或其他能黏附磁粉的物质。

磁粉检测根据磁化试件的方法可分永久磁铁法、直流电法和交流电法等，根据磁粉的施加可分为干粉法和湿粉法；而根据试件在磁化的同时即施加磁粉并进行检测还是在磁化源切断后利用剩磁进行检测，又可分为连续法和剩磁法。

5.2　磁粉检测系统

5.2.1　磁粉检测设备

1. 磁粉探伤机表示代码

磁粉探伤机一般按代码命名为 C××-×，见表 5-1。

第一部分字母 C，代表磁粉探伤机；第二部分字母，代表磁粉探伤机的磁化方式；第三部分字母，代表磁粉探伤机的结构形式；第四部分数字，代表磁粉探伤机的最大磁化电流。

2. 磁粉探伤设备的种类

如图 5-8 所示，按设备重量和可移动性不同，磁粉探伤设备分为固定式、移动式和便携式三种；按设备的组合方式不同，磁粉探伤设备分为一体型和分立型两种。

表 5-1　磁粉探伤机命名的参数

第一部分字母	第二部分字母	第三部分字母	第四部分数字	代表含义
C				磁粉探伤机
	J			交流
	D			多功能
	E			交直流
	Z			直流
	X			旋转磁场
	B			半波脉冲直流
	Q			全波脉冲直流
		X		携带式
		D		移动式
		W		固定式
		E		磁轭式
		G		荧光磁粉探伤
		Q		超低频退磁
			1000	磁化电流 1000A

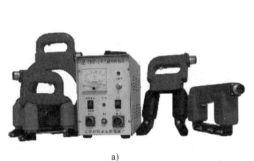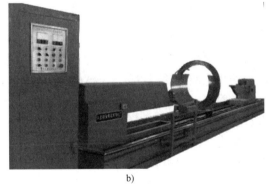

a)　　　　　　　　　　　　　　　　　b)

图 5-8　磁粉探伤设备

a) 便携式磁粉探伤仪　b) 固定式磁粉探伤机

　　固定式探伤机的体积和自重大，额定周向磁化电流范围一般为 1000~10000A，能进行通电法、中心导体法、线圈法、磁轭法整体磁化或复合磁化等，带有照明装置，退磁装置和磁悬液搅拌、喷洒装置，有夹持工件的磁化夹头和放置工件的工作台及格栅，适用于对中小工件的探伤，还常备有触头和电缆，以便对搬上工作台有困难的大型工件进行探伤。

　　移动式探伤仪额定周向磁化电流范围一般为 500~8000A，主体是磁化电源，可提供交流和单相半波整流电的磁化电源，附件一般包括触头、夹钳、开合和闭合式磁化线圈及软电缆等，能进行触头法、夹钳通电法和线圈法磁化。这类设备一般装有滚轮可推动，或吊装在车上拉到检测现场，对大型工件进行探伤。

　　便携式探伤仪具有体积小、自重轻和携带方便的特点，额定周向磁化电流范围一般为 500~2000A，适用于现场、高空和野外探伤，一般用于检测锅炉压力容器和压力管道焊缝，以及对飞机、火车、轮船的原位探伤或对大型工件的局部探伤。常见的仪器有带触头的小型磁粉探伤仪、电磁轭、交叉磁轭或永久磁铁等，仪器手柄上装有微型电流开关，可控制通、断电和自动衰退器。

5.2.2　黑光灯

图 5-9　黑光灯

如图 5-9 所示，黑光灯激发荧光磁粉产生荧光，帮助操作者对那些细小的、难以发现的不连续性精确定位。黑光灯主要由水银灯泡和滤光镜组成，它们装在一个手持式反光组件中，由稳压电源或变压器供电。灯的辐照强度必须定期检查，在离滤光镜 38cm 处测量，辐照强度必须至少达到 $1000\mu W/cm^2$。当汞弧没有充分预热时达不到最大光强，至少要求预热 5min，在检测中，黑光灯正常工作时就应该一直开着，因为过多地开关会减少灯的使用寿命。黑光灯检测时，要求在黑暗中进行以获得最佳效果。工作完后要进行定期清理，清除灰尘油污和脏物，否则会影响灯的光强。

5.2.3　光灵敏度的测定仪器

磁粉检测要求用尽可能好的方式来观察磁痕，观察者的视力必须达到一定的标准。视觉灵敏度（分辨细节的能力）随照明亮度的降低而减弱，辨色能力也同样重要，因为可能使用不同颜色的磁粉，以便于检测者对磁痕定位。

人眼是一个神奇的光学传感器，它能辨认波长范围在 400～700nm 的可见光。无损检测人员应定期做视力检查。

黑光检测在波长 330～390nm 范围内进行，需要一些仪器对黑光灯进行测定，如硒电池光电计、紫外线辐射计、紫外线光度计和紫外线辐射的检测标准。

5.2.4　磁粉和磁悬液

磁粉与磁悬液

1. 磁粉

（1）磁粉的类型　磁粉常按将其带往试件所用的介质分类，介质可以是空气（干粉法），也可以是液体（湿粉法）。此外，根据其是否有荧光性又可分为非荧光磁粉和荧光磁粉。

非荧光磁粉是在白光下能观察到磁痕的磁粉。通常湿粉法采用的是黑色的四氧化三铁（Fe_3O_4）和红褐色的 γ-三氧化二铁（γ-Fe_2O_3），这两种磁粉既适用于干粉法，也适用于湿粉法。干粉法也可采用银灰色的铁粉。此外，直径为 10～130μm 的空心球粉是铁、铬、铝的复合氧化物，可在 400℃ 以下的温度范围内用于干粉法。

荧光磁粉是以磁性氧化铁粉、工业纯铁粉或羰基铁粉等为核心，外面包覆一层荧光染料制成的，可提高磁痕的可见度和对比度。

（2）磁粉的特性　磁粉的特性包括磁性、尺寸、形状、密度、流动性、可见度和对比度，应注意它们之间的相互关系，如缺陷是处于试件的表面还是表面下，需要发现缺陷的尺寸，可采用的磁化方法及用什么方法施加磁粉更为容易等。

1）磁性。材料的磁性（磁导率、顽磁性和矫顽力）通常以饱和值来表征，但在评定作为磁粉的参数值时，饱和值没有什么价值，在磁粉检测中磁粉是达不到磁饱和的，起始的磁响应更为重要。磁粉应有较高的磁导率，以利于被漏磁场磁化和吸收以形成磁痕，不过单独一项磁导率和灵敏度之间并不能建立简单的相互关系。磁粉还应该具有低的剩磁和矫顽力，以利于磁粉的分散和移动不致形成不良的基底，但完全没有剩磁和矫顽力会妨碍磁粉的纵向磁化，而这对确保缺陷图像的形成是很重要的。

2）尺寸。对于干粉法，当磁粉在试件表面移动时，太粗大的粉粒不易被弱的漏磁场所吸收和保持，而细粉可以。应注意：灵敏度是随粉粒尺寸的减小而提高的，但若粉粒过细，则不论有无漏磁场，都会被吸附在试件整个表面上形成不良基底，粗糙的表面更是如此。干粉法所用的干磁粉以粒度为 $5 \sim 150 \mu m$ 的均匀混合物为宜，此时较细的颗粒有助于磁粉的移动，而较粗的磁粉则对宽大的缺陷有良好的灵敏度，同时使细磁粉块松散。对于湿粉法，由于磁粉悬浮在液体中，较干粉法可采用细得多的磁粉，一般约为 $1 \sim 10 \mu m$，当悬浮液施加在试件表面上时，液体的缓慢流去使磁粉有足够的移动时间被漏磁场吸附形成磁痕，过细的磁粉则往往会在液体里结成团而不呈悬浮状。对于荧光磁粉，因荧光染料与磁粉相黏结，粒度一般在 $5 \sim 25 \mu m$ 范围内，平均为 $8 \sim 10 \mu m$，孤立地看意味着潜在灵敏度低，但可见度和对比度的提高可使灵敏度显著提高，粒度较大的特殊荧光磁粉只在检测较大缺陷时方可采用。

3）形状。一般来说，较之球形磁粉，细长形磁粉易于极化，显示有较强的极性，易于沿磁力线形成磁粉串，这对显示宽度比磁粉粒度大的缺陷和完全处于表面下的缺陷是有利的。但如果磁粉完全由细长形颗粒组成，则会因易于严重结块、流动性不好、难以均匀散布而影响灵敏度，理想的磁粉应由足够的球形粉与高比例的细长磁粉组成。虽然荧光磁粉的分辨力高，且颗粒一般较大，因而形状因素不那么重要，但含高比例的细长形磁粉对纵向磁化还是有利的。

4）密度。干粉法检测要求的磁粉以铁粉为代表，要求具有高的磁导率和低的剩磁、矫顽力，这就意味着密度可大至 $8g/cm^3$。而对于湿粉法，要求是密度约为 $4.5g/cm^3$ 的氧化铁粉。因此，采用干粉法时，吸附磁粉所需磁场强度比湿粉法大，而实际上这是做不到的，要求干粉法的颗粒小于 $2 \mu m$ 也是不现实的。因此，对于非常细小的缺陷，干粉法的潜在灵敏度不如湿粉法大。

5）流动性。磁粉必须能在被检表面或其附近移动方可被漏磁场吸附。对于干粉法，所用电流种类很重要，使用直流电磁粉落在试件表面不会移动，而使用交流整流电，则可振动和跳动。对于湿粉法，磁粉在试件表面可有较大的活动自由；由于磁粉比载液重，势必很快下沉，搅拌是很重要的。

6）可见度和对比度。要求选择与被检表面有良好对比的颜色。湿粉法通常用黑色、红褐色及荧光磁粉，干粉法也可采用上述磁粉，必要时可在被检面上涂底色。

2. 磁悬液

对于湿粉法磁粉检测，用来悬浮磁粉的液体称为载液，常为油或水。磁粉和载液按一定比例混合而成的悬浮液称为磁悬液。

（1）油基载液 油基载液优先用于以下场合：①对腐蚀须严加防止的某些铁基合金（如经精加工的轴承和轴承套）；②水可能会引起电击的地方；③在水中浸泡可引起氢脆的

某些高强合金。

（2）水基载液　水不能单独作为磁粉载液使用，因为它会腐蚀铁基合金，润湿和覆盖试件表面的效果差，不能有效地分散荧光磁粉，因此必须添加水性调节剂，以弥补不足。含水性调节剂的水基载液应具有以下主要性能：

1）具有良好的润湿性，即能够均匀而完全湿润被检表面。

2）具有良好的分散功能，能完全分散磁粉而无团聚现象。

3）引起的泡沫少，能在较短的时间内自动消除由于搅拌而引起的大量泡沫。

4）无腐蚀性，对被检试件和所用设备，甚至磁粉本身无腐蚀作用。

5）黏度低，在38℃时，最大黏度不超过$5×10^{-6}m^2/s$。

6）用于荧光磁粉时，不应发出荧光。

7）不应引起所悬浮磁粉的变质。

8）碱度，pH值最大不得超过10.0；酸度：pH值最小不低于6.0。

9）应无气味。

（3）磁悬液的配制　磁悬液可由供应商配制，也可自选配制，磁悬液的浓度是指每升磁悬液中所含磁粉的量。应按照磁粉类型配制磁悬液，一般情况下，浓度控制范围为：非荧光磁粉，10～25g/L；荧光磁粉，0.5～2.0g/L；磁膏，60～80g/L。磁悬液浓度应按标准要求使用梨形瓶进行测定，一般磁粉沉淀体积比为：非荧光磁粉，1.2～2.4mL/100mL，荧光磁粉，0.1～0.4mL/100mL。

5.2.5　标准试件

由于带所需位置、类型和严重程度的缺陷的实际产品试验件不易获得，常采用带人工缺陷的试验件（标准试块、标准试片等），主要类型有直流标准环形试块（Betz环）、交流标准环形试块、标准试片、磁场指示器等。此外，磁粉检测还需要压力表、梨形瓶等辅助器材控制磁粉检测工艺质量。

1. 标准试片

标准试片主要用于检测磁粉检测设备、磁粉和磁悬液的综合性能，了解被检工件表面有效磁场强度和方向、有效检测区以及磁化方法是否正确。标准试片有 A_1 型、C 型、D 型和 M_1 型。标准试片适用于连续磁化法，使用时，应将试片无人工缺陷的面朝外。为使试片与被检面接触良好，可用透明胶带将其平整粘贴在被检面上，并注意胶带不能覆盖试片上的人工缺陷。

标准试片表面有锈蚀、皱折或磁特性发生改变时不得继续使用。标准试片主要用于检测磁粉检测设备、磁粉和磁悬液的综合性能，了解被检工件表面有效磁场强度和方向、有效检测区以及磁化方法是否正确。标准试片有 A_1 型（图5-10）、C 型、D 型和 M_1 型。

2. 磁场指示器

磁场指示器是一种用于表示被检工件表面磁场方向、有效检测区以及磁化方法是否正确的一种粗略的校验工具，但不能作为磁场强度及其分布的定量指示。其几何尺寸如图

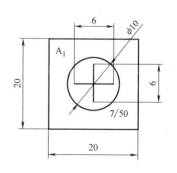

图 5-10　A_1 型标准试片

5-11所示。

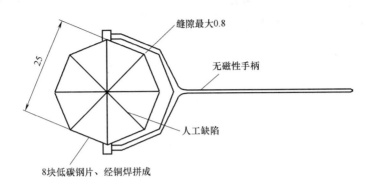

图 5-11　磁场指示器

5.3　磁粉检测方法

5.3.1　磁化电流

磁化电流主要有正弦单相交流电、正弦单相半波整流电、正弦单相全波整流电、正弦三相全波整流电、脉冲电流等。表 5-2 为磁化电流的波形、电流表指示及换算关系。

表 5-2　磁化电流的波形、电流表指示及换算关系

电流波形	电流表指示	换算关系	峰值为 100A 时电流表指示
正弦单相交流电	有效值	$I_m = \sqrt{2} I_d$	70A
正弦单相半波整流电	平均值	$I_m = \pi I_d$	32A
	两倍平均值	$I_m = \dfrac{\pi}{2} I_d$	65A
正弦单相全波整流电	平均值	$I_m = \dfrac{\pi}{2} I_d$	65A
正弦三相半波整流电	平均值	$I_m = \dfrac{2\pi}{3\sqrt{3}} I_d$	83A

注：I_d 表示电流平均值，I_m 表示电流峰值。

1. 正弦单相交流电

图 5-12 所示为正弦单相交流电波形，单相交流电在很多场合中使用很有效，主要优点是：①只需要一个变压器即可将工业电源通过变压产生低压高电流的磁化电流，电路简单，价格便宜；②由于电流是交变的，趋肤效应的存在使磁化所得磁通多集中于试件表面，有助于表面缺陷漏磁场的形成，同时也使检测后的退磁变得容易；③所建立的磁场快速转换方

向，这种脉动效应可使施加在试件表面的干磁粉产生扰动，增加了磁粉的活动性，更易被缺陷的漏磁场吸引形成强的指示。正弦单相交流电的不足之处在于：在进行剩磁法检测时，有剩磁强度不稳定的问题。

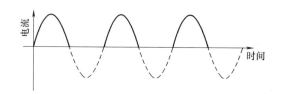

图 5-12　正弦单相交流电波形

2. 正弦单相半波整流电

图 5-13 所示为正弦单相半波整流电波形，电流值常用测量平均值的电流表指示。这种电流的优点是：①具有直流电性质，峰值为平均值的 3.14 倍，可检测距表面较深处的缺陷；②交流分量较大，有利于干磁粉的滚动和迁移，从而有利于缺陷的显现；③由于不存在反方向的磁化场，剩余磁感应强度比较稳定。它的缺点则是：因为电流不能反向，从而不能用于退磁；另外，其透入深度较大，也使退磁比较困难。

3. 正弦单相全波整流电

图 5-14 所示为正弦单相全波整流电波形，与单相半波整流电相比，这种电流具有电流大、脉动程度小等优点，使用较多。缺点是退磁也较困难。

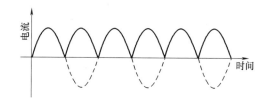

图 5-13　正弦单相半波整流电波形　　　　图 5-14　正弦单相全波整流电波形

4. 正弦三相全波整流电

图 5-15 所示为正弦三相全波整流电波形。这种电流除具有单相全波整流电的所有优点外，由于电流分别从电源线的三相引出，因此电源线负载可较小，也较平衡，这就允许在设计时连接一个快速切断电路，以改善纵向磁化试件两端横向缺陷的显现。

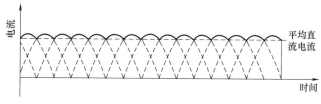

图 5-15　正弦三相全波整流电波形

5. 脉冲电流

图 5-16 所示为脉冲电流波形图，通常是通过电容器的充、放电获得的，电流值可达

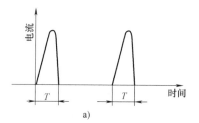

a)

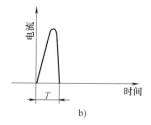

b)

图 5-16　脉冲电流波形图

a）脉冲电流　b）单脉冲电流

$(1\sim2)\times10^4A$。由于脉冲可以按预先确定的时间间隔出现，在接触点由电流引起的发热危险就很小。由于通电时间非常短（单个脉冲的持续时间可达到 0.25s），只能用于剩磁法。试验证明，反复通电数次，缺陷的检出效果较好。

5.3.2　磁化方法

磁场方向与发现缺陷的关系：磁粉检测的能力取决于施加磁场的大小和缺陷的延伸方向，还与缺陷的位置、大小和形状等因素有关。工件磁化时，当磁场方向与缺陷延伸方向垂直时，缺陷处的漏磁场最大，检测灵敏度最高。

1. 磁化方法的分类

根据工件的几何形状、尺寸大小和缺陷可能走向需要在工件上建立不同的磁化场方向，一般根据磁化场方向将磁化方法分为周向磁化、纵向磁化和多向磁化（也称为复合磁化）。磁化工件的顺序是：一般先进行周向磁化，后进行纵向磁化；如果一个工件上横截面尺寸不等，周向磁化时，电流值应分别计算，先磁化小直径部分，后磁化大直径部分。

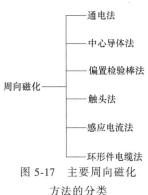

图 5-17　主要周向磁化
方法的分类

（1）周向磁化　周向磁化是指给工件直接通电，或者使电流流过贯穿空心工件孔中的导体，旨在工件中建立一个环绕工件并与工件轴线垂直的周向闭合磁场，用于发现与工件轴线平行的纵向缺陷，即与电流方向平行的缺陷。主要周向磁化方法的分类如图 5-17 所示，部分周向磁化方法示意如图 5-18 和图 5-19 所示。

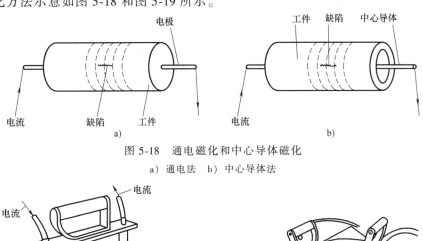

图 5-18　通电磁化和中心导体磁化

a）通电法　b）中心导体法

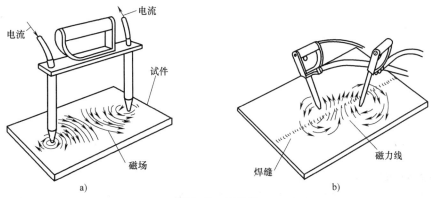

图 5-19　触头法

a）固定触头间距　b）非固定触头间距

（2）纵向磁化　纵向磁化是指将电流通过环绕工件的线圈，沿工件纵向磁化的方法，工件中的磁力线平行于线圈的中心轴线，用于发现与工件轴向垂直的周向缺陷（横向缺陷）。利用电磁轭和永久磁铁磁化，使磁力线平行于工件纵轴的磁化方法也属于纵向磁化。主要纵向磁化方法的分类如图 5-20 所示，部分纵向磁化方法示意如图 5-21 所示。

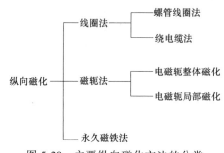

图 5-20　主要纵向磁化方法的分类

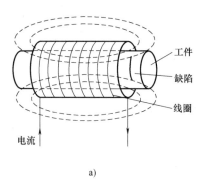

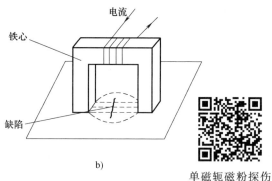

a)　　　　　　　　　　　　b)

单磁轭磁粉探伤

图 5-21　部分纵向磁化方法
a）线圈法　b）磁轭法

（3）多向磁化　多向磁化是指通过复合磁化，在工件中产生一个大小和方向随时间呈圆形、椭圆形或螺旋形轨迹变化的磁场。因为磁场的方向在工件上不断地变化着，所以可发现工件上多个方向的缺陷。主要多向磁化方法的分类如图 5-22 所示，交叉磁轭法示意如图 5-23 所示。

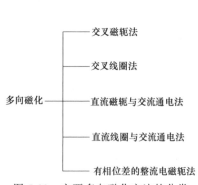

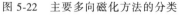

图 5-22　主要多向磁化方法的分类

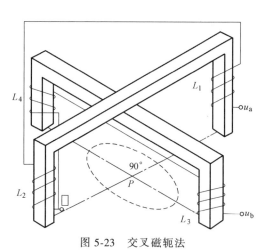

图 5-23　交叉磁轭法

2. 焊接接头的典型磁化方法

根据 NB/T 47013.4—2015，磁轭法和触头法的典型磁化方法见表 5-3；绕电缆法和交叉磁轭法的典型磁化方法见表 5-4。

表 5-3　磁轭法和触头法的典型磁化方法

磁轭法的典型磁化方法		触头法的典型磁化方法	
	$L \geqslant 75\,\text{mm}$ $b \leqslant L/2$ $\beta \approx 90°$		$L \geqslant 75\,\text{mm}$ $b \leqslant L/2$ $\beta \approx 90°$
	$L \geqslant 75\,\text{mm}$ $b \leqslant L/2$		$L \geqslant 75\,\text{mm}$ $b \leqslant L/2$
	$L_1 \geqslant 75\,\text{mm}$ $L_2 \geqslant 75\,\text{mm}$ $b_1 \leqslant L_1/2$ $b_2 \leqslant L_2 - 50\,\text{mm}$		$L \geqslant 75\,\text{mm}$ $b \leqslant L/2$
	$L_1 \geqslant 75\,\text{mm}$ $L_2 > 75\,\text{mm}$ $b_1 \leqslant L_1/2$ $b_2 \leqslant L_2 - 50\,\text{mm}$		$L \geqslant 75\,\text{mm}$ $b \leqslant L/2$

（续）

磁轭法的典型磁化方法		触头法的典型磁化方法	
	$L_1 \geqslant 75\text{mm}$ $L_2 \geqslant 75\text{mm}$ $b_1 \leqslant L_1/2$ $b_2 \leqslant L_2 - 50\text{mm}$		$L \geqslant 75\text{mm}$ $b \leqslant L/2$

表 5-4　绕电缆法和交叉磁轭法的典型磁化方法

绕电缆法的典型磁化方法		交叉磁轭法的典型磁化方法
 平行于焊缝的缺陷检测	$20\text{mm} \leqslant$ $a \leqslant 50\text{mm}$	
 平行于焊缝的缺陷检测	$20\text{mm} \leqslant$ $a \leqslant 50\text{mm}$	 垂直焊缝检测
 平行于焊缝的缺陷检测	$20\text{mm} \leqslant$ $a \leqslant 50\text{mm}$	 垂直焊缝检测

注：1. N—匝数；I—磁化电流（有效值）；a—焊缝与电缆之间的距离；D—工件尺寸。
　　2. 检测球罐环向焊接接头时，磁悬液应喷洒在行走方向的前上方。
　　3. 检测球罐纵向焊接接头时，磁悬液应喷洒在行走方向上。

5.3.3　磁粉检测灵敏度和磁化规范

1. 磁粉检测灵敏度

磁粉检测效果是用磁粉的堆积来显示的，是以工件上不允许存在的表面和近表面缺陷能否得到充分的显示来评定的。而这种显示又与缺陷处的漏磁场的大小和方向有密切关系。检测时被检材料表面细小缺陷被磁粉显现的程度称为检测灵敏度，或称为磁粉检测灵敏度。

根据工件上缺陷显现的情况，磁粉的显示可分为以下四种情况：

1）显示不清。磁粉聚集微弱，磁痕浅而淡，不能显示缺陷全部情况，重复性不好，容易漏检，其检测灵敏度也最低，不能作为判断缺陷的依据。

2）基本显示。磁粉聚集细而弱，能显示缺陷全部形状和性质，重复性一般。其检测灵敏度表现也欠佳，作为缺陷判断依据效果不佳。

3）清晰显示。磁粉聚集紧密、集中、鲜明，能显示全部缺陷形状和性质，重复性良好，能达到需要的检测灵敏度。这是磁粉检测判断的标准。

4）假显示。磁粉聚集过密，在没有缺陷的表面上有较明显的磁粉片或点状附着物。有时金属流线、组织及成分偏析、应力集中、局部冷作硬化等成分组织的不均匀现象也有所显示。伪显示影响缺陷的正常判断，是检测灵敏度显示过度的反映，应该注意排除。

影响磁粉检测灵敏度的主要因素有正确的磁化参数，合适的检测时机，适当的磁化方法和检测方法，磁粉的性能和磁悬液的浓度及质量，检测设备的性能，工件形状与表面粗糙度，缺陷的性质、形状和埋藏深度，正确的工艺操作，检测人员的素质，照明条件等。

2. 磁化方向的选择

磁场方向与发现缺陷的关系：工件磁化时，与磁场方向垂直的缺陷最容易产生足够的漏磁场，也就最容易吸附磁粉而显现缺陷的形状。当缺陷方向与磁场方向大于45°角时，磁化仍然有效；当缺陷方向平行于或接近平行于磁场方向时，缺陷漏磁场很少或没有。必须对工件的磁化最佳方向进行选择，使缺陷方向与磁场方向垂直或接近垂直，以获得最大的漏磁场。

选择工件磁化方法实际就是选择工件的最佳磁化方向。一般考虑以下几个因素：工件的尺寸大小、工件的外形结构、工件的表面状态、工件检测的数量以及工件可能产生缺陷的方向。

3. 磁化规范分级及确定原则

磁化规范是在工件上建立必要的工作磁通时所选择的合适磁化磁场或磁化电流值。磁化规范按照检测灵敏度一般可分为如下三个等级：

1）标准磁化规范，也称为标准灵敏度规范。在这种情况下，能清楚显示工件上所有的缺陷，如深度超过0.05mm的裂纹，表面较小的发纹及非金属夹杂物等，一般在要求较高的工件检测中采用。

2）严格磁化规范，也称为高灵敏度规范。在这种规范下，可以显示出工件上深度在0.05mm以内的微细裂纹、皮下裂纹以及其他表面与近表面缺陷。适用于特殊要求的场合，如承受高负载、应力集中及受力状态复杂的工件，或者为了进一步了解缺陷性质而采用。这种规范下处理不好时可能会出现伪像。

3）放宽磁化规范，也称为低灵敏度规范。在这种规范下，能清晰地显示出各种性质的裂纹和其他较大的缺陷。适用于要求不高的工件磁粉检测。

　　根据工件磁化时磁场产生的方向，通常将磁化规范分为周向磁化规范和纵向磁化规范两大类。而根据检测方法不同又有连续法磁化规范和剩磁法磁化规范之分，不同方法所得到的检测灵敏度也不尽相同。根据磁粉检测的原理可知，工件表面下的磁感应强度是决定缺陷漏磁场大小的主要因素，应根据工件磁化时所需要的磁感应数值来确定外加磁场强度的大小。

　　总之，制订一个工件的磁化规范时，首先要根据磁特性和热处理情况，确定是采用连续法还是剩磁法进行检测，然后根据工件尺寸、形状、表面粗糙度以及缺陷可能存在的位置、形状和大小确定磁化方法，最后根据磁化后工件表面应达到的有效磁场值及检测的要求确定磁化电流类型并计算出大小。尽管不同的工件所采用的磁化方法、磁化规范是不相同的，但根本目的都是使工件得到技术条件许可下的最充分磁化。

　　不同磁化方法磁化规范见表5-5。

表 5-5　不同磁化方法磁化规范

检测方法	检测条件	磁化电流	备注
轴向通电法	直流电、整流电连续法	$I=(12\sim32)D$	I:磁化电流值(A) D:工件横截面上最大尺寸(mm)
	直流电、整流电剩磁法	$I=(25\sim45)D$	
	交流电连续法	$I=(8\sim15)D$	
	交流电剩磁法	$I=(25\sim45)D$	
触头法	工件厚度 $T<19mm$	$I=(3.5\sim4.5)L$	I:磁化电流值(A) L:触头间距(mm)
	工件厚度 $T\geqslant19mm$	$I=(4\sim5)L$	
低填充系数线圈法	工件偏心放置	$I=\dfrac{45000}{N(L/D)}$	I:磁化电流值(A) N:线圈匝数 L:工件长度(mm) D:工件直径或横截面上最大尺寸(mm) R:线圈半径(mm) $L/D<3$ 时不适用 $L/D\geqslant10$ 时取 10 代入
	工件正中放置	$I=\dfrac{1690R}{N[6(L/D)-5]}$	
磁轭法	交流	提升力至少应为45N	间距为 75~200mm
	直流	提升力至少应为177N	

5.3.4　磁粉的施加

1. 剩磁法

　　剩磁法是先将试件磁化，待切断磁化电流或移去外加磁场后再将磁粉或磁悬液施加到试件受检表面。凡经过热处理（淬火、调质、渗碳、渗氮等）的高碳钢和合金结构钢，其材料的剩余磁感应强度 B_r 在 0.8T 以上，矫顽力 H_c 可在 800A/m 以上者，均可采用剩磁检测。剩磁法的优点有：①效率高，可将许多经磁化的中小型试件盛放在容器中浸入磁悬液槽中一次处理；②磁痕判别比较容易，因只有少量磁粉沉积，干扰真正缺陷磁痕的假磁痕较少，螺纹部位最宜采用；③目视检测可达性好，试件可与磁化装置脱离拿到最合适的条件下观测，特别适用于筒形试件内壁和端面的观测。剩磁法的局限性有：①只限用于 B_r 和 H_c 均能满足要求的材料；②采用交流电磁化，如断电相位不能可靠控制，剩磁强度不稳定，可严重危及检测质量；③不适用于复合磁化，因为剩磁仅是单方向的。

2. 连续法

在外磁场作用的同时，将磁粉或磁悬液施加到试件受检表面并进行观测。低碳钢以及所有其他处于退火状态和经过热变形的钢，B_r 和 H_c 较低均需采用连续法。此外，对于形状复杂的大型试件，受检部位往往不易得到所需的剩磁；或者 L/D 值太小，以及表面覆盖层较厚（标准允许范围内）的试件也适合采用此法。连续法的优点有：①适用于任何铁磁性材料；②具有高的检测灵敏度；③能用于复合磁化。连续法的局限性有：①检测效率较低；②易出现干扰缺陷评定的杂乱指示。

3. 干粉的施加

采用干粉时，磁化电流应在磁粉施加到受检面之前接通，而在磁粉施加完成并吹掉多余的磁粉后方可切断。磁化时间至少为 0.5s，应防止试件由于过热或其他原因而造成损伤。干粉应轻柔、均匀地施加在受检面上。为识别由近表面缺陷所形成的宽、模糊、浅的磁痕，在施加干粉和去除多余干粉的过程中，应仔细观察显示的形成。

4. 湿粉的施加

施加湿粉的方法主要有：将磁悬液轻缓喷洒在被检表面，称为浇法；或将试件或被检面浸入磁悬液，称为浸法。一般情况下，浇法常与连续法配合使用，即在施加磁悬液过程中，试件始终要保有磁化场，停止施加磁悬液后，还应短时间通电 2~3 次。采用剩磁法时，浇法和浸法均可采用，浇法施加要缓弱，以免冲刷掉微弱的相关磁痕，特别是表面粗糙度值小的表面；浸法浸的时间略长，有利于磁痕的形成，太长则会使基底变坏。浇法灵敏度略低于浸法。

将磁悬液装在增压的按钮式喷雾器中，使用方便，避免污染物进入。

5. 磁橡胶法

将细磁粉分散在特殊配制的湿硫化橡胶中，然后施加于试验表面，随后进行磁化，磁粉会被吸附在缺陷产生的漏磁场处，在橡胶硫化之后（大约 1h）将固态的复制铸型从试件上取下，用目视或低倍显微镜观察磁粉的积聚。

磁橡胶法的优点是可对检测困难部位实施检测，这些部位包括：①目视受到限制的区域，如小直径螺孔；②有覆盖层的表面，由于覆盖层大多是非磁性的，当厚度在 0.1mm 及其以上时，由于表面上缺陷漏磁场很弱，普通磁粉法很难显示磁痕，但用磁橡胶法时，这种对磁粉吸附力的减弱可用延长磁化时间进行补偿；③就尺寸和形状而言很难进行检测的区域；④要求放大以检测和解释磁痕的场合。在进行疲劳试验时，在选定的时间间隔内也可采用此法，以检测和记录疲劳裂纹的产生和发展。复制件提供了检测的永久记录，但是由于复制品在保持较长时间时会轻微收缩，精确测量应在取下后 72h 以内进行。

磁橡胶法的局限性有：①只限于检测铁磁性材料的表面和近表面缺陷；②仅在用于测量表面形状时才能用于非磁性材料，此时表面状态、加工刀痕和实际尺寸都能被记录下来；③因橡胶硫化需要时间，检查速度较慢，唯大批大量检测具有一定优势。

6. 磁性涂料法

磁性涂料法是指利用有可见对比度的磁粉黏稠液进行缺陷检测。首先将含磁粉的黏稠液刷涂在受检表面，此时优选的呈片状的磁粉均匀、充分地分布在受检表面上，由于这种片状粉末大都平行于试件表面,具有反射外界光的倾向而使表面呈浅灰色。在缺陷漏磁场的作用下,片状粉末趋向于沿漏磁场方向排列,在裂纹形缺陷所产生的漏磁场作用下,片状粉末实际上是竖立的,粉末的边缘相对来说不太反光,所以能在浅灰色的基底上呈现出对比鲜明的暗色条纹,宽的漏磁场相应产生宽的暗区。

5.3.5　磁痕的判别和记录

1. 磁痕的判别

磁粉检测所形成的磁痕有假磁痕、非相关磁痕和相关磁痕之分。

(1) 假磁痕　假磁痕是指不是由于存在漏磁场而产生的磁痕。以下情况可能出现假磁痕:①试件表面粗糙(如粗糙的机加工表面、未加工的一般铸造件表面等)导致磁粉滞留;②试件表面的氧化皮、锈蚀及覆盖层斑驳处的边缘也会出现磁粉滞留;③表面存在油脂、纤维或其他脏物也会黏附磁粉;④磁悬液浓度过大、施加方式不当也易形成磁粉滞留。通过仔细的观察,一般来说,假磁痕是可以判别的。

(2) 非相关磁痕　非相关磁痕是指与缺陷不相关的磁痕,其产生原因是存在漏磁场,但漏磁场不是由于存在缺陷产生的。非相关磁痕产生的原因,有些与试件的设计外形结构有关,对使用性能并不构成危害,但有些与试件本身的材料质量、试件的制造工艺质量有关,不能排除对使用性能可能构成危害,这就要求从业人员要很好地结合试件的结构设计及制作工艺对磁痕进行判别,必要时退磁后再进行重复检测,或借助其他无损检测方法(如超声、液体渗透、射线等),或金相试验进行综合分析,以避免将合格件报废或出现漏检造成质量隐患。

1) 试件截面突变。试件内存在孔洞、键槽、齿条的部位由于截面面积突变可迫使部分磁力线越出试件形成漏磁场。在螺纹根部或齿根部位也常会产生。当磁化场强度偏高时更易形成。

2) 磁性能的突变。例如,钢锭中出现的枝晶偏析及非金属夹杂物可沿轧制方向延伸形成纤维状组织(流线),流线与基体磁性能有突变即可形成磁痕。如在 30CrMnSi2A 钢螺栓中,由于奥氏体中所含碳和其他合金元素高,淬火后残留奥氏体量就多,这种条状的奥氏体是非磁性的。磁粉检测时常出现条状磁痕。为避免误判和漏判,使用有严重偏析的材料是不适宜的,尽管在某些材料中,这类带状组织可能并不一定影响使用性能。在冷硬加工后形成的加工硬化区、热加工时由于试件几何形状复杂冷却速度相差悬殊区、焊接时因温度急剧改变而产生的内应力处、使用过的试件上出现应力过大的部位、模锻件的分模面、两种磁导率不同材料的焊接交界处均可因磁性能突变而形成磁痕。

(3) 相关磁痕　相关磁痕是指由于存在缺陷漏磁场而产生的磁痕。为确保相关磁痕显示的灵敏度和可靠性,试件应进行预处理,主要内容包括:①检测前的退磁,如果先前的加工可产生剩余磁场,检测前应退磁,以免产生干扰;②表面清洗,被检面应光洁、干燥、无油脂及其他可干扰检测的情况;③覆盖层不应该妨碍铁磁材料基底上表面缺陷的检测,油漆或镀铬层厚度不应大于 0.08mm,铁磁性覆盖层(如覆镍层)厚度不应大于 0.03mm,覆盖层超过限制厚度或者在高应力作用下,为检出磨削裂纹或非金属条带等,则必须通过试验验证检测效果;当覆盖层为非导电体时,进行通电法检测时必须事先予以去除。

2. 磁痕的记录

根据需要，对导致试件拒收的磁痕可用经批准的方法标记在试件上。关于磁痕的位置、方向出现的频度等的永久性记录，可用以下一种或几种方法对磁痕进行记录。

（1）书面描述　在草图上或以表格形式记录磁痕的位置、长度、取向和数量等。

（2）透明胶带　将透明胶带覆盖在磁痕上，然后剥下粘有磁痕的胶带，参照其在试件上的位置等信息以批准的形式贴附在记录上。

（3）可剥薄膜　在磁痕所在位置喷涂一层可剥性薄膜就地固定磁痕，从试件上取下薄膜时磁痕会黏附在上面。

（4）对磁痕进行照相或做视频记录

（5）橡胶铸型　按规定的磁化方法对受检部位进行磁化，然后施加磁性好、粒度细的优质黑磁粉，以无水乙醇作为载液配成磁悬液，在磁悬液充分干燥后，根据用量要求在一定量的橡胶液中加入固化剂，充分搅拌均匀后注入受检部位，经一定的固化时间（取决于橡胶、固化剂的成分、用量、温度和相对湿度）后可取出橡胶铸型件。根据其上的磁痕复型大小，可用肉眼直接观测或通过放大镜、实体显微镜观测，此铸型可用作永久性记录。此法具有磁橡胶法的某些优点，而灵敏度、对比度、可靠性更高，在诸如监视疲劳裂纹的起始和发展上是很有用的，可发现长度在 0.2mm 以下的早期疲劳裂纹。

5.3.6　检测后的退磁和清理

1. 退磁

（1）退磁工序安排　需要退磁的原因有：①剩磁会影响到某些仪器和仪表的工作精度和功能；②剩磁所吸附的磁粉在后续工序，如机加工和表面涂装时，会引起动部件的磨损；③剩磁可导致切屑黏附在表面，破坏表面精度和使刀具钝化；④在试件尚需电焊时，剩磁会引起电弧偏吹或游离；⑤剩磁可干扰以后的磁粉检测。

不需要退磁的情况有：①后续工序是热处理，试件要被加热到居里点温度（对于钢约750℃）以上；②顽磁性低的试件（如低碳钢的容器）在磁化场移去后剩磁场很微弱；③在一个方向磁化后接着要在另一方向以更强的磁场进行磁化检测。

（2）退磁的方法

1）交流电退磁。采用交流电退磁时，试件所承受的退磁场强度的峰值应大于检测时所用峰值，而退磁场的方向应近乎平行于磁化方向。试件夹于两接触电极之间通以交流电进行周向磁化检测后，或用检验棒法进行周向磁化检测后，可在原位将电流逐渐减小至零以退磁，如图 5-24 所示。对于中、小试件的退磁，一般将试件放在通有工频交流电的线圈前约300mm，缓慢平移通过线圈，至少超

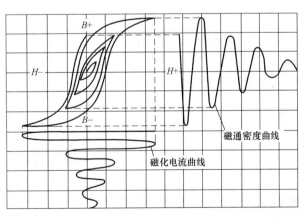

图 5-24　退磁原理

过线圈端头 1000mm 方可切断退磁线圈电流，有时需要重复这一过程以完全退磁。形状复杂

的试件退磁时，通过线圈过程中可进行翻转。

　　2）直流电退磁。直流电退磁原理与交流电退磁相同。退磁场强度应高于磁化时达到的最大数值，磁场的方向与磁化方向近乎平行。退磁过程中，通过重复换向并逐渐降低强度这一过程，直到剩磁达到要求。通常换向频率为每秒钟一次，即可有效进行周向磁化的退磁。

　　2. 清理

　　清理可用溶剂、压缩空气或其他方法进行。清理过程中，应仔细检查试件，以保证此清理作业已去除了残留在气孔、裂纹和通道等处的磁粉，这些磁粉会对试件的使用造成有害的影响。应仔细清除当初为防止磁悬液进入小开口、油孔而使用的塞子或其他遮蔽物。在清理过程中应防止任何可能的腐蚀和损伤。清理后按规定对受检件做出标记。

5.4　磁粉检测应用

　　磁粉检测的一般过程包括预处理、磁化、施加磁粉或磁悬液、磁痕的观察与记录、缺陷评级、退磁和后处理。

　　磁粉检测的基本要求之一是被检零件能得到适当的磁化，使缺陷产生的漏磁场能够吸附磁粉形成磁痕显示。不同磁化方法的应用场合不同，有其优越性，也有局限性。零件由接触电极直接通电的磁化方法有三种：零件端头接触通电法、夹钳或电缆接触通电法和触头支杆接触通电法。间接磁化方法中，电流不直接通过工件，通过通电导体产生磁场使工件感应磁化，主要有中心导体法、线圈法和磁轭法。中心导体法产生周向磁场，线圈法和磁轭法产生纵向磁场。

5.4.1　通电磁化法的应用

　　通电磁化法的应用见表 5-6。

表 5-6　通电磁化法的应用

应用	优越性	局限性
零件端头接触通电法		
实心的较小零件（锻件、铸件或机加工零件），在固定式探伤机上通电直接检测	过程迅速简便 通电部位全部环绕周向磁场 对表面和近表面的缺陷有良好的灵敏度 通电一次或数次能够容易地检测简单或比较复杂的零件	接触不良会烧伤零件 长形零件只能分段进行检查，以便施加磁悬液，不宜采取过长通电磁化
夹钳或电缆接触通电法		
大型铸件 实心长轴零件，如坯、棒、轴、线材等 长筒形零件，如管、空心轴等	可在较短时间内进行大面积的检查 电流从一端流向另一端，零件全长被周向磁化 所要求的电流与零件长度无关，零件端头无漏磁	需要特殊的大功率电源 零件端头应允许接触通电且接触良好不过热 有效磁场仅限于外表面，内壁无磁场 零件长度增加时需要增大功率
触头支杆接触通电法		
焊接件，用来发现裂纹、夹渣、未熔全和未焊透 大型铸锻件	选择触头位置，在焊区可产生局部周向磁场 支杆、电缆和电源都可携带至现场 采用半波整流及干粉法较好 用通常电流值，可分部分检查整个表面 周向磁场可集中在产生缺陷的附近区域，可现场探伤检查	一次只能检查很小面积 接触不良会引起电弧烧伤工件 检查大面积时多次通电费工费时 接触不良将引起电弧及工件过烧 使用干粉必须干燥

5.4.2 中心导体间接磁化的应用

中心导体间接磁化的应用见表 5-7。

表 5-7 中心导体间接磁化的应用

应用	优越性	局限性
长筒形零件,如管、空心轴	非电接触,内表面和外表面均可进行检查,零件的全长均被周向磁化	对于直径很大,或者管壁很厚的零件,外表面显示的灵敏度低于内表面
用导电棒或电缆可从中穿过各式带状短零件,如轴承环、齿轮、法兰盘孔等	重量不大的零件可穿在导电棒上,在环绕导体的表面产生周向磁场,不烧伤零件	导体尺寸应能承受所需电流,导体放在孔中心最理想,大直径零件要求将导体贴近零件内沿圆周方向磁化,磁化应旋转进行
大型阀门、壳体及类似零件	对表面缺陷有良好的灵敏度	导体应能承受所需电流,导体放在孔中心最理想,大直径零件要求将导体贴近零件内表面沿圆周方向磁化

5.4.3 线圈法间接磁化的应用

线圈法间接磁化的应用见表 5-8。

表 5-8 线圈法间接磁化的应用

应用	优越性	局限性
中等尺寸的纵长零件,如曲轴、凸轮轴	一般来说,所有纵长方向表面都能得到纵向磁化,能有效地发现横向缺陷	零件只有放在线圈中才能在一次通电中得到最大有效磁化,长形零件应分段磁化
大型锻、铸件或轴	用缠绕软电缆线的方法得到纵向磁场	根据零件形状尺寸,可能要求多次操作
各类小零件	容易而迅速地检查 采用剩磁法检查效果很好	零件 L/D 值影响磁化效果明显 零件端头探伤灵敏度低

5.4.4 磁轭法间接磁化的应用

磁轭法间接磁化的应用见表 5-9。

表 5-9 磁轭法间接磁化的应用

应用	优越性	局限性
实心或空心的较小零件(锻、铸件或机加工零件),在固定式探伤机上用电极法磁化直接检查	工件非电接触 所有纵长方向表面都能得到纵向磁化,能有效地发现横向缺陷 检查速度较快	长零件中间部分可能磁化不足 磁轭与工件间的非磁性物质间隙过大会造成磁通损失
大型焊接件、大型工件的局部检查采用便携式磁轭	工件非电接触 改变磁轭方向可检查各个方向上的缺陷 适用于现场及野外检查	每次检查范围太小,检测速度慢 磁极处易形成检测"盲区"

5.4.5　感应电流磁化法的应用

感应电流磁化法的应用见表 5-10。

表 5-10　感应电流磁化法的应用

应用	优越性	局限性
环形件,检查与环形方向一致的周向缺陷	零件不直接通电 整个零件表面均有沿环形件截面的周向磁场 一次磁化可获得全部覆盖	为了增强磁路,需要多层铁心从环形件中心通过

5.4.6　磁粉检测在大国工程中的应用

国家体育场是世界上跨度最大、施工难度也最大的钢结构建筑,总用钢量达到 4.2 万吨,由 48 根大梁沿着开口相切,交互编织成一座庞然大物,其焊缝总长度达 30 万延米。为保证工程表面质量,要进行 100% 的磁粉检测。

5.4.7　磁粉检测工艺指导书（表 5-11）

表 5-11　磁粉检测工艺指导书（样例）

部件名称	考试试板	材质	20 钢	焊接方法	焊条电弧焊
检件规格	300mm×250mm×12mm	坡口形式	V	表面状态	打磨
检测标准	NB/T 47013.4—2015	检测比例	100%	合格级别	Ⅰ 级
磁化方法	■单磁轭法　□交叉磁轭法			磁化规范	≥45N
磁粉种类	□荧光　■非荧光　■黑色　□红色			磁悬液浓度	10~25g/L
设备型号	Y-7	灵敏度试片	A1 30/100	磁化时间	1~3s
电流类型	交流	磁悬液施加方法及操作要求	在通电的同时喷洒磁悬液,停止喷洒后再通电数次		
缺陷观察	目视	缺陷记录	图示+照相	光照度	≥1000LX
磁粉检测示意图					
…					
检测程序及技术要点					
…					
编制人及资格	MT Ⅱ		审核人及资格	MT Ⅲ	
日　期	年　月　日		日　期	年　月　日	

第6章 渗透检测

渗透检测（Penetrant Testing，PT）又称渗透探伤，是一种以毛细作用原理为基础的检查表面开口缺陷的无损检测方法。这种检测方法是五种常规无损检测方法中的一种。

随着航空工业的发展，特别是非铁磁性材料，如铝合金、镁合金、钛合金等大量使用，渗透检测技术得到快速发展。20 世纪 30 年代到 40 年代初期，把着色染料加到渗透剂中，增加了裂纹显示的颜色对比度；把荧光染料加到渗透剂中，在暗室里使用黑光灯观察缺陷显示，显著提高了渗透检测灵敏度，使渗透检测进入新阶段。渗透检测成为检查表面缺陷的主要无损检测方法之一。除表面多孔性材料以外，渗透检测方法几乎可以应用于各种金属、非金属材料以及铁磁性和非铁磁性材料表面开口缺陷检测。其特点是原理简单，操作容易，方法灵活，适应性强，可以检测各种材料，且不受工件几何形状、尺寸大小的影响。对小零件可以采用液浸法，对大设备可采用刷涂或喷涂法，一次检测便可探查任何方向的缺陷。其局限性是只能检测表面开口缺陷，工序较多，检测灵敏度受人为因素的影响较大，不能发现未开口于表面的皮下缺陷、内部缺陷和闭合型表面缺陷。着色渗透检测在特种设备及机械行业里应用广泛。特种设备包括锅炉、压力容器、压力管道等承压设备，以及电梯、起重机械、客运索道、大型游乐设施等机电设备。荧光渗透检测在航空、航天、兵器、舰艇和原子能等国防工业领域中应用特别广泛。

6.1 渗透检测原理

渗透检测的基本原理是渗透液由于润湿作用和毛细现象而进入被检对象表面开口缺陷中，随后被吸附和显像。渗透作用的深度和速度与渗透液的表面张力、黏度、内聚力、渗透时间、材料表面状况、缺陷的大小及类型等因素有关。

6.1.1 表面张力

液体表面张力是两个共存相之间出现的一种界面现象，是液体表面层收缩趋势的表现。体积一定的几何形体中，球体的表面积最小。因此，一定量的液体从其他形状变为球形时，就伴随着表面积的减小。由于体系的能量越低越稳定，故液体表面有自动收缩的趋势。另外，液膜也有自动收缩的现象。这些都说明液体表面有收缩到最小面积的趋势，这是液体表面的基本特性。表面张力现象在日常生活中非常普遍，如草叶上的露珠、空气中吹出的肥皂泡等。地球引力使得肥皂泡上方变薄破裂而无法长久存在，而太空中的液体处于失重状态，表面张力不仅大显身手，还决定了液体表面的形状。在太空水膜试验中，表面张力使水膜像橡皮膜一样搭在金属环里，并且比地面上形成的水膜面积更大、存在时间更长。同样，由于没有重力影响，航天员向水膜上不断注入水时，这些水就能够均匀分布在水膜周围，逐渐形成水球。

根据力学知识，液体能够从其他形状变为球形是力作用的结果。把这种存在于液体表面，使液体表面收缩的力称为液体的表面张力。表面张力一般用表面张力系数表示。表面张力系数 α 为任一单位长度上收缩表面的力，可由图 6-1 所示的试验计算得出。表面张力系数和液体表面相切且垂直于液体边界，是液体的基本性质之一，单位为 N/m。液体表面层中的分子一方面受到液体内部分子的吸引力，称为内聚力；另一方面受到其相邻气体分子的吸引力。由于后一种力比内聚力小，因而液体表面层中的分子有被拉进液体内部的趋势。一定成分的液体在一定的温度下有一定的表面张力系数值，不同液体的表面张力系数值是不同的。一般来说，容易挥发的液体比不易挥发的液体的表面张力系数要小，同一种液体高温时比低温时的表面张力系数要小，含有杂质的液体比纯净的液体的表面张力系数值要小。

$$\alpha = \frac{F}{2L} \qquad (6-1)$$

式中　F——作用在液面上的力（N）；

　　　L——液面长度（m）；

　　　α——表面张力系数（N/m）。

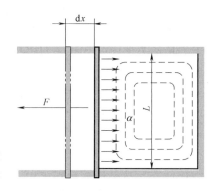

图 6-1　表面张力试验

注：dx 为平衡表面张力位置与收缩平衡位置间的距离。

6.1.2　液体的润湿作用

润湿是固体表面上的气体被液体取代的过程。渗透液润湿金属表面或其他固体材料表面的能力，是判定其是否具有高的渗透性的另一个重要性能。

如图 6-2 所示，液体和固体接触时，出现两种不同的情况：一种是如同水滴在无油脂玻璃板上那样沿玻璃面慢慢散开，即液体与固体表面的接触面有扩大的趋势，这是液体润湿固体表面的现象；另一种现象就像水银滴在玻璃上收缩成水银珠那样，即液体与固体表面的接触面有缩小的趋势，这是液体不润湿固体表面的现象。图 6-2 中 θ 角称为液体对固体表面的接触角。接触角是液面在接触点的切线与包括液体的固体表面之间的夹角。根据接触角的大小，润湿分为四个等级，即接触角 θ 小于 90°时，称固体被液体润湿；接触角 θ 大于 90°时，称固体不被液体润湿；接触角等于 0°时，固体被液体完全润湿；接触角等于 180°时，固体完全不被液体润湿。

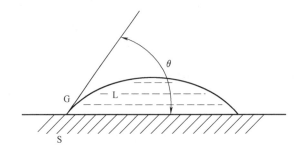

图 6-2　润湿现象

θ—接触角　G—气相　L—液相　S—固相

可见，接触角是测定渗透液润湿能力的一个主要参数。接触角越小，说明液体对固体表面润湿能力越好。

　　液体与固体表面接触时发生润湿和不润湿现象，是由液体分子间的引力和液体与固体分子间引力的大小来决定的。前者为液体中的内聚力，后者为液体和固体间的附着力。附着力大于液体分子间的内聚力时，液体沿固体表面扩散开来，发生润湿现象；附着力小于液体分子间的内聚力时，液体表面收缩成球，发生不润湿现象。同一种液体，对不同的固体来说，可能是润湿的，也可能是不润湿的。水能润湿无油脂的玻璃，但不能润湿石蜡；水银不能润湿玻璃，但能润湿干净的锌板。

　　内聚力大的液体，其表面张力系数也大，对固体表面的接触角也大。因此，液体的表面张力与液体对固体表面的接触角成正比，即液体的表面张力系数越大，对同样的固体表面的接触角也越大，反之亦然。

6.1.3　附加压强

　　附加压强是指表面张力产生的压强。如图 6-3 所示，$180°-\theta$ 为固体和液体的接触角，附加压强可通过式（6-2）计算得出。

$$p_{\mathrm{S}} = \frac{F_{\mathrm{S}}}{S} = \frac{\alpha L \cos\theta}{\pi r^2} = \frac{\alpha 2\pi r \cos\theta}{\pi r^2} = \frac{2\alpha\cos\theta}{r} = \frac{2\alpha}{R} \qquad (6\text{-}2)$$

式中　p_{S}——附加压强；

　　　　F_{S}——作用在液面上的力；

　　　　L——液面长度，$L = 2\pi r$；

　　　　S——毛细管横截面面积；

　　　　R——液面曲率半径；

　　　　r——毛细管半径，$r = R\cos\theta$；

　　　　α——表面张力系数。

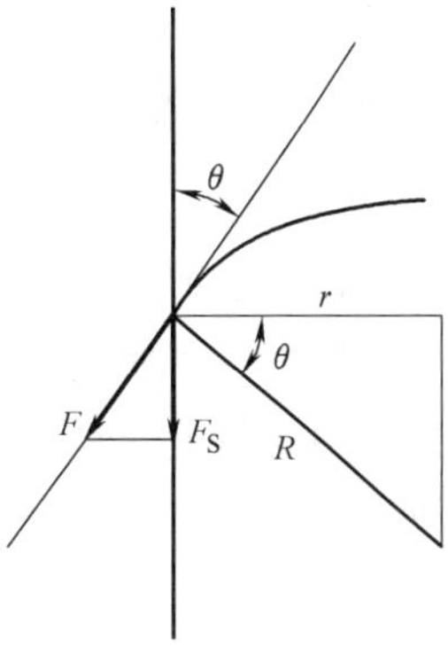

　　可见，弯曲液面下附加压强与曲面面积无关，与液体表面张力系数成正比，与曲面的曲率半径成反比。液体的表面张力系数越大，曲面的曲率半径越小，则弯曲液面的附加压强越大。如图 6-4 所示，凸膜对液体的附加压强指向液体内部；凹膜对液面的附加压强指向液体外部；平面液膜对液体的附加压强为零。

图 6-3　附加压强的计算

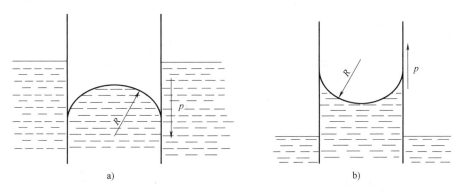

图 6-4　弯曲液面的附加压强

a）凸液面　b）凹液面

6.1.4 表面活性与表面活性剂

从表面张力这一特性出发，能够改变溶剂表面张力的性质称为表面活性，一般特指降低溶剂表面张力，具有降低溶剂表面张力特性的物质称为表面活性物质，而将随其浓度增加可使溶剂表面张力急剧下降的表面活性物质称为表面活性剂。

表面活性剂可分为离子型表面活性剂和非离子型表面活性剂，渗透检测中常用的为非离子型表面活性剂。非离子型表面活性剂具有良好的渗透检测适用性：在水溶液中不电离，稳定性好，不易受酸、碱及一些无机盐类的影响，在水和有机溶剂中都有较好的溶解度。由于在溶液中不电离，所以在一般固体表面不会发生强烈的吸附现象。

表面活性剂是否溶于水，即亲水性大小是一项非常重要的指标。非离子型表面活性剂的亲水性可用亲水基的相对分子质量来表示，称为亲憎平衡值（H. L. B 值）。

$$H.L.B = \frac{亲水基部分的相对分子质量}{表面活性剂的相对分子质量 \times 20}$$

H. L. B 值在 11~15 范围内的乳化剂，既有乳化作用又有洗涤作用，是比较理想的去除剂。

6.1.5 毛细现象

如果把内径小于 1mm 的玻璃管（称毛细管）插入盛有水的容器中，由于水能润湿玻璃管壁，在指向液体外部的附加压力的作用下，水沿着管内壁自动上升，使管内的液面和管外的液面呈现出不同的高度，即玻璃管内液面呈凹状并高出容器中的液面，如图 6-5a 所示。如果把相同的玻璃管插入盛有水银的容器中，由于水银不能润湿管壁，在指向液体内部的附加压力的作用下，玻璃管内的水银面呈凸状并低于容器中水银液面，如图 6-5b 所示。

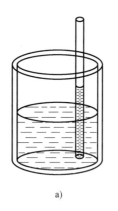
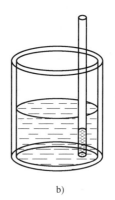

毛细现象

a)   b)

图 6-5 毛细管现象

a) 水在毛细管中上升的现象   b) 水银在毛细管中下降的现象

固体被液体润湿，液体在毛细管中呈凹形并上升，固体不被液体润湿，液体在毛细管中呈凸形并下降，这种现象称为毛细现象。能够显示毛细现象的管子称为毛细管。根据式（6-2），毛细管中液面上升或下降的高度可由式（6-3）计算得出。

$$h = \frac{2\alpha}{\rho g R} = \frac{2\alpha \cos\theta}{\rho g r} \tag{6-3}$$

式中　h——毛细管中液面上升或下降的高度；

　　　　α——表面张力系数；

　　　　θ——接触角；

　　　　ρ——液体密度；

　　　　R——液面曲率半径；

　　　　r——毛细管半径；

　　　　g——重力加速度。

1. 渗透与毛细现象

渗透过程中，渗透液对受检表面开口缺陷的渗透作用，实质上是液体与开口缺陷之间的毛细作用。可将零件表面的开口缺陷看作毛细管或毛细缝隙。由于所采用的渗透液都是能润湿零件的，因此渗透液在毛细作用下能渗入表面缺陷中。例如，渗透液对表面点状缺陷（如气孔、砂眼等）的渗透类似于渗透液在毛细管内的毛细作用，渗透液对表面条状缺陷（如裂纹、夹渣和分层等）的渗透类似于渗透液在间距很小的两平行板间的毛细作用。渗透过程的毛细现象称为第一次毛细，如图 6-6 所示。

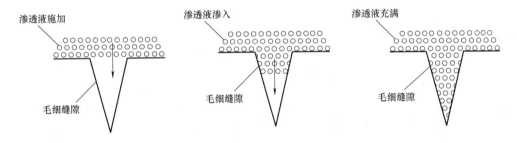

图 6-6　渗透过程中的毛细现象

2. 显像与毛细现象

显像是利用显像剂吸附开口缺陷中的渗透剂，由于开口缺陷中渗透剂与显像剂间的毛细作用，渗透剂回渗到受检工件表面，形成一个肉眼可见的缺陷显示。显像剂的显像过程同渗透剂的渗透过程一样，也是由于毛细现象。显像剂是一种细微粉末，显像剂微粉之间形成很多半径很小的毛细管，这种粉末又能被渗透剂所润湿，所以渗透液从缺陷中回渗到显像剂中形成缺陷显示痕迹。显像过程的毛细现象称为第二次毛细，如图 6-7 所示。

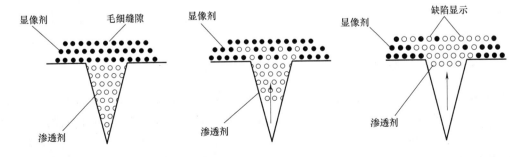

图 6-7　显像过程中的毛细现象

6.1.6　吸附现象

吸附现象是指固体表面上的原子或分子的力场不饱和而吸引其他分子的现象。它是固体表面最重要的性质之一。固体表面不易收缩（扩张）变形，因此固体的表面张力难以测定。而任何表面都有自发降低表面能的倾向，固体难以改变表面形状来降低表面能，因此只有依靠降低界面张力来降低表面能，这就是固体表面能产生吸附的根本原因。被吸附的物质称为吸附质，能吸附别的物质的物质称为吸附剂。吸附质可以是气体或液体。

渗透检测中的吸附现象主要有以下几种：

1）显像剂粉末将缺陷中的渗透剂吸附出来。吸附属于放热过程，因此如果显像剂中含有易挥发的溶剂，将促进吸附渗透剂，提高显像灵敏度。

2）自乳化或后乳化渗透法，表面活性剂吸附在渗透剂-水界面，降低了界面张力，使工件表面多余的渗透剂得以顺利清洗。

3）渗透剂在渗透过程中与工件及其中缺陷的表面接触，也有吸附现象，因此提高工件及其中缺陷对渗透剂的吸附性，有利于提高检测灵敏度。

4）渗透检测全过程所发生的吸附现象，主要是物理吸附。

6.1.7　溶解现象

一种物质（溶质）均匀地分散于另一种物质（溶剂）中的过程叫溶解，所组成的均匀物质叫溶液。大部分渗透剂是溶液，其中的着色（荧光）染料是溶质，煤油、苯、二甲苯是溶剂。溶解现象包括溶解和结晶两个过程，当渗透剂中溶质的浓度增加到一定程度时，结晶的速度等于溶解的速度，渗透剂中建立动态平衡：溶解速度＝结晶速度。

溶解度对于渗透检测的意义在于：溶解度越高，则同样体积的溶剂中，含有的染料越多；在同样的光照度下，染料吸收的能量越多，则发射出来的荧光越强，就越易于发现缺陷。所以，在研制渗透液配方时，选择理想的着色（荧光）染料及溶解该染料的理想的溶剂，使其染料在溶剂中溶解度较高，对提高渗透检测灵敏度有重要的意义。

着色（荧光）强度一般随渗透液浓度的提高而变大，着色（荧光）强度越强，越易于发现细小缺陷。

6.2　渗透检测系统

渗透检测系统主要包括渗透检测剂、标准试片、检测光源、测量设备和辅助器材等。渗透检测剂是渗透剂、去除剂和显像剂的总称。

6.2.1　渗透剂及其分类

渗透剂是一种含有着色染料或荧光染料且具有很强渗透能力的溶液，它能渗入表面开口的缺陷并以适合的方式显示缺陷的痕迹。渗透剂是渗透检测中使用的最关键的材料，其性能直接影响检测的灵敏度。

渗透剂的综合性能要求：渗透能力强，容易渗入工件表面缺陷；荧光渗透剂应具有鲜明的荧光，着色渗透剂具有鲜艳的色泽；去除性能好，容易从工件表面去除；对显像剂的润湿性能好，容易从缺陷中被显像剂吸附至工件表面，实现缺陷显示；无腐蚀性，对工件和设备无伤害；稳定性好，在曝光（或黑光）与热作用下，材料成分和荧光亮度或色泽能维持较长时间的稳定性；毒性小，对操作者无损害；检测特殊材料或遇特殊环境时，能保持良好的化学稳定性。

1. 按染料成分分类

渗透剂按所含染料成分不同，可分为荧光渗透剂、着色渗透剂和荧光着色渗透剂三大类，有时也将其分别简称为荧光剂、着色剂和荧光着色剂。荧光渗透剂中含有荧光染料，只有在黑光照射下，缺陷图像才能被激发出黄绿色荧光，所以要在暗室内黑光下观察缺陷图像。着色渗透剂中含有红色染料，缺陷显示为红光，可在白光或日光照射下观察缺陷图像。荧光着色渗透剂中含有特殊染料，缺陷图像在白光或日光照射下显示为红色，在黑光照射下显示为黄绿色荧光。

2. 按溶解染料的基本溶剂分类

按渗透剂中溶解染料的基本溶剂不同，可将渗透剂分为水基渗透剂与油基渗透剂两大类。水基渗透剂以水作为溶剂，水的渗透能力很差，但是加入特殊的表面活性剂后，水的表面张力降低，润湿能力提高，渗透能力大大提高。油基渗透剂中基本溶剂是"油"类物质，如航空煤油、灯用煤油、L-AN5 和 200 号溶剂汽油等。油基渗透剂渗透能力很强，检测灵敏度较高。水基渗透剂与油基渗透剂相比，润湿能力仍然较差，渗透能力仍然较低，因此检测灵敏度也较低。

3. 按多余渗透剂的去除方法分类

按多余渗透剂的去除方法不同，可将渗透剂分为水洗型渗透剂、后乳化型渗透剂和溶剂去除型渗透剂三大类。

水洗型渗透剂分为两种：一种是以水为基本溶剂的水基渗透剂，使用这种渗透剂时，可以直接用水清洗去除工件表面多余的渗透剂；另一种是以油为基本溶剂的油基渗透剂，加入乳化剂成分而组成自乳化型渗透剂。自乳化型渗透剂遇水时，其中乳化剂成分会发生乳化作用，所以工件表面多余的渗透剂也可以直接用水清洗去除。

后乳化型渗透剂中不含有乳化剂成分，工件表面多余的渗透剂需要用乳化剂乳化后才能用水清洗去除。根据乳化形式不同，后乳化型渗透剂可以分为亲油型后乳化渗透剂和亲水型后乳化渗透剂。

溶剂去除型渗透剂可用有机溶剂将工件表面多余的渗透剂去除。

4. 按灵敏度水平分类

按渗透检测灵敏度水平不同，可将渗透剂分为很低灵敏度渗透剂、低灵敏度渗透剂、中灵敏度渗透剂、高灵敏度渗透剂和超高灵敏度渗透剂五类。水洗型荧光渗透剂通常有低、中与高灵敏度渗透剂三类产品，后乳化型荧光渗透剂通常有中、高与超高灵敏度渗透剂三类产品，着色渗透剂通常有低、中灵敏度渗透剂两类产品。

5. 按与受检材料的相容性分类

按照渗透剂与受检材料的相容性，可将渗透剂分为与液氧相容渗透剂和低硫、低氯渗透剂等几种类别。

与液氧相容渗透剂用于与氧气或液态氧接触工件的渗透检测。在液态氧存在的情况下，该类渗透剂不与其发生反应，呈现良好的化学稳定性。

低硫渗透剂专门用于镍基合金材料的渗透检测。该类渗透剂不会对镍基合金材料产生破坏作用。

低氯、低氟渗透剂专门用于钛合金及奥氏体不锈钢材料的渗透检测。该类渗透剂不会对钛合金及奥氏体不锈钢产生腐蚀破坏作用。

6.2.2　去除剂

渗透检测中，用来去除工件表面多余渗透剂的溶剂叫去除剂。水洗型渗透剂直接用水清洗，水就是一种去除剂。

溶剂去除型渗透剂采用有机溶剂去除，相应的有机溶剂就是去除剂，它们应对渗透剂中的染料（红色染料、荧光染料）有较大的溶解度，对渗透剂中溶解染料的溶剂有良好的互溶性，并有一定的挥发性，应不与荧光剂起化学反应，不猝灭荧光。通常采用的去除剂有煤油、乙醇、丙酮和三氯乙烯等。

后乳化型渗透剂是在乳化后再用水去除，它的去除剂是乳化剂和水。

1. 乳化剂

乳化剂是指能够使不相溶的液体混合成稳定乳化液的表面活性剂。在渗透检测中主要用于乳化不溶于水的后乳化型渗透剂，使其便于用水清洗。也可作为油基水洗型渗透剂的主要成分，故油基水洗型渗透剂又被称为自乳化型渗透剂。

把油和水一起倒进容器中，使油分散在水中，形成乳浊液，由于体系的表面积增加，虽然能暂时混合，但体系很不稳定，稍加静置仍会出现明显的分层现象。如果在溶剂中加入少量的表面活性剂，如加入肥皂或洗涤剂，再经搅拌混合后，可形成稳定的乳浊液，这就是表面活性剂的乳化作用。表面活性剂的分子具有亲水基和亲油基两个基团，两个基团共同发生作用，具有防止油和水相排斥的功能，故表面活性剂具有将油和水两相连接起来不使其分离的特殊功能。

乳化剂要具有良好的洗涤作用，以及高的闪点和低的蒸发速度，无毒、无腐蚀作用，抗污染能力强。渗透检测中，一般乳化剂都是渗透剂生产厂家根据渗透剂的特点配套生产的，应根据渗透剂的类型合理选用。

2. 溶剂去除剂

按照溶剂去除剂与受检材料的相容性，可将溶剂去除剂分为卤化型溶剂去除剂、非卤化型溶剂去除剂和特殊用途溶剂去除剂。非卤化型溶剂去除剂中，卤族元素，如氯、氟元素的质量分数必须严格控制，一般要求<1%，主要用于奥氏体钢和钛合金材料的检测。

6.2.3　显像剂

显像剂是渗透检测中又一关键材料，它的作用在于：通过毛细作用将缺陷中渗透剂吸附到工件表面上并形成缺陷显示；将形成的缺陷显示在被检表面上，以缺陷所在位置为中心向外扩展，并形成放大的显示；提供与缺陷显示较大反差的背景，以利于操作者观察。显像剂分为干式显像剂和湿式显像剂两大类。自显像时不使用显像剂。干式显像剂实际就是微细白色粉末，又称干粉显像剂。湿式显像剂有水悬浮显像剂（白色显像粉末悬浮于水中）、溶剂悬浮显像剂（白色显像粉末悬浮于有机溶剂中）以及塑料薄膜显像剂（白色显像粉末悬浮于树脂清漆中）几类。

显像剂的综合性能要求：吸湿能力强，吸湿速度快，能很容易被缺陷处的渗透剂所湿润并吸出足量的渗透剂；显像剂粉末颗粒细微，对工件表面有足够的黏附力，能在工件表面形成均匀的薄覆盖层，将缺陷显示的大小扩展放大；用于荧光法的显像剂应不发荧光，也不应有任何减弱荧光的成分，而且不应吸收黑光；用于着色法的显像剂应与缺陷显示形成较大的色差，以保证最佳的对比度；对着色染料无消色作用；对被检工件和存放容器无腐蚀，对人体无害；使用方便，易于清除，价格便宜等。

6.2.4　渗透检测剂系统

渗透检测剂系统是渗透剂、去除剂和显像剂的总称，原则上必须采用同一厂家提供的、同族组的产品，不同族组的产品不能混用；否则，可能出现渗透剂、去除剂和显像剂等材料各自都符合规定要求，但它们之间不兼容，最终使渗透检测无法进行的情况。如果确需混用，则必须通过验证，确保它们能相互兼容且有所要求的检测灵敏度。

渗透检测剂系统的选择原则如下：

1）同族组要求。渗透检测剂系统应同族同组。

2）灵敏度应满足检测要求。不同的渗透检测材料组合系统，其灵敏度不同，一般后乳化型灵敏度比水洗型高，荧光渗透剂灵敏度比着色渗透剂高。在检测中，应按被检工件灵敏度要求来选择渗透检测材料组合系统。当灵敏度要求高时，例如疲劳裂纹、磨削裂纹或其他细微裂纹的检测，可选用后乳化型荧光渗透检测系统。当灵敏度要求不高时，例如铸件，可选用水洗型着色渗透检测系统。应当注意：检测灵敏度越高，其检测费用也越高。因此，从经济上考虑，不能片面追求高灵敏度检测，只要灵敏度能满足检测要求即可。

3）根据被检工件状态进行选择。对表面光洁的工件，可选用后乳化型渗透检测系统。对表面粗糙的工件，可选用水洗型渗透检测系统。对大工件的局部检测，可选用溶剂去除型着色渗透检测系统。

4）在灵敏度满足检测要求的条件下，应尽量选用价格低、毒性小、易清洗的渗透检测材料组合系统。

5）渗透检测材料组合系统对被检工件应无腐蚀。如铝、镁合金不宜选用碱性渗透检测材料，奥氏体不锈钢、钛合金等不宜选用含氟、氯等卤族元素的渗透检测材料。

6）化学稳定性好，能长期使用，受到阳光或遇高温时不易分解和变质。

7）使用安全，不易着火。如盛装液氧的容器不能选用油基渗透剂，而只能选用水基渗透剂，因为液氧遇油容易引起爆炸。

6.2.5　渗透检测试块

渗透检测灵敏度是指在工件或试块表面上发现微细裂纹的能力。试块是指带有人工缺陷或自然缺陷的器件，用来衡量渗透检测的灵敏度。试块的主要作用包括：灵敏度试验，用于评价所使用的渗透检测系统和工艺的灵敏度及其渗透液的等级；工艺性试验，用于确定渗透检测的工艺参数，如渗透时间、温度，乳化时间、温度，干燥时间、温度等；渗透检测系统的比较试验，在给定的检测条件下，通过使用不同类型的检测剂和工艺检测并进行结果比较，以确定不同渗透检测系统的相对优劣。

1. 铝合金淬火裂纹试块

铝合金淬火裂纹试块也称 A 型试块。A 型试块分为分体式 A 型试块和一体式 A 型试块两种，其形状和尺寸如图 6-8 所示，可用于渗透检测剂的性能测试与检测灵敏度的比较。如图 6-9 所示，测试过程中，将标准检测方法用于 A 部分，将拟定的检测方法用于 B 部分，比较两部分的裂纹显示，从而对拟定的检测方法进行评价。

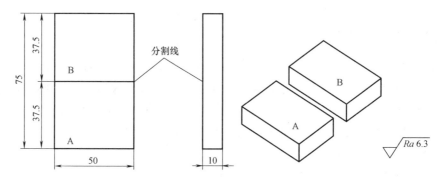

图 6-8　铝合金淬火裂纹试块

2. 不锈钢镀铬裂纹试块

不锈钢镀铬裂纹试块又称 B 型试块，主要用于校验操作方法与工艺系统的灵敏度。测试过程中，在 B 型试块上，按预先规定的工艺程序进行渗透检测，再把实际的显示图像与标准工艺图像的复制品或照片相比较，从而评定操作方法正确与否，确定工艺系统的灵敏度。B 型试块有很多种型式，常用的主要有三点 B 型试块和五点 B 型试块。图 6-10 所示为五点 B 型试块。

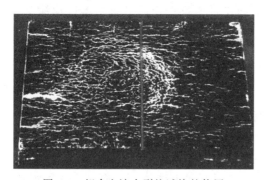

图 6-9　铝合金淬火裂纹试块的使用

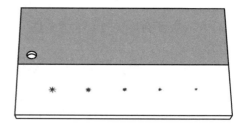

图 6-10　五点 B 型试块

此外，还有黄铜板镀镍铬层裂纹试块（又称为 C 型试块）和自然缺陷试块等。

6.3　渗透检测方法

6.3.1　渗透检测方法分类

渗透检测按显示缺陷方法的不同，分为颜色显示的着色法和荧光显示的荧光法。按渗透剂的去除方法不同，分为水洗型渗透检测法、后乳化型渗透检测法和溶剂去除型渗透检测法。按显像剂的状态不同,可分为干法和湿法等。渗透检测方法详见表 6-1。

表 6-1 渗透检测方法

渗透剂		渗透剂的去除		显像剂	
分类	名称	分类	名称	分类	名称
I	荧光渗透检测	A	水洗型渗透检测	a	干粉显像剂
		B	亲油型后乳化渗透检测	b	水溶解显像剂
II	着色渗透检测			c	水悬浮显像剂
		C	溶剂去除型渗透检测	d	溶剂悬浮显像剂
III	荧光着色渗透检测	D	亲水型后乳化渗透检测	e	自显像剂

注:渗透检测方法代号示例,II C-d 为溶剂去除型着色渗透检测(溶剂悬浮显像剂)。摘自 NB/T 47013.5—2015《承压设备无损检测 第 5 部分:渗透检测》。

6.3.2 渗透检测工艺过程

渗透检测一般分为六个基本步骤:预清洗、渗透、去除多余的渗透剂、干燥、显像和观察及评定、后处理,如图 6-11 所示。着色检测法需要在日光或灯光下用肉眼或借助 10 倍以下的放大镜观察;荧光检测法需要在暗室或暗棚以及紫外线灯的照射下进行观察。

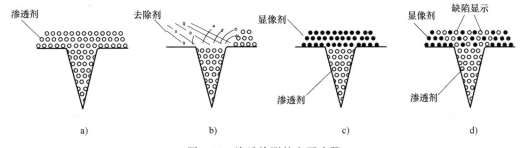

图 6-11 渗透检测的主要步骤

a) 渗透 b) 去除多余渗透剂 c) 施加显像剂 d) 观察

1. 预清洗

检测对象在渗透检测前必须进行预清洗,以清除零件表面的油脂、铁屑、铁锈以及各种涂料、氧化皮、飞溅等,防止这些污物堵塞缺陷开口,阻塞渗透剂的渗入,也可防止油污污染渗透剂,同时还可防止渗透剂存留在污物上产生虚假显示。通过预清洗将这些污物去除,以便于渗透剂容易渗入缺陷中。

2. 施加渗透剂

将渗透剂覆盖在被检测工件表面,覆盖的方法有喷涂、刷涂、流涂、静电喷涂和浸涂等。实际工作中,应根据零件的数量、大小、形状和渗透剂的种类来选择具体的覆盖方法。

3. 去除多余的渗透剂

被检测工件表面覆盖渗透剂后,经适当的时间保持后,应从工件表面去除多余的渗透剂,但应避免将渗入缺陷中的渗透剂清洗出来造成过度去除,以保证渗透检测的灵敏度要求。

4. 干燥

干燥的目的是去除工件表面残留的水分。溶剂去除型渗透剂不必进行专门的干燥过程。

5. 显像和观察及评定

显像就是用显像剂将工件表面缺陷内的渗透剂吸附至工件表面，形成清晰可见的缺陷显示。着色法渗透检测可直接用肉眼观察，对细小缺陷可借助放大镜观察。荧光渗透检测必须借助紫外线的照射，使荧光物质发出荧光来观察。

6. 后处理

观察及评定后，应及时将零件表面残留的渗透剂和显像剂去除干净，并维护好检测试片等检测器材。

6.3.3　水洗型渗透检测法

水洗型渗透检测法是应用广泛的渗透检测方法之一，包括水洗型着色渗透检测法和水洗型荧光渗透检测法，其检测过程如图 6-12 所示。

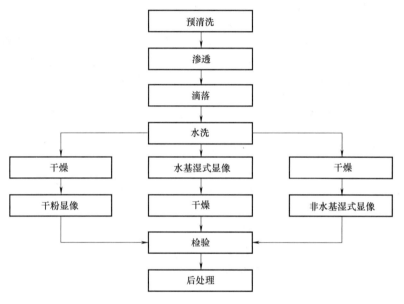

图 6-12　水洗型渗透检测法

水洗型渗透检测法的主要适用范围：灵敏度要求不高；检测大体积或大面积的工件；检测开口窄而深的缺陷；检测表面很粗糙的工件，如砂型铸件等；检测螺纹和带有键槽的工件。

1. 水洗型渗透检测的优点

1）表面多余的渗透剂可以直接用水去除，相对于后乳化型渗透检测法，具有操作简便、检测费用低等优点。

2）检测周期较其他方法短，能适应绝大多数类型的缺陷检测，如使用高灵敏度荧光渗透剂可检出很细微的缺陷。

3）适于表面粗糙的工件检测，也适于螺纹类工件、窄缝和工件上的销槽、不通孔内缺陷的检测。

2. 水洗型渗透检测的缺点

1）灵敏度相对较低，对浅而宽的缺陷容易漏检。

2）重复检测时，再现性差，故不宜在复检的场合下使用。

3）如果清洗方法不当，易造成过度清洗。例如，水洗时间过长、水温偏高或水压过大，都可能会将缺陷中的渗透剂清洗掉，降低缺陷的检出率。

4）渗透剂的配方复杂。

5）抗水污染的能力弱，特别是渗透剂中的含水量超过容水量时，会出现混浊、分离、沉淀及灵敏度下降等现象。

6）酸的污染将影响检测灵敏度，尤其是酸和铬酸盐的影响最大。

6.3.4 后乳化型渗透检测法

后乳化型渗透检测法也是应用广泛的渗透检测方法之一。这种方法与水洗型渗透检测法相比，除增加了乳化工序外，其余程序完全一样。后乳化型渗透检测法主要包括后乳化型着色渗透检测法和后乳化型荧光渗透检测法两种。其中亲水型后乳化渗透检测程序如图 6-13 所示。

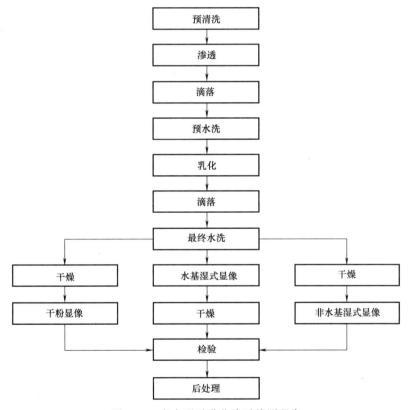

图 6-13 亲水型后乳化渗透检测程序

后乳化型渗透检测法主要适用的范围：表面阳极化工件，镀铬工件及复查工件；有更高检测灵敏度要求的工件；被酸或其他化学试剂污染的工件，而这些物质会有害于水洗型渗透检测剂；检测开口浅而宽的缺陷；被检工件可能存在使用过程中被污染物所污染的缺陷；应力或晶界腐蚀裂纹类缺陷；磨削裂纹缺陷；灵敏度可控，以便在检测出有害缺陷的同时，非有害缺陷不连续能够被放过。

1. 后乳化型渗透检测的优点

1）具有较高的检测灵敏度。

2）能检测出宽而浅的表面开口缺陷。

3）因渗透剂不含乳化剂，故渗透速度快，渗透时间比水洗型要短。

4）抗污染能力强，不易受水、酸和铬酸盐的污染。

5）重复检测的再现性能好。

6）渗透剂不含乳化剂，故温度变化时，不会产生分离、沉淀和凝胶等现象。

2. 后乳化型渗透检测的缺点

1）要进行单独的乳化工序，故操作周期长，检测费用大。

2）必须严格控制乳化时间，以保证检测灵敏度。

3）要求工件表面有较小的表面粗糙度值。如果工件表面粗糙度值较大或工件上存有凹槽、螺纹或拐角、键槽时，渗透剂不易被清洗掉。

6.3.5　溶剂去除型渗透检测法

溶剂去除型渗透检测方法是渗透检测中应用较广的一种方法，主要包括溶剂去除型着色渗透检测法及溶剂去除型荧光渗透检测法两种，其检测程序如图 6-14 所示。

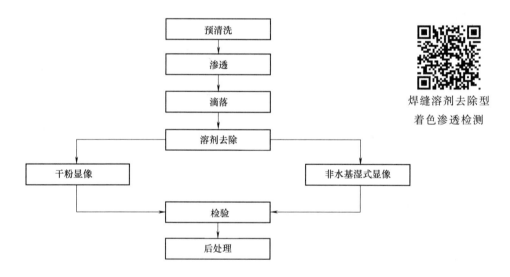

焊缝溶剂去除型
着色渗透检测

图 6-14　溶剂去除型渗透检测程序

溶剂去除型渗透检测法应用范围：焊接件等表面光洁的工件、大工件的局部检测以及非批量工件和现场检测。

1. 溶剂去除型渗透检测的优点

1）设备简单。

2）操作方便，对单个工件检测速度快。

3）适于外场和大工件的局部检测，配合返修或对有怀疑的部位，可随时进行局部检测。

4）可在没有水、电的场合进行检测。

5）缺陷污染对渗透检测灵敏度的影响不像对荧光渗透检测的影响那样严重，工件上残留的酸或碱对着色渗透剂的破坏不明显。

6）与溶剂悬浮显像剂配合使用，能检出非常细小的开口缺陷。

2. 溶剂去除型渗透检测的缺点

1）所用的材料多数是易燃和易挥发的，不宜在开口槽中使用。

2）相对于水洗型渗透检测和后乳化型渗透检测，喷砂处理的工件表面更难应用。

3）擦拭去除表面多余渗透剂时要细心，否则易将浅而宽的缺陷中的渗透剂洗掉，造成漏检。

渗透检测方法的选择，首先应满足检测缺陷类型和灵敏度的要求。各种渗透检测方法都有其适用性，实际选择时必须根据被检工件大小，形状，数量，重量，表面粗糙度，需要检测的缺陷类型，要求检测的灵敏度，水、电、气的供应情况，检测现场的大小及检测费用等因素来综合考虑。在以上因素中，以灵敏度和检测费用的考虑最为重要，但并不是灵敏度级别越高越好，灵敏度级别达到预期检测目的即可。相同条件下，荧光法比着色法有更高的检测灵敏度。

6.4　渗透检测应用

渗透检测在原材料、零部件、结构件中的应用非常广泛，检测对象多种多样，而且材质也各不相同。针对不同工件选择适当的渗透检测方法，可获得较高的检测灵敏度，保证产品的质量。

6.4.1　渗透检测显示

渗透检测显示一般可分为三种类型：相关显示、非相关显示和虚假显示。

1. 相关显示

相关显示又称为缺陷迹痕显示、缺陷迹痕或缺陷显示，是指从裂纹、气孔、夹杂、折叠、分层等缺陷中渗出的渗透剂所形成的迹痕显示，它是缺陷存在的标志。

2. 非相关显示

非相关显示又称为无关迹痕显示，是指与缺陷无关的、外部因素所形成的显示，通常不能作为渗透检测评定的依据。

3. 虚假显示

虚假显示是指由于渗透剂污染等所引起的渗透剂显示，往往因不适当的方法或处理产生，或由操作不当引起。它不是由缺陷引起的，也不是由工件结构或外形等原因所引起的，但有可能被错误地认为由缺陷引起，故也称为伪显示。

相关显示的分类一般是根据其形状、尺寸和分布状况进行的，一般将其分为线形缺陷显示、圆形缺陷显示和分散状缺陷显示（如密集型圆形显示）等类型，如图 6-15 所示。线形（也称为线状）缺陷显示通常是指长度与宽度之比大于 3 的缺陷显示；圆形缺陷显示通常是指长度与宽度之比不大于 3 的缺陷显示。

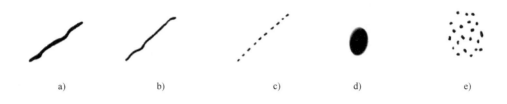

图 6-15　缺陷显示分类

a）粗连续线形显示　b）细连续线形显示　c）断续线形显示　d）圆形显示　e）密集型圆形显示

6.4.2　焊接件渗透检测

焊接的主要缺陷有裂纹、夹渣、咬边和未焊透等，利用渗透检测对这些焊接件进行检测时，主要检测部位有焊缝和坡口。

焊接件渗透检测除对焊缝和坡口进行检测外，有时还需要对厚度大的母材在每焊接一层时进行一次中间检测，其主要检测工艺过程与焊缝和坡口的检测过程类似，但要注意表面预处理时，焊渣要清除干净和干燥完全，后处理时工件表面要清除干净和干燥完全，避免对下一层焊缝产生焊接缺陷。焊接件的渗透检测可发现裂纹、气孔、夹渣和未焊透等缺陷，坡口的缺陷有分层和裂纹等。

6.4.3　铸锻件渗透检测

渗透检测能发现的常见铸锻件缺陷包括热裂纹、冷裂纹、锻造裂纹、冷隔、折叠、分层、气孔、夹杂、氧化夹层和疏松等。

表面气孔是在浇注时，由于砂型透气性不好等，气体进入金属液中在铸件表面形成的梨形表面气孔。气孔的尖端开口至铸件表面，渗透剂可渗进去。在铝、镁合金砂型铸件表面常发现这种气孔，当加工 1~2mm 后，气孔一般能全部加工掉。

内部气孔是零件浇注时，进入了气体，在铸件凝固时，气泡没能排出来，而在零件内部形成大致呈球形的缺陷。这种气孔在机加工后露出表面时通过渗透检测可发现，但这种气孔一般目视可见，在放大镜下可看到气孔内表面是光滑的。

浇注时，由于砂型原因，常常在铸件表面产生夹砂等外来物夹渣，属于表面夹渣。这些夹渣物在铸件喷砂或其他加工的过程中，可能被部分清除掉，在零件表面留下不规则的孔洞。若用放大镜观察，可发现孔洞中或多或少地残留有夹杂物。这种铸件表面的夹杂物在渗透检测时很容易被发现。

疏松是铸件在凝固结晶过程中，补缩不足而形成的不连续、形状不规则的孔洞。这些孔洞多存在于零件内部。经机加工后，可露出零件表面，零件表面疏松在渗透检测时能容易地显示出来。疏松的荧光显示有点状显微疏松、条状纤维疏松和聚焦块状显微疏松几种形式。

铸造裂纹是铸造的金属液凝固收缩和固态收缩过程中，由于内应力的作用，而使铸件产生裂纹。按产生裂纹时的温度不同，铸造裂纹分为热裂纹和冷裂纹。热裂纹是在高温下产生的，出现在热应力集中区；冷裂纹是在低温时产生的，一般产生在厚薄截面交界处。对宽而深的裂纹，渗透检测较容易发现，裂纹显示具有锯齿状和端部尖细的特点，故很容易识别。对于深的裂纹，由于吸附渗透剂较多，显示会失去裂纹的外形，有时甚至呈圆形显示。用酒精蘸湿的布擦拭显示部位，裂纹的外形特征可清楚地显现出来。

冷隔是一种线性铸造缺陷。在浇注时，两股金属液流到一起时没能真正地熔合在一起，而呈现出的紧密的、断续的或连续的线形表面缺陷。冷隔常出现在远离浇口的薄截面处。如果浇注模型内壁上某处在金属液流到该处之前，已经沾上了飞溅的金属，金属液流到此处时，遇到已经冷却的飞溅金属，不能熔合在一起而出现冷隔。冷隔的荧光显示为光滑的线状。

在锻造和轧制零件的过程中，由于模具太大、材料在模具中放置的位置不正确、坯料太大等原因使一些金属重叠在零件表面上而形成缺陷，这种缺陷称为折叠。折叠属于锻造缺陷。折叠通常与零件表面结合紧密，渗透剂渗入比较困难，但由于缺陷显露于表面，若采用高灵敏度的渗透剂和较长的渗透时间也是可以发现的。

6.4.5 "华龙一号"主管道渗透检测

"华龙一号"是核电走向世界的中国名片，是我国自主研发和设计的具有自主知识产权的百万千瓦级压水堆核电技术，是中广核和中核集团全面融合我国核电发展 30 年经验的共同结晶。主管道焊接是"华龙一号"建设的重点工作，铸造奥氏体不锈钢以其良好的断裂韧性、耐腐蚀性、抗疲劳性、易加工性和焊接性，被用作华龙一号压水堆核电站壁厚 66~96mm 一回路主管道的主要建造材料。管道之间通过焊接方式进行连接。一回路主管道连接着反应堆冷却剂泵、蒸汽发生器和反应堆压力容器，其安全性不言而喻。为保证焊缝表面质量，要进行表面检测，保证焊接质量。由于材质为非铁磁性材料，只能发挥渗透检测适用材料范围广的优势，进行 100%渗透检测。

6.4.6 渗透检测工艺指导书（表 6-2）

表 6-2 渗透检测工艺指导书（样例）

工件名称	工业管道	规格尺寸	φ219mm×16mm	检测时机	外观检验合格
表面状况	刷除表面污垢	工件材质	1Cr18Ni9	检测部位	环焊缝
执行标准	NB/T 47013.5—2015	合格级别	Ⅰ级	检测比例	100%
检测方法	ⅡC-d	检测温度	35~40℃	标准试块	B型
渗透剂型号	DPT-5	去除剂型号	DPT-5	显像剂型号	DPT-5
渗透时间	≥10min	干燥时间	自然干燥	显像时间	不小于 10min 且不大于 60min
检测设备	便携式喷罐	观察方式	白光下目视	可见光照度	≥1000LX
渗透剂施加方法	喷涂	显像剂施加方法	喷涂	去除方法	擦除
渗透检测质量评级要求	①不允许任何裂纹；②不允许线性缺陷显示长度大于 1.5mm；③圆形缺陷（评定框尺寸 35mm×100mm）d≤2.0mm，且在评定框内不大于 1 个				
示意草图	…				
工序号	工序名称	操作要求及主要工艺参数		工艺质量控制说明	
…	…	…		…	
编制人及资格	PTⅡ		审核人及资格	PTⅢ	
日期	年 月 日		日期	年 月 日	

第7章 涡流检测

用电磁感应原理，通过测定被检工件内感生涡流的变化来无损地评定导电材料及其工件的某些性能，或发现缺陷的方法称为涡流检测。在工业生产中，涡流检测是控制各种金属材料及少数非金属导电材料及其产品品质的主要手段之一。与其他无损检测方法相比，涡流检测更容易实现自动化，特别是对管、棒和线材等型材有很高的检测效率。

1879 年，休斯（Hughes）利用感生电流的方法对不同金属和合金进行的判断试验，揭示了应用涡流对导电材料进行检测的可能性。1950 年，福斯特（Forster）研制出了以阻抗分析法来补偿干扰因素的仪器，开创了现代涡流无损检测的新历史。特别是 20 世纪 70 年代以来，由于电子技术、计算机技术和信息技术的飞速发展，给涡流检测带来了新的生机，使其成为当今无损检测技术的一个重要组成部分。

7.1 涡流检测原理

7.1.1 材料的导电性

1. 材料的电阻率

根据欧姆定律，沿一段导体流动的电流与其两端的电位差成正比。即

$$I = \frac{U}{R} \tag{7-1}$$

对于给定材料的导体，它的电阻与导体长度（L）成正比，与导体的横截面积（S）成反比。即

$$R = \rho \frac{L}{S} \tag{7-2}$$

式中　ρ——导体的电阻率（$\Omega \cdot \text{mm}^2/\text{m}$ 或 $\Omega \cdot \text{cm}$）。

2. 影响电阻率的因素

（1）杂质含量　如果在导体中掺入杂质，杂质会影响原子的排列，导致电阻率增大。

（2）温度　随着导体的温度升高，导体内的原子热振动加剧，自由电子的碰撞机会增加，电阻率随之增大。

（3）冷热加工　材料的冷热加工可能产生内应力，使原子排列结构变形。这时，电子受到碰撞次数增加，电阻率也会增大。

（4）合金成分　对于固溶合金（杂质在基体金属内均匀分布），一般来说，电阻率随着合金成分的增加而增大。

3. 电感感应

（1）电感感应现象　楞次定律：闭合回路中产生的感应电流有确定的方向，它所产生的磁通总是企图阻碍原来磁通的变化。

（2）电磁感应定律　闭合回路（螺线管回路）中产生的感应电流是由于该回路中有电动势存在。法拉第最先确定了这种电动势的大小和磁通量变化间的数量关系。

法拉第根据能量守恒定律推导得出

$$\varepsilon = \frac{\mathrm{d}\Phi}{\mathrm{d}\tau} \tag{7-3}$$

式中　ε——感应电动势；

$\mathrm{d}\Phi/\mathrm{d}\tau$——磁通随时间的变化量。

式（7-3）为单匝线圈的回路，对于 n 匝线圈的回路，其电动势为

$$\varepsilon = -n\frac{\mathrm{d}\Phi}{\mathrm{d}\tau} \tag{7-4}$$

式中　ε——感应电动势（V）；

n——线圈匝数；

$\mathrm{d}\Phi$——磁通变化量（We）；

$\mathrm{d}\tau$——单位时间（s）。

（3）自感应现象　在任意闭合回路中，当接有线圈和负载时，回路中的电流在空间任一点所产生的磁感应强度和电流成正比，因此，磁通量也和电流成正比。即有

$$\Phi = L_0 I \tag{7-5}$$

比例系数 L_0 称为回路中的自感系数，它与回路的几何形状、大小、匝数及回路中的介质有关。自感系数的常用单位是亨利。回路中的自感电动势 ε_0 的关系式为

$$\varepsilon_0 = -L_0\frac{\Delta I}{\Delta\tau} \tag{7-6}$$

（4）互感应现象　如果有两个螺线管线圈的闭合回路靠在一起，当第一个通电流 I_1 时，在第二个回路中就会产生感生电流。

如果第二个回路的互感系数为 L_{21}，在第二个回路中产生的感生电动势为 ε_2，则有

$$\varepsilon_2 = -L_{21}\frac{\mathrm{d}I_1}{\mathrm{d}\tau} \tag{7-7}$$

7.1.2　涡流及其性质

如图 7-1 所示，由于电磁感应，当导电体处于交变磁场中或相对于磁场运动时，由于导体内部构成闭合回路，穿过回路的磁通发生变化，因此在导体中产生感应电流，电流在导体内自行闭合成涡旋状，故称涡电流，简称涡流，这种现象称为涡流效应。

涡流的基本性质如下：

1）在垂直于磁力线的平面内流动，呈涡旋状，通常涡流的流动路径垂直于线圈的中心轴线，也平行于工作表面（取决于探头线圈的结构）。涡流仅局限于变化磁场存在的区域。

2）因为感应电动势与磁感应磁通量的变化速度成正比，所以磁场变化越快，即交流电流的

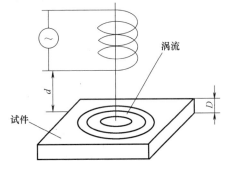

图 7-1　涡流效应

频率越高，产生的涡流越大。

3）交流电流的频率还决定了涡流在试件中流动的深度，此深度称为穿透深度，随着频率的升高，穿透深度减小，涡流的分布均集中在试件的表面。

4）在无限大的平面导体内，涡流密度随着深度的增加呈指数减小。

7.1.3 涡流检测原理

将通有交流电的线圈置于待测的金属板上，这时线圈内及其附近将产生交变磁场，使试件中产生涡旋状的感应交变电流，此电流称为涡流。涡流的分布和大小除与线圈的形状和尺寸、交流电流的大小和频率等有关外，还取决于试件的电导率、磁导率、形状和尺寸、与线圈的距离以及表面有无裂纹缺陷等。因而，在保持其他因素相对不变的条件下，用一根探测线圈测量涡流所引起的磁场变化，可推知试件中涡流的大小和相位变化，进而获得有关电导率、缺陷大小、材质状况和其他物理量（如形状、尺寸等）的变化或缺陷位置等信息。

当直流电流通过导线时，横截面上的电流密度是均匀的。但当交变电流通过导线时，导体周围变化的磁场就会在导体中产生感应电流，从而使导体截面的电流分布不均匀，表面的电流密度较大，越往中心处越小，尤其当频率 f 较高时，电流几乎是在导体表面附近的薄层中流动的，这种电流主要集中于导体表面附近的现象，称为趋肤效应。

涡流透入导体的距离称为透入深度，定义涡流密度衰减到其表面值的 $1/e$（36.8%）时的深度为标准透入深度（渗透深度），也称为趋肤深度，计算式为

$$\delta = \frac{503}{\sqrt{f\mu_r\sigma}} \tag{7-8}$$

式中　σ——电导率；

　　　μ_r——磁导率；

　　　f——检测频率。

由于被检工件表面以下 3δ 处的涡流密度仅为其表面密度的 5%，因此，通常将 3δ 作为实际涡流检测能够达到的极限深度。

7.1.4 涡流检测的阻抗分析法

1. 检测线圈的阻抗

涡流检测中，线圈和被检对象之间的电磁联系可以用两个线圈（被检对象相当于次级线圈，检测线圈相当于初级线圈）来类比，如图 7-2 所示。

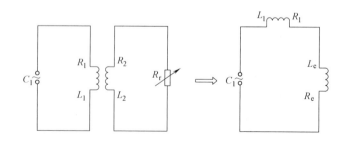

图 7-2　检测线圈等效电路

线圈可以看作是由电阻、电感和电容组合而成的等效电路，一般忽略线圈匝之间的电容，线圈自身的复阻抗可以表示为

$$Z = R + j\omega L = R + jX \tag{7-9}$$

给初级线圈通以交变电流，由于互感（M）的作用，会在闭合的次级线圈中产生电流，同时，这个电流又通过互感的作用影响到初级线圈中电流和电压的关系，这种影响可以用次级线圈中的阻抗通过互感折合到初级线圈电路的等效阻抗来表示，即

$$Z_e = R_e + jX_e \tag{7-10}$$

$$R_e = \frac{X_M^2}{R_2^2 + X_2^2}R_2, \quad X_e = \frac{-X_M^2}{R_2^2 + X_2^2}X_2 \tag{7-11}$$

$$X_M = \omega M \tag{7-12}$$

初级线圈的阻抗与等效阻抗之和称为视在阻抗，即

$$Z_S = Z_1 + Z_e \tag{7-13}$$

检测前，检测线圈远离被检对象，次级线圈开路，$R_2 \to \infty$，则有

$$Z_S = Z_1 = R_1 + jX_1 = R_1 + j\omega L \tag{7-14}$$

检测中，次级线圈闭路（短路），$R_2 \to 0$，则有

$$Z_S = Z_1 + Z_e = R_1 + j(X_1 + X_e) = R_1 + j\omega L_1(1 - K^2) \tag{7-15}$$

其中

$$K = M / \sqrt{L_1 L_2}$$

式中　Z——阻抗；

　　　　R——电阻；

　　　　ω——交变电流的角频率；

　　　　L——电感；

　　　　X——电抗；

　　　　M——感抗。

2. 阻抗平面图

如图 7-3 所示，R_2 由 $\infty \to 0$（或 X_2 由 $0 \to \omega L_2$），在此过程中，便可以得到一系列相对应的初级线圈视在电阻 R_S 和视在电抗 X_S 的值。

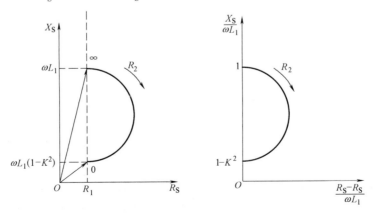

图 7-3　阻抗平面图

虽然阻抗平面图直观地反映了被检对象阻抗的变化对初级线圈（检测线圈）视在阻抗的影响，但由于 Z_S 的轨迹不仅与次级线圈的特性有关，而且与初级线圈的特性（R_1，L_1，K）有关，与外加信号（f）也有关。为了消除上述影响（检测只是由于 Z_2 的变化所形成的影响），可进行归一化处理。

（1）有效磁导率　由前文可知，涡流检测的关键问题是对检测线圈阻抗的分析，而阻抗的变化源于磁场的变化，因此必须对工件放入检测线圈后磁场的变化加以分析，才能最终对工件本身的质量做出评价。但从磁场角度分析具体问题过于复杂，为了简化涡流检测过程中的阻抗分析，福斯特提出了有效磁导率的概念。

在直径为 d（半径为 r）、相对磁导率为 μ_r 的长直圆柱导体上，紧贴密绕一个螺线管线圈（直径为 D_a），通以交变电流，则在圆柱体内会产生沿径向变化的交变磁场 $H(x)$，它是螺线管线圈空心时其内部激励磁场（H_0）和导体内涡流产生的磁场的矢量叠加：

$$B(x) = \mu_0 \mu_r H(x) \tag{7-16}$$

式中　x——圆柱导体中任一点到轴线的距离。

福斯特假设整个截面上存在着一个不变的磁场（H_0），它所产生的磁通量等于圆柱体内真实磁场所产生的磁通量，故用一个恒定的磁场和变化的磁导率代替了实际上的磁场。这个变化的磁导率称为有效磁导率，同时可推导出

$$\mu_{eff} = \frac{2}{\sqrt{-j}\,kr} \frac{J_1(\sqrt{-j}\,kr)}{J_0(\sqrt{-j}\,kr)} \tag{7-17}$$

其中

$$k = \sqrt{2\pi f \mu_0 \mu_r \sigma}$$

式中　μ_{eff}——有效磁导率；

$\quad\quad r$——圆柱体半径；

$\quad\quad J_0$——零阶贝塞尔函数；

$\quad\quad J_1$——一阶贝塞尔函数。

（2）特征频率　引入有效磁导率概念后，令 $|\sqrt{-j}\,kr| = 1$，则

$$f_g = \frac{1}{2\pi \mu_0 \mu_r \sigma r^2} \tag{7-18}$$

定义为涡流检测特征频率。对于非铁磁性材料，$\mu_r \approx 1$，则

$$f_g = \frac{506606}{\sigma d^2} \tag{7-19}$$

（3）相似律

$$f_1 \mu_1 \sigma_1 d_1^2 = f_2 \mu_2 \sigma_2 d_2^2 \tag{7-20}$$

即有效磁导率 μ_{eff} 是一个完全取决于频率比（f/f_g）的参数，而 μ_{eff} 的大小又决定了试件内涡流和磁场强度的分布，因此试件内涡流和磁场的分布是随着 f/f_g 的变化而变化的，由此可得涡流检测的相似律：对于两个不同的试件，只要各对应的 f/f_g 相同，则有效磁导率、涡流密度及磁场强度的分布均相同。

利用相似律，即可通过模型试验来推断实际检测结果。例如，用模型试验测得的变化与人工缺陷的深度、宽度及相处位置的依从关系可以用作实际涡流检测时评定缺陷的参考。

（4）实际线圈的归一化阻抗　线圈填充系数计算式为

$$\eta = \left(\frac{d}{D_a}\right)^2$$

归一化视在阻抗计算式为

$$\frac{\omega L_S}{\omega L_1} = 1 - \eta + \eta \mu_r \mu_{eff}(\text{Re}) \tag{7-21}$$

$$\frac{R - R_1}{\omega L_1} = \eta \mu_r \mu_{eff}(\text{Im}) \tag{7-22}$$

3. 影响线圈阻抗的因素

影响线圈阻抗的因素主要有电导率（σ）、磁导率（μ_r）、几何尺寸（d）、缺陷和检测频率（f）。

7.2　涡流检测系统

针对不同的检测对象，涡流检测系统有所不同，而且同类检测系统也会因检测对象不同有所差异，特别是涡流检测系统表现得尤为明显。涡流检测系统一般包括涡流检测仪、检测线圈、辅助装置和试样。涡流检测系统有关仪器性能的测试项目与测试方法应参照 GB/T 14480.3—2008 等标准的有关要求进行。

7.2.1　涡流检测仪

涡流检测仪是涡流检测系统最核心的组成部分，一般应具有激励、放大、信号处理、信号显示、声光报警和信号输出等功能。

根据检测目的，涡流检测仪一般分为涡流检测仪、涡流电导仪和涡流测厚仪三种。

根据检测结果显示方式，涡流检测仪分为阻抗幅值型涡流检测仪和阻抗平面型涡流检测仪。阻抗幅值型仪器在显示终端仅给出检测结果幅度变化的相关信息，不包含检测信号的相位信息，指针式涡流检测仪、涡流电导仪和涡流测厚仪均属于该类型仪器。阻抗平面型仪器在显示终端既给出检测结果幅度信息，也给出检测信号相位信息。带有荧光示波屏或液晶显示屏的涡流检测仪大多属于阻抗平面型仪器。

按照仪器的工作频率特征，涡流检测仪可分为单频涡流检测仪和多频涡流检测仪。单频涡流检测仪是指只有单一激励频率，或激励频带虽宽，但在同一时刻仅以单一选定频率工作的涡流检测仪。多频涡流检测仪是指可以同时选择两个或两个以上检测频率工作的涡流检测仪。一般都具有两个或两个以上的信号激励与检测工作通道，又称多通道涡流检测仪。

随着生产制造技术的提高，涡流检测仪已经能够同时具备检测、电导率测量和膜层厚度测量功能，称为通用型涡流检测仪，甚至可以选择阻抗幅值型或阻抗平面型的显示方式。

图 7-4 所示为涡流检测仪的原理图。由振荡器产生所需频率的振荡电流流入检测线圈，线圈产生交变磁场，在被测工件中产生涡流。由涡流产生的磁场反作用于线圈，使线圈的阻抗等电性能变化。如果被测试件中存在缺陷，则会使试件内感生涡流的分布和流动形式发生畸变，从而使检测线圈的阻抗发生相应的变化，进而可确定缺陷的存在；经信号检出电路、放大器和信号处理电路获取所需的信号，最后由显示器显示测量结果。

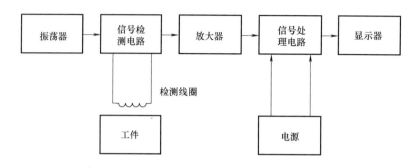

图 7-4　涡流检测仪的原理图

7.2.2　智能型涡流检测仪器

随着计算机和信息技术的发展，涡流检测仪也向着智能化、集成化和信息化发展，不仅减小了涡流检测仪器的体积，创造了良好的人机对话方式，还显著提高了涡流检测的准确性和可靠性。

智能型涡流检测仪一般包含管理、自检、分析识别、检测、数据库及帮助等功能模块。管理模块是智能型涡流检测仪的核心，各项管理功能的实现是通过软件开发在统一操作界面上完成，如任务选择、参数设置、调整、保存、删除等管理控制。自检模块能够实现检测仪开机自动校验仪器硬件、检测软件是否正常运行，避免了人工手动调试仪器，检测准确方便、快捷。分析识别模块比常规的涡流检测仪具备更多、更复杂和更高级的信号分析识别方法和能力。检测模块是直接驱动涡流检测系统各硬件完成预期任务的功能模块，如驱动检测线圈运转，控制仪器各硬件单元完成信号采集、转换与传输，该模块是智能型涡流检测的基本组成部分。数据库模块的作用是为检测提供相关的知识和技术支持，如针对不同检测对象和要求确定的探头形式、频率、相位、增益、滤波等各项检测参数固化后形成的检测工艺规程，可以分别完整地存储在数据库中，供以后相同零件的重复检测直接调用；另一方面，该模块还可以保存各种典型缺陷信号，为检测信号的识别与判读提供支持和帮助。帮助模块是指导操作人员学习、掌握操作技能和正确操作仪器的功能模块，像所有的应用软件一样，它不仅提供了关于检测软件的功能和操作方法等信息，还可以提示操作错误、可能的原因和相应的解决办法。

7.2.3　涡流检测线圈

涡流检测线圈俗称探头。涡流检测线圈是用直径非常细的铜线按一定方式缠绕而成，同时具备激励和拾取信号功能的探测装置。通以交流电时，线圈产生交变磁场，在其接近导电体时，导电体受激励产生感应电流，即涡流；同时，线圈还具有接收感应电流（即涡流）产生的感应磁场、将感应磁场转换为交变电信号的功能，将检测信号传输给涡流检测仪。可见，可根据被检测对象的外形结构、尺寸和检测目的，设计、制作成不同缠绕方式、不同大小且形状各异的线圈，能够更好地适应不同的检测对象，并满足检测要求。

检测线圈是构成涡流检测系统的重要组成部分，对于检测结果的好坏起着重要的作用。线圈的结构与形式不同，其性能和适用性有很大差异。涡流检测线圈的分类有多种方式，常用的分类方式有两种，即按使用方式分类和按电连接方式分类。

1. 按使用方式分类

按照检测线圈与被检工件的相对位置关系不同，检测线圈可分为外通过式线圈、内穿过式线圈和放置式线圈，如图 7-5 所示。

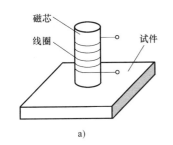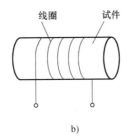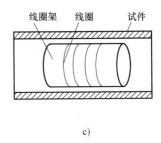

图 7-5　检测线圈与被检工件的相对位置关系
a）放置式线圈　b）外通过式线圈　c）内穿过式线圈

2. 按电连接方式分类

按照电连接方式不同，检测线圈可分为绝对式线圈、自比式线圈和他比式线圈，如图 7-6 所示。

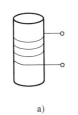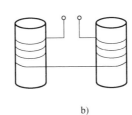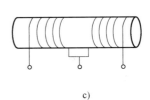

图 7-6　检测线圈的电连接方式
a）绝对式线圈　b）他比式线圈　c）自比式线圈

上述从不同的角度对涡流检测线圈进行了分类，某一具体检测线圈可能兼具不同类型线圈的特点，不同类型线圈之间也可能相互交叉或包容。

7.2.4　涡流检测辅助装置

涡流检测辅助装置主要包括磁饱和装置、试样传动装置、探头驱动装置和标记装置等。

1. 磁饱和装置

铁磁性材料经过加工（如冷拔、热处理、旋压和焊接等）后，其内部会出现明显的磁性不均匀，这种磁性不均匀形成的噪声信号会湮灭缺陷信号，给缺陷的检出带来困难；另一方面，与非铁磁性材料相比，铁磁性材料的相对磁导率一般远大于 1，一些材料的最大相对磁导率甚至达到 1000 以上，趋肤效应大大限制了涡流透入深度。对于铁磁性材料，在检测前进行磁饱和处理是消除磁性不均匀、提高涡流透入深度的有效方法。

涡流检测中使用的磁饱和装置有两类：一类由线圈构成，通以直流电，这类磁饱和装置主要包括外通过式线圈的磁饱和装置和磁轭式磁饱和装置，主要用于采用外通过式线圈的管、棒材的涡流检测；另一类磁饱和装置由一个简单的直径较小但磁导率非常高的磁棒或磁环构成，当交流电通过缠绕在磁棒或磁环上的检测线圈时，激励产生很强的磁场，从而达到对铁磁性材料或零件的被检测部位实施饱和磁化的目的。

2. 试样传动装置

试样传动装置主要用于形状规则产品的自动化检测，在管、棒材生产线上的应用最为广泛。一套典型的管、棒材自动检测的传动系统一般由上料、进料和分料装置组成。

3. 探头驱动装置

针对不同类型的检测对象和要求，采用的探头驱动方式各有不同。如上所述，当需要采用放置式线圈对管、棒材实施周向扫查时，除了可通过试件传动装置驱动管、棒材沿轴向做送给和旋转复合运动外，也可在管、棒材做直线送给运动的同时，驱动放置式线圈沿管、棒材做周向旋转。管道的在役检测通常采用内穿过式线圈，对于较长的管道，往往需要借助专用的探头驱动装置。探头枪是一种检测螺孔壁缺陷常用的驱动装置。这种装置可以控制探头的旋转方向、速度和进给位置，探头转动速度有 1000r/min 和 2000r/min 两种。

4. 标记装置

标记装置是对被检测对象出现异常信号的位置自动实施记录和标识的装置。随着检测仪器智能化水平的提高，仪器可根据试件传动装置的进给速度和时间准确计算出线圈检测的位置，通过对试件运动初始位置的标识，可以在检测仪的屏幕或显示界面上给出发现异常显示信号的位置坐标。

7.2.5　试样

与其他无损检测方法相同，涡流检测对于被检测对象的检测和评价都是通过与已知试样的比较而得出的，即通过当量法来实现。这类已知试样通常被称为标准试样或对比试样。

1. 标准试样

标准试样是按相关标准规定的技术条件加工制作，并经规范认证的用于评价检测系统性能的试样。评价涡流检测系统的不同性能需要采用不同的标准试样。

图 7-7 所示为用于评价检测系统端部效应的标准试样。在管材试样一端管壁同一母线位置上加工 10 个间距为 20mm、直径为 1mm 的通孔缺陷。通过记录和比较各人工伤响应信号的大小，可评价涡流仪对靠近管材端部缺陷的检测分辨能力，即检测系统的端部效应。

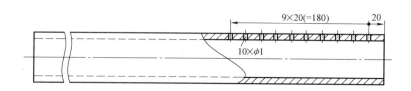

图 7-7　用于评价检测系统端部效应的标准试样

2. 对比试样

对比试样是针对被检测对象和检测要求按照相关标准规定的技术条件加工制作，并经相关部门确认的用于被检对象质量评价的试样，即以对比试样上人工缺陷作为判定该产品经涡流检测是否合格的依据。

图 7-8 所示为典型的热交换器管检测用对比试样。试样外表面从左至右加工有 5 个深度分别为管材壁厚 10%、20%、30%、40% 和 50% 深度的周向刻槽，内表面刻有 1 个深度为壁厚 10% 的周向刻槽，槽深容许偏差为 0.075mm。各槽宽度和间距分别为 50mm 和 25mm，槽宽和间距容许偏差为 1.5mm。

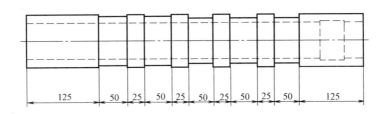

图 7-8 热交换器管检测用对比试样

7.3 涡流检测方法

7.3.1 涡流检测方法分类

1. 根据检测线圈分

（1）外通过式线圈检测法 使试件从检测线圈内通过检测试件表面缺陷情况或物性变化。这种方法主要用于检测管材、棒材和线材等试件，对管材外壁缺陷检测灵敏度较高，对内壁缺陷检测灵敏度较低。

（2）内穿过式线圈检测法 使检测线圈从试件内孔通过来检测试件孔壁缺陷情况或物性的变化。这种方法主要用于检测厚壁管或其他工件内孔。

（3）放置式线圈检测法 检测线圈放在试件表面上进行检测。这种方法主要用于检测板材、大型工件和形状复杂的工件。

2. 根据检测原理分

（1）阻抗分析法 根据试件缺陷或物性变化引起线圈阻抗幅值和相位变化来进行检测。

（2）感抗分析法 根据试件缺陷或物性变化引起线圈感抗幅值变化来进行检测。

（3）调制分析法 根据试件缺陷信号与干扰信号持续时间和频率不同来进行检测。一般缺陷信号比干扰信号持续时间短、频率高。

3. 根据信号处理方法分

（1）相位分析法 根据试件缺陷信号与干扰信号的相位差来进行检测。

（2）频率分析法 根据试件缺陷信号与干扰信号的频率不同来进行检测。

（3）振幅分析法 根据试件缺陷信号与干扰信号的振幅不同来进行检测。

7.3.2 涡流检测的特点

1. 涡流检测的优点

1）检测时，线圈不需要接触工件，也无需耦合介质，所以检测速度快，易于实现自动化检测和在线检测。

2）对工件表面或近表面缺陷具有很高的检测灵敏度，且在一定范围内具有良好的线性指示，可对缺陷大小及深度做出评价。

3）由于检测时既不接触工件又不用耦合介质，所以可在高温状态下进行检测。由于探头可伸入远处作业，因此可以对工件狭窄部位、深孔壁、零件内孔表面等其他检测方法不适合的场合实施检测。

4）适用范围广。除能对导电金属材料进行检测外，还可以检测能感生涡流的非金属材料，甚至检测金属覆盖层或非金属覆盖层的厚度。

5）检测信号为电信号，便于对结果进行数字化处理和存储。

2. 涡流检测的缺点

1）只适合于导电材料的检测。

2）只适合于表面或近表面缺陷的检测，而不适合材料内部埋藏较深的缺陷的检测。

3）检测深度和灵敏度相矛盾。一方面，f 增大，表面涡流密度增大，则检测灵敏度提高，但检测深度降低；反之，f 减小，检测深度提高，但表面涡流密度减小，检测灵敏度降低。

4）形状复杂的工件全面检测效率低。

5）缺陷的定位、定量及定性存在问题。例如，采用外通过式线圈，线圈覆盖的是管、棒、线材上一段长度的圆周，获得的信息是整个圆环上影响因素的综合，对缺陷在圆周上的具体位置无法判定；若采用探头式线圈，可准确定位，但检测区狭小，如果进行全面扫查，检测效率低。

7.4　涡流检测应用

涡流检测应用详见表 7-1。

表 7-1　涡流检测应用

目的	影响涡流特性的因素	用途
缺陷检测	缺陷的形状、尺寸和位置	管、棒、线材及零部件缺陷检测
材质分选	电导率	混料分选和非磁性材料电导率测定
测厚	检测距离和薄板厚度	覆膜和薄板厚度测量
尺寸检测	工件的尺寸和形状	工件尺寸和形状的控制
物理量测量	工件与检测线圈之间的距离	径向振幅、轴向位移及运动轨迹的测量

7.4.1　涡流检测工艺操作

1. 检测准备

（1）清理试件　涡流检测前，应清除试件表面的氧化膜、金属粉末和其他附着物，特别是试件上吸附的铁磁性物质，并校正弯曲变形的试件，以消除由此产生的各种干扰信号，避免误判。

（2）确定检测方法　涡流检测前应了解试件的材质、加工方法、结构尺寸及检测要求，确定正确的检测方法，并合理选择仪器和线圈。

（3）调节传送系统　有传送系统的涡流检测系统，检测前应调节传送系统的送进速度，使试件对准中心，尽量减少振动，使试件平稳匀速送进。

（4）选择对比试样　根据涡流检测要求和有关标准，选择符合要求的对比试样，并确定评价标准。

（5）准备有关图表和资料　涡流检测用到的图表和资料要事先准备好，如待测试件的零件图、检测标准等。

2. 确定检测频率

涡流检测的灵敏度在很大程度上依赖于检测频率、材质、形状和尺寸，不同的试件应选用不同的频率。

3. 调节仪器

利用标准试样或被检试样无缺陷部位，调节仪器涡流检测系统性能至满足标准要求。

4. 进行检测扫查

调节好仪器后，使试件按规定的送进速度进行扫查检测，并注意分析判别显示屏上显示的波形变化。

5. 记录

按规范做好检测记录。

7.4.2　检测试件缺陷

根据试件缺陷引起检测线圈阻抗或电压幅值和相位变化来区分试件表面的缺陷情况。由于涡流具有趋肤效应，因此涡流检测一般只能检出试件表面或近表面缺陷，主要用于棒材、线材、板材和管材等试件的自动在线检测。

7.4.3　测试材料的物性

根据试件材料物性变化引起检测线圈阻抗或电压变化来测试材料电导率、磁导率、硬度、强度和内应力等情况。

7.4.4　材料分选

根据不同材料的电导率和磁导率不同，引起线圈阻抗幅值或相位发生的变化来实现材料分选，将规格相同、牌号不同的钢种或有色金属分离出来。

7.4.5　测量厚度

当管材、板材或金属材料表面非金属覆层厚度发生变化时，检测线圈阻抗会发生变化，据此可以测量某些试件的壁厚、金属材料上非金属材料覆盖层或铁磁材料上非铁磁性材料覆盖层的厚度以及管材或棒材直径、圆度等。

第8章 其他无损检测技术

8.1 TOFD 检测技术

8.1.1 TOFD 检测技术的发展

1977 年，英国原子能管理局下设的 Harwell 实验室研究员 Silk 等人根据超声波衍射现象首先提出 TOFD 技术，TOFD（Time of Flight Diffraction）检测法中文译为超声波衍射时差法，主要利用超声波的衍射现象对焊接接头的内部缺陷进行检测。TOFD 检测技术于 21 世纪初引入中国，2004 年，中国第一重型机械股份公司将 TOFD 技术用于工程检测并申请成为企业标准。2006 年，中国水电行业采用 TOFD 检测技术代替射线检测，取得了较好的检测效果。

国家质量监督检验检疫总局于 2009 年发布了 GB/T 23902—2009《无损检测 超声检测 超声衍射声时技术检测和评价方法》，它属于我国首个 TOFD 检测标准，国家能源局于 2010 年发布了 NB/T 47013.10—2010《承压设备无损检测 第 10 部分：衍射时差法超声检测》，对承压设备焊接接头的 TOFD 检测方法和质量分级进行了规定，该标准在 2015 年进行了修订并颁布实施，也是当前国内用于承压设备 TOFD 检测的唯一标准。GB 150.4—2011《压力容器 第 4 部分：制造、检验和验收》、TSG 21—2016《固定式压力容器安全技术监察规程》等标准规定的 TOFD 检测方法均按照 NB/T 47013 标准执行。

早期 TOFD 检测设备主要依赖于进口。2005 年，武汉中科创新技术股份有限公司研制出了第一台商用 TOFD 检测仪。随后，国内多家无损检测设备制造商也对 TOFD 检测设备进行了开发，并进行产品销售，其产品质量已达到或优于国外同类产品水平。目前，国产设备在 TOFD 检测中已得到较为广泛的应用。

自 2007 年起，中国特种设备检验协会、中国无损检测学会、电力等行业针对相关行业特点，开展了相应的 TOFD 取证培训，为社会培养了大批 TOFD 检测人才，经过几年的学习研究及工程实践，国内技术人员对 TOFD 技术的理解和掌握取得了长足进步，TOFD 检测现今已成为国内无损检测领域的一项重要检测方法。

8.1.2 TOFD 检测基本原理

1. 超声波的衍射

如图 8-1 所示，当超声波作用于一条长裂纹时，除在裂纹的表面产生反射波外，还会在裂纹的尖端产生衍射波，衍射波能量比反射波能量弱得多，TOFD 技术正是依靠衍射能量对缺陷进行检测、定量和定位的。

如图 8-2 所示，发射探头和接收探头按一定间距相向对置，尽可能使被检缺陷处于两探头中间正下方，然后使小晶片发射探头向被检焊缝发出一束指向角足够大的纵波声束，此声

束可充分覆盖整个板厚范围内的焊缝体积，在缺陷
上、下端部产生的衍射波（称为"上端波"和
"下端波"）被同尺寸、同频率的接收探头接收到。
根据沿探测面传播的直通波（Lateral Wave）、缺陷
上端部产生的上端点衍射波、缺陷下端部产生的下
端点衍射波和底面反射波（简称底波）到达接收探
头的传播时间差与声速的关系，即可准确地测出缺
陷的埋藏深度和自身高度。

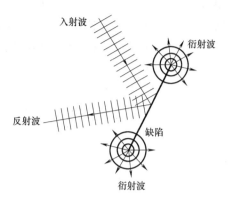

图 8-1　超声波的衍射行为

2. TOFD 图谱形成

在 TOFD 检测设备的时间轴上，按照到达接收
探头时间的先后顺序，依次为直通波、缺陷上端点
衍射波、缺陷下端点衍射波、底面反射波，以及由
发射探头发射的纵波在工件底面发生波形转换为横波后的变形波、发射探头发射的横波经工
件底面反射后的变形信号等。与常规超声检测采用的全检波信号不同，TOFD 显示的 A 扫描

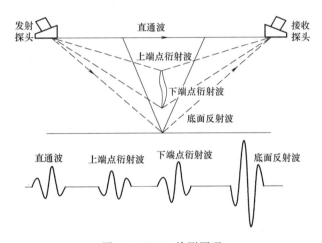

图 8-2　TOFD 检测原理

信号为射频信号，根据射频信号的相位信息及脉冲幅度的高低，通过计算机程序分配相应黑
白像素，并在显示屏上显示出来，如相位越正代表越白，反之则越黑，从而形成 TOFD 检测
图谱，如图 8-3 所示。实际检测过程中，两探头对称于焊缝两侧沿焊缝长度方向进行扫查
（称为非平行扫查），仪器配备的编码器会自动
记录扫查距离，所有的 A 扫描数据经仪器处理
后得到焊接接头的 TOFD 检测图谱。图 8-3 中，
X 轴代表编码器的扫查距离，Y 轴代表信号的
传播时间，检测时通常对直通波和底波间的图
谱进行观察分析，如有缺陷，则在直通波和底
波之间会显示相应的信号。

　　TOFD 检测图谱中缺陷的两端常呈抛物线
形状，形成这种显示的原因是探头对相对于缺

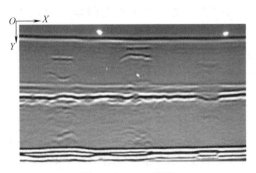

图 8-3　TOFD 图谱

陷由远及近进行扫查。当探头对距离缺陷较远时，产生的衍射信号的传播时间较长；当缺陷位于探头对中间时，衍射信号传播时间最短；当探头对跨过并远离缺陷时，衍射信号传播时间又变长，因此在图谱上形成了抛物线特征。

3. 缺陷定位

TOFD 检测可精确测定缺陷的深度及自身高度，精度可达 0.1mm，其测量原理如图 8-4 所示，可以看出，缺陷的上端点衍射信号被接收探头接收总共需要的传播时间 t 为

$$t = \frac{2\sqrt{S^2 + d_1^2}}{c} + 2t_0 \tag{8-1}$$

推导出缺陷上端点深度 d_1 为

$$d_1 = \sqrt{\left(\frac{c}{2}\right)^2 (t - 2t_0)^2 - S^2} \tag{8-2}$$

式中　c——超声波传播速度；

　　　$2t_0$——楔块中超声波传播时间总和（探头延迟）；

　　　S——两探头中心间距的一半（PCS/2）。

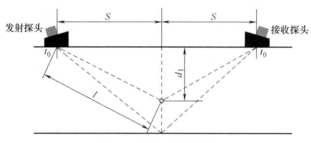

图 8-4　TOFD 缺陷定位

因为 c、t_0、S 均为检测前仪器设置中的已知参数，l 为声程的一半，利用软件在检测图谱上对缺陷端点的衍射信号传播时间 t 进行测量后，仪器可自动计算出 d_1 值。

缺陷下端点深度 d_2 的计算同样可以使用上述公式，则缺陷的自身高度 h 为

$$h = d_2 - d_1 \tag{8-3}$$

上述缺陷定位是以缺陷位于两探头连线的中间为前提的，实际上许多缺陷在位置上存在偏离，由式（8-2）可知，只要来自于缺陷的超声波传播时间 t 相同，则缺陷计算深度就相同，因此对于偏离两探头中心线的缺陷，其深度测量会存在一定的误差。

TOFD 检测虽然在深度测量上误差很小，但不能确定缺陷相对于楔块的水平位置，在 TOFD 检测发现缺陷后，缺陷的水平定位可以采用常规超声脉冲反射法进行补充检测，或者将焊缝余高磨平进行平行扫查，即探头的移动方向垂直于焊缝轴线，寻找缺陷抛物线信号的最高点位置，此时缺陷位于两探头连线的中心线位置。需要指出的是，后者检测效率很低，一般现场不采用。

4. TOFD 检测的优点和局限性

与其他无损检测方法相比，TOFD 检测的优点如下：

1）TOFD 技术的可靠性好。由于采用的是超声波的衍射，因此声束相对于缺陷的角度不会对衍射信号波幅产生影响，理论上任何方向的缺陷都能被有效检出。欧洲和荷兰焊接协

会等研究机构比较了 X 射线、γ 射线、TOFD 和传统脉冲反射法四种检测方法的缺陷检出率
（见表 8-1），可见，TOFD 检测技术具有最高的缺陷检出率。

表 8-1　不同无损检测方法检出率的比较

方法	X 射线	γ 射线	TOFD	传统脉冲反射法
检出率	70%	60%	>80%	50%～60%

2）缺陷定量精度高。采用 TOFD 技术对于缺陷高度的定量精度远远高于常规手工超声
检测。一般认为，对于线性缺陷或面积型缺陷，TOFD 测高误差小于 1mm。对于足够高的
（一般指大于 3mm）裂纹和未熔合缺陷，高度测量误差通常只有零点几毫米。

3）TOFD 检测简便快捷。TOFD 检测系统配有自动扫查装置，自动扫查装置可使探头对
称于焊缝两侧沿焊缝方向扫查，相对于常规斜探头脉冲反射法的锯齿形扫查，检测效率明显
提高。

4）TOFD 检测系统配有自动或半自动扫查装置，能够确定缺陷与探头的相对位置，信
号通过处理可以转换为 TOFD 图像。图像信息量显示比 A 型显示大得多。在 A 型显示中，
屏幕只能显示一条 A 扫描信号，而 TOFD 图像显示的是一条焊缝检测的大量 A 扫描信号的
集合。与 A 型信号的波形显示相比，包含丰富信息的 TOFD 图像更有利于缺陷的识别和
分析。

5）目前使用的 TOFD 检测系统都是高性能数字化仪器，能够全程记录信号，在线得到
检测结果，在检测工艺设置正确的情况下，检测结果不会因人而异，且检测数据可长久保
存，为以后检测的对比分析提供方便。

6）TOFD 技术除了用于检测外，还可以用于缺陷扩展的监控，且对裂纹高度扩展的测
量精度极高，可达 0.1mm。

7）由于检测速度快，对于板厚超过 25mm 的材料，检测费用比 RT 少得多。

8）检测安全，相比于射线检测，对人体无伤害，并可进行交叉作业，工作效率高。

与其他无损检测技术一样，TOFD 技术也具有如下局限性：

1）通常仅适用于材料为碳钢和低合金钢对接接头的检测，奥氏体焊缝因晶粒粗大，信
噪比较低，检测比较困难，检测厚度范围为 12～400mm。

2）受直通波影响，缺陷可能隐藏在直通波下而漏检，因此 TOFD 技术近表面缺陷检测
存在盲区，一般盲区范围小于 5mm。

3）下表面存在轴偏离底面盲区，位于热影响区或熔合线的缺陷信号有可能被底面反射
信号湮没而漏检。

4）TOFD 图像中缺陷的特征显示不如射线胶片显示直观，比较容易区分上表面开口、
下表面开口及埋藏缺陷，但缺陷定性比较困难，识别和判读分析需要丰富的现场经验。

5）横向缺陷检测比较困难。

6）点状缺陷的尺寸测量不够准确。

7）复杂几何缺陷的工件检测有一定困难，需要在试验的基础上制订专门工艺。

8.1.3　TOFD 检测设备

TOFD 检测设备包括仪器、探头、扫查装置和附件。

1. 仪器

仪器包括脉冲发射电路、接收放大电路、数字采集电路、数据记录、显示和分析部分。按发射和接收放大电路的通道数可分为单通道和多通道。TOFD检测设备的基本性能指标要求应符合相关标准要求，如仪器应具有足够的增益，净增益不低于80dB；增益应连续可调，且步进小于或等于1dB；增益精度为任意相邻12dB的误差在±1dB以内，且最大累计误差不超过1dB；仪器的水平线性误差不大于1%，垂直线性误差不大于5%；仪器的数据采集应和扫查装置的移动同步，扫查增量值应可调，其最小值应不大于0.5mm；仪器至少能以256级灰度或色度显示TOFD图像等。

2. 探头

探头通常采用两个分离的宽带窄脉冲纵波斜入射探头，一发一收相对放置组成探头对，固定于扫查装置。在能证明具有所需的检测和测量能力的情况下，也能使用其他形式的探头，如相控阵探头、横波探头或电磁超声探头等。宽带窄脉冲探头要求为：实测中心频率和探头标称频率之间误差不得大于10%，-6dB频带相对宽度大于或等于60%。

3. 扫查装置

扫查装置一般包括探头夹持部分、驱动部分和导向部分，并安装位置传感器。探头夹持部分应能调整和设置探头中心间距，在扫查时保持探头中心间距和相对角度不变。导向部分应能在扫查时使探头运动轨迹与拟扫查线保持一致。驱动部分可以采用电动机或人工驱动。扫查装置应安装位置传感器，其位置分辨率应符合工艺要求。

8.1.4 TOFD检测应用

对接焊缝 TOFD
检测操作

1. 扫查方式

扫查方式一般分为非平行扫查、偏置非平行扫查和平行扫查。

（1）非平行扫查（non-parallel scan） 探头运动方向与声束方向垂直的扫查方式称为非平行扫查，一般指探头对称布置于焊缝中心线两侧沿焊缝长度方向（X轴）的扫查方式，如图8-5a所示。

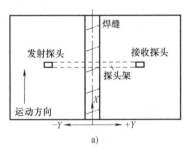
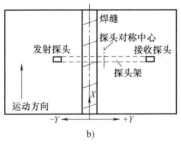
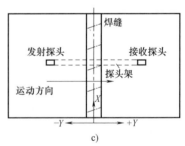

图8-5 扫查方式

a）非平行扫查　b）偏置非平行扫查　c）平行扫查

（2）偏置非平行扫查（offset-scan） 探头对称中心与焊缝中心线保持一定偏移距离的非平行扫查方式称为偏置非平行扫查，如图8-5b所示。

（3）平行扫查（parallel scan） 探头运动方向与声束方向平行的扫查方式称为平行扫查，如图8-5c所示。

非平行扫查一般作为初始的扫查方式，用于缺陷的快速探测以及缺陷长度、缺陷自身高度的测定，可大致测定缺陷深度。必要时增加偏置非平行扫查作为初始的扫查方式。平行扫查一般针对已发现的缺陷进行检测，可精确测定缺陷自身高度、缺陷深度以及缺陷相对焊缝中心线的偏移，并为缺陷定性提供更多信息。在很多场合，因为需要迅速地完成检测，或者受到资金的限制，仅能执行非平行扫查进行检测。发现缺陷后，若要得到合理的缺陷类型和准确的尺寸，应采用平行扫查。如果缺陷较长，应沿着缺陷长度的不同点进行平行扫查检测。

2. TOFD 技术的主要应用

1) TOFD 是最精确的技术之一，可精确地检测出裂纹尺寸，特别是内部的缺陷。

2) 快速扫查，对质量进行评价。TOFD 在波束的覆盖内能发现所有的裂纹，与方向性无关，有很高的检出率。事实上检测数据以 B 或 D 扫描形式进行采集，改善检测出现在几何信号中的裂纹信号。使用 TOFD 检测技术能对大多数焊缝进行快速扫查，并判断有无裂纹等重要缺陷。

3) 检测缺陷变化。TOFD 是有效的精确测量裂纹增长的方法之一。

TOFD 检测
数据判读

8.1.5　显示的解释与评定

检测结果的显示分为相关显示和非相关显示。由缺陷引起的显示为相关显示，由于工件结构（如焊缝余高或根部）或者材料冶金成分的偏差（如铁素体基材和奥氏体覆盖层的界面）引起的显示为非相关显示。

1. 相关显示

相关显示分为表面开口型缺陷显示、埋藏型缺陷显示和难以分类的显示。

（1）表面开口型缺陷显示　表面开口型缺陷显示可分为以下三类：

1) 扫查面开口型。该类型通常显示为直通波的减弱、消失或变形，仅可观察到一个端点（缺陷下端点）产生的衍射信号，且与直通波同相位。

2) 底面开口型。该类型通常显示为底面反射波的减弱、消失、延迟或变形，仅可观察到一个端点（缺陷上端点）产生的衍射信号，且与直通波反相位。

3) 穿透型。该类型显示为直通波和底面反射波同时减弱或消失，可沿壁厚方向产生多处衍射信号。

（2）埋藏型缺陷显示　埋藏型缺陷显示可分为如下三类：

1) 点状显示。该类型显示为双曲线弧状，且与拟合弧形光标重合，无可测量长度和高度。

2) 线状显示。该类型显示为细长状，无可测量高度。

3) 条状显示。该类型显示为长条状，可见上、下两端产生的衍射信号，且靠近底面处端点产生的衍射信号与直通波同相，靠近扫查面处端点产生的信号与直通波反相。

（3）难以分类的显示　对于难以确认为表面开口型缺陷显示还是埋藏型缺陷显示的相关显示统一称为难以分类的显示。

2. 非相关显示

确定是否为非相关显示的步骤如下：

1) 查阅加工和焊接文件资料。

2）根据反射体的位置绘制反射体和表面不连续的截面示意图。

3）根据检测工艺对包含反射体的区域进行评估。

4）可辅助使用其他无损检测技术进行确定。

3. 缺陷位置的测定

至少应测定缺陷在 X、Z 轴的位置，如图 8-6 所示。

（1）X 轴位置的测定

1）可根据位置传感器定位系统对缺陷沿 X 轴位置进行测定，由于声束的扩散，TOFD 图像趋于将缺陷长度放大。

2）推荐使用拟合弧形光标法确定缺陷沿 X 轴的端点位置：对于点状显示，可采用拟合弧形光标与相关显示重合时所代表的 X 轴数值；对于其他显示，应分别测定其左右端点位置，可采用拟合弧形光标与相关显示端点重合时所代表的 X 轴数值。

3）可采用合成孔径聚焦技术（SAFT）、聚焦探头或其他有效方法改善 X 轴位置的测定。

（2）Z 轴位置的测定

1）一般根据从 TOFD 图像缺陷显示中提取的 A 扫描信号对缺陷的 Z 轴位置进行测定。

2）对于表面开口型缺陷显示，应测定其上（或下）端点的深度位置。该类型显示，通常其上（或下）端点的衍射波与直通波反相（或同相）。

3）对于埋藏型缺陷显示：若为点状和线状显示，其深度位置即为 Z 轴位置；对于条状显示，应分别测定其上、下端点的位置。该类型显示，上（或下）端点产生的衍射波与直通波反相（或同相）。测定时，首先应辨别缺陷端点的衍射信号，然后根据相位相反关系确定缺陷另一个端点的位置。

4）在平行扫查的 TOFD 显示中，缺陷距扫查面最近处的上（或下）端点所反映的位置为缺陷在 Z 轴的精确位置。

（3）缺陷在 Y 轴的位置　在平行扫查的 TOFD 检测显示中，缺陷端点距扫查面最近处所反映的位置为缺陷在 Y 轴的位置，也可采用脉冲反射法或其他有效方法进行测定。

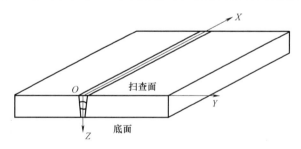

图 8-6　坐标定义

O—设定的检测起始参考点　X—沿焊缝长度方向的坐标

Y—沿焊缝宽度方向的坐标　Z—沿焊缝厚度方向的坐标

4. 缺陷尺寸测定

缺陷的尺寸由其长度和自身高度表征。

（1）缺陷长度　缺陷的长度（l）是指缺陷在 X 轴投影间的距离，如图 8-7 中 l 所示。

（2）缺陷自身高度　缺陷自身高度是指缺陷沿 X 轴方向，上、下端点在 Z 轴投影间的最大距离。对于表面开口型缺陷显示：缺陷自身高度为表面与缺陷上（或下）端点间最大距离，如图 8-7a 中 h 所示；若为穿透型，缺陷自身高度为工件厚度。对于埋藏型条状缺陷显示，缺陷自身高度如图 8-7b 中 h 所示。

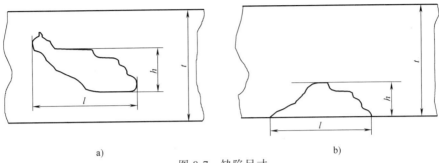

图 8-7　缺陷尺寸
a）表面开口型缺陷尺寸　b）埋藏型条状缺陷尺寸
h—缺陷自身高度　l—缺陷长度　t—工件厚度

平板对接接头　　　相控阵
相控阵检测　　　TCG 校准

8.2　超声相控阵检测技术

8.2.1　超声相控阵检测技术的发展

超声相控阵技术已有近 40 多年的发展历史，最初主要用于人体器官成像，由于系统的复杂性、固体中波传播的复杂性和高昂的成本等原因，其在工业无损检测中的应用受到限制。进入 21 世纪，由于压电复合材料、纳秒级脉冲信号可控制、数据处理分析、软件技术和计算机模拟等高新技术在超声相控阵成像领域中的综合应用，以及其灵活的声束偏转及聚焦性能，使超声相控阵检测技术得以快速发展，并迅速应用于工业无损检测领域。

2000 年 9 月，在青海湖畔的实验段中，首次在 660mm×1013mm 管线施工的现场演示了相控阵全自动超声检测系统。自此，相控阵全自动超声检测系统在国家西气东输等陆上长输管线的建设中，特别是在大口径、长距离管线、核反应压力容器（管接头）、大锻件轴类和汽轮机等零部件检测中得到了广泛的应用。

8.2.2　超声相控阵检测技术原理

超声波是由电压激励压电晶片探头在弹性介质（试件）中产生的机械波。工业中大多要求使用 0.5 Hz~15 MHz 频率的超声波。常规超声检测多用声束扩散的单晶探头，超声相控阵技术的主要特点是采用阵列多晶片探头，各晶片的激励（振幅和延时）均由计算机控制。压电复合晶片受激励后产生超声聚焦波束，声束参数（如角度 β、焦距 F 和焦点尺寸 Φ 等）均可通过软件调整，能以近似镜面反射方式检出不同方位的裂纹。由于这些裂纹可能随机分布在远离声束轴线的位置上，如果用普通单晶探头，因移动范围和声束角度有限，对方向不利的裂纹或远离声束轴线位置的裂纹很易漏检（图 8-8）。

1. 声束的位置

如图 8-9 所示，通过控制阵列探头各晶片的开关，使开启的晶片组合的中心位置改变，

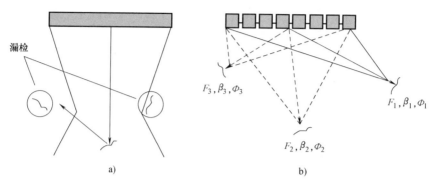

图 8-8　常规单晶探头和阵列多晶探头对多向裂纹的检测比较

a）常规单晶探头　b）阵列多晶探头

从而改变产生和接收超声波的轴线位置，实现声束位置的控制。

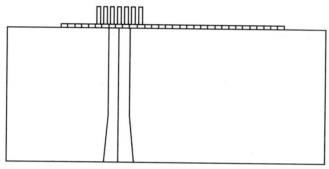

图 8-9　声束位置控制示意图

2. 声束的偏转

图 8-10 所示为一维线阵换能器通过时延控制而实现声束偏转的示意图。该阵列换能器是由 N 个阵元构成的线阵换能器，阵元中心间距为 d，换能器孔径为 D。

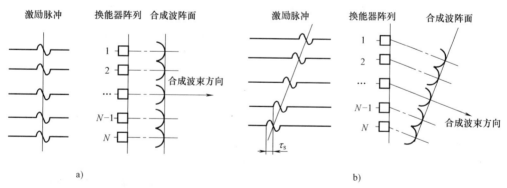

图 8-10　声束偏转控制示意图

如图 8-10a 所示，如果各阵元同时受同一激励源激励，则其合成波束垂直于换能器表面，主瓣与阵列的对称轴重合。若相邻阵元按一定时间 τ_s 被激励源激励，则各阵元所产生的声脉冲也将相应延迟 τ_s，如此合成的波不再与阵列平行，即合成波束方向不垂直于阵列，而是与阵列轴线成一夹角，从而实现了声束偏转，如图 8-10b 所示。

根据波合成理论可知，相邻两阵元的时间延迟为

$$\tau_s = \frac{d}{c}\sin\theta \tag{8-4}$$

式中　c——声速；

　　τ_s——也被称为发射偏转延迟。

因此，可以通过改变发射偏转延迟来改变超声波束的偏转角度。

3. 声束的聚焦

图 8-11 所示为一维线阵换能器通过延时控制而实现声束聚焦的示意图。聚焦点 P 离换能器表面距离（即聚焦焦距）为 F，传播介质中的声速为 c_0。

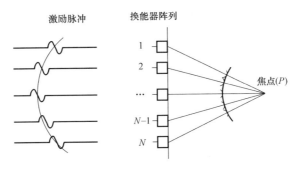

图 8-11　声束聚焦的示意图

在发射聚焦时，采用延时顺序激励阵元的方法，使各阵元按设计的延时依次先后发射声波，在介质内合成波波阵面为凹球面（对于线阵来说则是弧面），在 P 点因同相叠加而增强，而在 P 点以外则因异相叠加而减弱，甚至抵消。以阵列中心作为参考点，基于几何光学原理，使各个阵元发射的声波在焦距为 F 的焦点 P 聚焦，所要求的各阵元的激励延迟时间关系为

$$\tau_{fi} = \frac{F}{c}\left\{1 - \left[1 + \left(\frac{B_i}{F}\right)^2\right]^{1/2}\right\} + t_0 \tag{8-5}$$

式中　t_0——足够大的常数，以避免 τ_{fi} 出现负的延迟时间；

　　B_i——第 i 个阵元到阵列中心的距离，$B_i = \left|[i-(N+1)/2]d\right|$，$i = 1, 2, \cdots, N$。

τ_{fi} 为发射聚焦延迟，可以通过改变发射聚焦延迟 τ_{fi} 来改变焦距 F。

超声检测时，如需要对物体内某一区域进行检测，必须进行声束扫描。相控阵技术是通过控制阵列换能器中各个阵元激励（或接收）脉冲的时间延迟，改变由各阵元发射（或接收）声波到达（或来自）物体内某点时的相位关系，实现聚焦点和声束方位的变化，从而完成相控阵波束合成，形成超声扫描信号的技术，如图 8-12 所示。

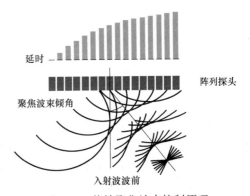

图 8-12　偏转聚焦波束控制原理

8.2.3　超声相控阵系统

超声相控阵系统主要包括超声相控阵仪器、移动控制驱动器、扫描器/操纵器（扫查架）、相控阵探头、计算机和试件等。图 8-13 所示为超声相控阵系统。

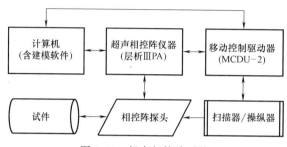

图 8-13　超声相控阵系统

由图 8-14 可知，超声相控阵检测设备主要包括超声发射部分和接收部分。目前国内外大型超声检测设备的系统设计方案主要有三种：发射与接收分离系统；发射与接收集成，且发射与接收板集成；发射与接收集成，但是发射与接收板分离。

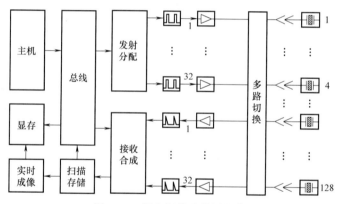

图 8-14　超声相控阵检测设备

1. 信号的发射与接收

发射过程中，检测仪将触发信号传送至相控阵控制器。相控阵控制器将信号变换成特定的高压电脉冲，脉冲宽度预先设定，而时间延迟则由聚焦律界定。每个晶片只接收一个电脉冲，如此产生的超声波束就有一定角度，并聚焦在一定深度。该声束遇到缺陷即反射回来。接收回波信号后，相控阵控制器按接收聚焦律变换时间，并将这些信号汇合在一起，形成一个脉冲信号，传送至检测仪。

2. 扫描模式

相控阵扫描主要有电子扫描和机械扫描，通常情况下采用两者复合的模式。计算机控制的声束电子扫描基本模式主要有以下三种：

1）电子扫描（又称 E 扫描）：高频电脉冲多路传输，按相同聚焦律和延时律触发一组晶片；声束则以恒定角度，沿相控阵列探头长度方向进行扫描，相当于用直探头进行栅格扫描或做横波检测。用斜楔时，对楔块内不同延时值要用聚焦律进行修正。

2）动态深度聚焦（简称 DDF）：超声束沿声束轴线，对不同聚焦深度进行扫描。实际上，发射声波时使用单个聚焦脉冲，而接收回波时则对所有编程深度重新聚焦。

3）扇形扫描（又称 S 扫描、方位扫描或角扫描）：使阵列中相同晶片发射的声束，对某一聚焦深度在扫描范围内移动；而对其他不同焦点深度，可增加扫描范围。扇形扫描区大小可变。

图 8-15 所示为机械、电子复合扫描示意图。扇扫形成相控阵主动面的端面二维图像，当探头沿垂直于相控阵线阵的主动面扫查时，按编码器传感的扫查位置连续记录二维图像，形成对扫查区域的三维图像记录。

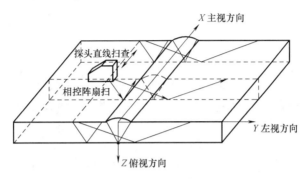

图 8-15　机械、电子复合扫描示意图

8.2.4　基本显示方式

基本显示方式主要包括 A 扫描显示、B 扫描显示、C 扫描显示、S 扫描显示及 3D 显示等，相控阵检测显示方式说明见表 8-2。

表 8-2　相控阵检测显示方式说明

显示方式	显 示 含 义
A 扫描	缺陷的检波波形显示
B 扫描	缺陷在工件厚度方向的投影图，即左视图
C 扫描	缺陷在工件底面方向的投影图，即俯视图
D 扫描	缺陷在工件端面方向的投影图，即主视图
S 扫描	沿探头扫描方向，所有角度声束的采集结果的图像显示
P 扫描	沿探头扫描方向，所有工件真实几何结构部位检测结果显示，即断层图
3D 显示	通过软件将扫查所得到的俯视图、左视图、主视图合成为 3D 图像显示

1. A 扫描显示

如图 8-16 所示，A 扫描显示是一种波形显示，仪器屏幕的横坐标代表声波的传播时间（或距离），纵坐标代表反射波的幅度。

2. B 扫描显示

如图 8-17 所示，B 扫描是工件厚度方向的投影图像显示，图中的纵坐标代表扫查距离，横坐标代表工件厚度。

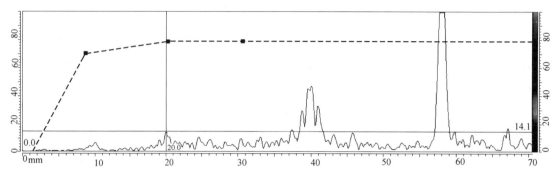

图 8-16　A 扫描显示

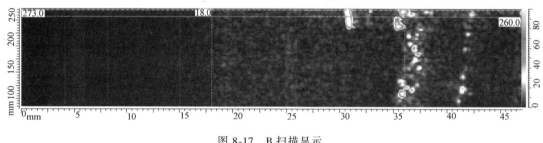

图 8-17　B 扫描显示

3. C 扫描显示

如图 8-18 所示，C 扫描是工件底面方向的投影图像显示，图中的横坐标代表扫查距离，纵坐标代表扫描的宽度。

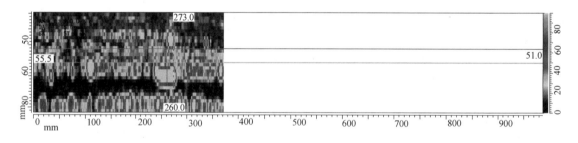

图 8-18　C 扫描显示

4. S 扫描显示

如图 8-19 所示，S 扫描中，视图中的数据与相控阵探头的特征（如超声路径、折射角度、索引轴和反射波束）有关。其中一个轴显示的是波束距探头的距离，另一个轴显示的是超声轴。A 扫描的所有数据形成了扇形扫查的视图，包括起始角度、终止角度及角度步进。

5. 3D 显示

通过软件将扫查所得到的俯视图、左视图和主视图合成为 3D 模拟图像显示，如图 8-20 所示。

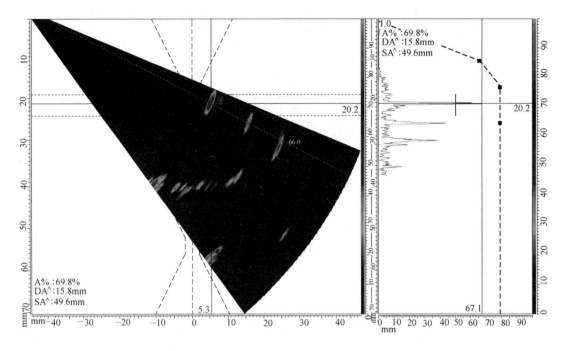

图 8-19　S 扫描显示

8.2.5　相控阵探头

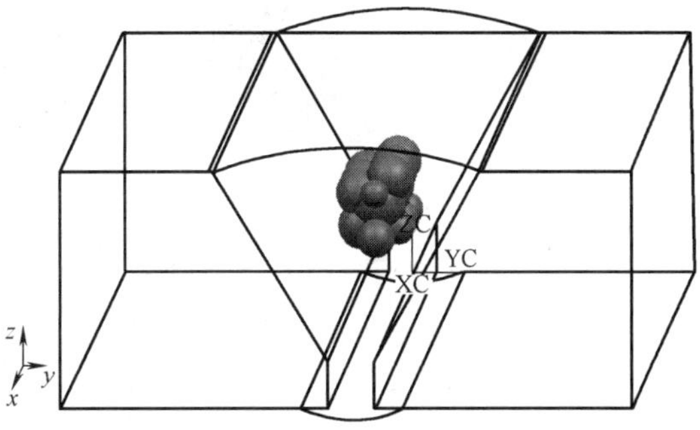

1. 相控阵探头结构

虽然相控阵探头有很多种规格，包括不同的尺寸、形状和频率计晶片数，但是其内部结构都是将一个整块的压电陶瓷晶片划分成多个段。相控阵探头的结构主要包括复合压电晶片、背衬材料、内衬、晶片线路、多路同轴控制电缆、金属镀层和匹配层等，如图 8-21 所示。

图 8-20　3D 显示

x—端视图　*y*—侧视图　*z*—俯视图

如图 8-22 所示，相控阵晶片排列形式主要有 1D 线阵、2D 面阵、1.5D 面阵、等菲涅耳面环阵、2D 分割环阵和 1D 环阵等。

2. 相控阵探头（传感器）的参数

相控阵探头（图 8-23）主要的参数如下：

1）工作方式。按与工件的接触方式不同，相控阵探头可分为非直接接触型、直接接触型和浸入型。非直接接触型是指通过一个带有角度的塑料楔块或者无角度的垂直塑料楔块接触工件的工作方式，直接接触型是指无需楔块探头直接接触工件的工作方式，浸入型是指探头需要浸入到水或者其他介质中的工作方式。

2）频率。一般相控阵探头的频率选择在 2~10MHz 范围内。和常规超声探头一样，低频探头穿透力强，高频探头分辨率及聚焦清晰度高。

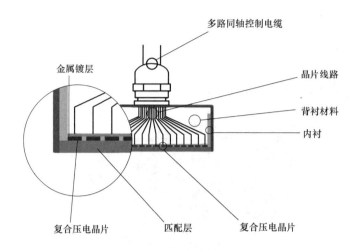

图 8-21　相控阵探头结构

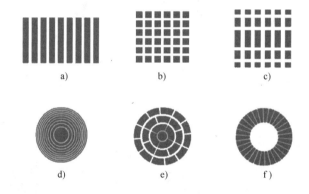

图 8-22　相控阵晶片排列形式

a）1D 线阵　b）2D 面阵　c）1.5D 面阵　d）等菲涅耳面环阵

e）2D 分割环阵　f）1D 环阵

3）晶片数。相控阵探头晶片尺寸参数如图 8-23 所示，一般相控阵探头的晶片数为 16~

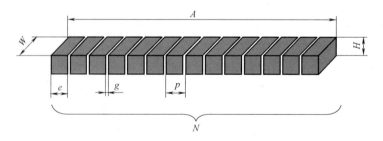

图 8-23　相控阵探头晶片尺寸参数

N—探头中的晶片总数　A—探头有效的孔径大小　H—晶片高度　W—晶片宽度　p—晶片间距
或者两相邻晶片中心点的距离　e—晶片宽度　g—两相邻晶片间隔

128，相控阵探头晶片数最多可以达到 256 个。晶片数越多，聚焦能力及声束偏转能力越强，同时声束覆盖面积越大。但是晶片数多的相控阵探头价格昂贵，增加了检测成本。探头中的每个晶片都可以独立触发产生波源，因此，这些晶片的尺寸被看作有效方向。

4）晶片尺寸。晶片越窄，声束偏转能力越强。

3. 相控阵楔块

相控阵探头通常配合楔块一起使用。典型的相控阵楔块如图 8-24 所示。

8.2.6　相控阵检测的试块

按照一定用途设计制作的具有简单几何形状的人工反射体的试样，通常称为试块。试块和仪器探头一样，是超声波相控阵检测中的重要工具。试块的主要作用包括确定检测灵敏度、测试仪器和探头的性能、调整扫描速度以及评判缺陷大小等，还可以利用试块来测试材料的声速、衰减性能等。常用的相控阵试块有 A 型试块和 B 型试块，如图 8-25 和图 8-26 所示。

图 8-24　相控阵楔块

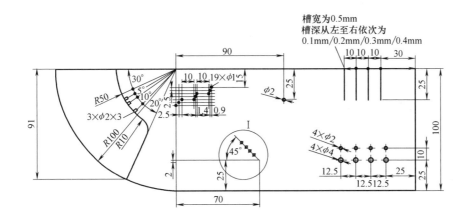

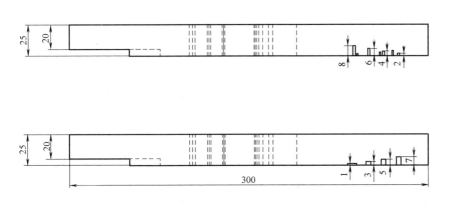

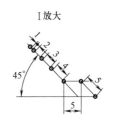

图 8-25　A 型相控阵试块

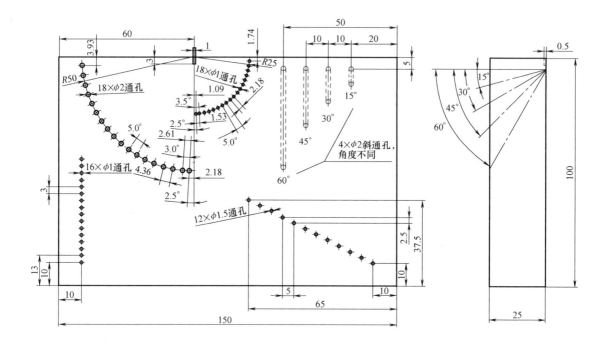

图 8-26　B 型相控阵试块

8.3　射线数字化成像检测技术

8.3.1　射线数字化成像检测技术的发展

　　无损探伤作为一种常规的无损检测方法在工业领域应用已有 100 多年的历史，人们一直使用胶片记录 X（或 γ）射线穿过被检物件后的影像。最近 60 多年来，则一直使用增感屏配合胶片来获取高品质的影像，曝光过后的胶片经过化学处理，产生可视的影像后，在观片灯上显示出来以供读取、分析及判断。胶片-增感屏系统可使射线检测人员实现对影像的采集、显示和存储。这种方法操作简单，产生的图像质量优异，功能效用全面，因此该技术在包括核工业在内的工业、医疗领域一直被广泛使用。

　　随着科学技术和设备制造能力的进步（如电子技术、光电子技术和数字图像处理技术的发展；高亮度高分辨率显示器的诞生；高性能计算机/工作站的广泛应用；计算机海量存储、宽带互联网的发展），数字成像技术挑战传统胶片成像方式在技术上成为可能。射线数字成像是一种先进辐射成像技术，是辐射成像技术的重要发展方向，该技术利用射线观察物体内部。这种技术可以在不破坏物体的情况下获得物体内部的结构和密度等信息，并且通过计算机进行图像处理和判定。

　　20 世纪 50 年代，随着图像增强器的出现，射线实时成像系统使人们第一次看到了实时的清晰图像。通过图像放大器，从荧光屏上采集 X 射线，然后聚焦在另外一个屏上，便可以直接观察或通过高质量的 TV 或 CCD 摄像机进行观察。20 世纪 80 年代，由于计算机成像技术（CR）的引入，射线检测 X 射线成像发生了巨大的进步。CR 提供了有益的计算机辅助和图像辨别、存储和数字化传输，剔除了胶片的处理过程，并节省了由此产生的费用。20世纪 90 年代后期，X 射线数字平板技术产生，该技术不同于胶片或 CR 的处理过程，采用 X 射线图像数字读出技术，真正实现了 X 射线检测技术的自动化。数字平板可以被放置在机械或传送带位置，检测通过的零件，仅仅需要几秒钟数据采集，就可以观察到图像，检测效率大大提高。特别是 2000 年，CMOS 射线探测器诞生，使射线数字化成像技术进入了新的发展阶段，在应用上得以迅速推广。

以射线 DR、CR 和 CT 为代表的数字射线成像技术，结合远程评定技术将是无损检测技术领域的一次"革命"。数字射线照相技术具有检测速度快、图像保存方便、容易实现远程分析和判断的优点，是未来射线检测发展的方向。

8.3.2　射线数字化成像基础

1. 数字图像

数字图像（Digital Image）是传统 X 射线与现代计算机技术结合的产物。X 射线图像是 X 射线穿过三维物体后，在二维平面上的一个投影。图像本身是二维的，它包含 X 射线投影方向的密度信息。模拟图像是指空间坐标位置和信息量变化程度均连续变化的图像，也称连续图像。数字图像是指空间坐标位置和信息量变化程度均用离散数字量表示的图像。

（1）模拟图像　对于胶片射线检测，底片记录或显示几乎完全透明（无色）到几乎不透明（黑色）的一个连续的灰阶范围。它是射线穿透物体的投影，这种灰度差别即为胶片某一局部所接受的辐射强度的模拟；从另一个角度讲，它是相应物体（结构）对射线衰减程度的模拟。底片影像中的点与点之间是连续的，中间没有间隔，感光密度随着采样点的变化呈连续变化。影像中每处亮度呈连续分布，具有不确定的值，只受亮度最大值和最小值的限制。

（2）数字图像　数字成像方法采用结构逼近法，影像最大值与最小值之间的系列亮度值是离散的，每个像点都具有确定的数值，这种影像就是数字影像。数字图像是一种用规则的数字量的集合来表示的物理图像，大量不同灰度（亮度）的点组成二维点阵，当含有足够多的点，且点与点之间的间距足够小时，看上去就是一幅完整的图像。数字图像的表达有两个要素：点阵的大小和每个点阵的灰度值。

将模拟量转换为数字信号的器件称为模-数（A-D）转换器（Analogue to Digital Converter）。A-D 转换器把模拟量（如电压、电流、频率、脉宽、位移和转角等）通过取样转换成离散的数字量，这个过程称为数字化。转化后的数字信号输入计算机图像处理器进行数字逻辑运算，处理后重建出图像，这种由数字量组成的图像就是数字图像。由此可见，数字影像是将模拟影像分解成有限的小区域，这个小区域中量度的平均值用一个整数表示，即数字图像是由许多不同密度的点组成的。

2. 矩阵和像素

（1）矩阵　原始的射线图像是一幅模拟图像，不仅在空间，而且连振幅（衰减值）都是一个连续体。计算机不能识别未经转换的模拟图像，只有将图像分成无数的单元，并赋予数字，才能进行数字逻辑运算。数字化成像（DR）探测器的本身就是划分为无数个小区域矩阵，计算机成像（CR）的激光对 IP 板潜影的读取"采样"过程，就是把连续的图像转换成离散的采样点（即像素）集。矩阵由纵横排列的直线垂直相交而成，一般纵行线条数与横行线条数相等，各直线之间有一定的间隔距离，呈栅格状，这种纵横排列的栅格就叫矩阵。矩阵越大，栅格中所分的线条数越多，图像越清晰，分辨率越高。常见的矩阵有 512×512、1024×1024、2048×2048，每组数字表示纵横的线条数，两者的乘积即为矩阵的像素量，即信息量。

（2）像素　矩阵中被分割的小单元称为像素。像素是构成数字图像的最小元素。图像的数字化是将模拟图像分解为一个矩阵的各个像素，测量每个像素的衰减值，并把测量到的数值转变为数字，再把每个点的坐标位置和数值输入计算机。像素大小决定了空间分辨率。若假定图像的尺寸大小是固定的，而点的大小是可变的，则分辨率表示了图像致密的程度。数字化图像中，分辨率的大小直接影响图像的品质，像素越小（一定视野范围内，像素点越多），分辨率越高，图像越清晰，如图 8-27 所示。

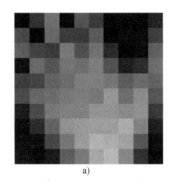 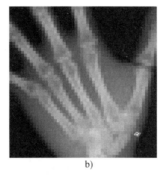 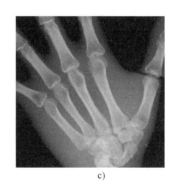

a)　　　　　　　　　　　　　b)　　　　　　　　　　　　　c)

图 8-27　图像分辨率

a) 低分辨率　b) 中分辨率　c) 高分辨率

3. 数字图像的形成

光学图像、照片以及人的眼睛看到的一切景物都是模拟图像，这类图像无法直接用计算机处理。为了使图像能在电子计算机中进行处理运算，必须将模拟图像转化为离散数字所表示的图像，这一过程一般包括采样和量化两个步骤。

（1）数字图像采样　数字图像采样是对连续图像在一个空间点阵上取样，是将在空间上连续的图像转换成离散的采样点（即像素）集的操作。具体的做法就是对图像在水平方向和垂直方向上等间隔地分割成矩形网状结构，所形成的矩形微小区域，称为像素点。一幅图像画面可被表示成 $M×N$ 个像素构成的离散像素点的集合，$M×N$ 称为图像的分辨率。采样间隔采关间隔太小，则增大数据量；采样间隔太大，则会发生信息的混叠，导致细节无法辨认。为了寻求图像更多的细节和更高的分辨率，通常希望使用更密集的空间像素点阵，但是每提高一步像素点阵就会使图像数据成倍增加，图像成本也提高。

（2）数字图像量化　数字图像量化就是将一幅图像采样点上表示亮暗信息的连续量离散化后以数值的形式表示。在图像的数字化处理中，采样所得到的像素灰度值只有进行量化，即分成有效的灰度级，才能进行编码送入计算机内运算和处理。图像的灰度量化是数字图像的一个重要步骤，计算机一般采用二进制，每一个电子逻辑电路具有"0"和"1"两种状态，对图像的量化和存储是以这种逻辑单位为基础的。数字成像系统的实际量化等级数则由量化过程中实际选用的量化位数决定，如果采样量化位数为 n，图像量化级别数为 m，

则 $m = 2^n$，当 n 等于 8 时，m 等于 256。

目前主流的 CR 设备系统量化位数为 16 位，灰度精度为 65536 灰度级。

黑白图像是指图像的每个像素只能是黑或者白，没有中间的过渡，故又称为二值图像。二值图像的像素值为 0 或者 1。

灰度图像是指每个像素的信息由一个量化的灰度级来描述的图像，没有彩色信息。

4. 数字图像处理

数字图像处理是通过计算机对图像进行去除噪声、增强、复原、分割以及提取特征等处理的方法和技术。

一般来说，对射线检测数字图像进行处理（加工、分析）主要有以下两个目的：

1）提高图像的视感质量，如进行图像灰度变换，增强、抑制某些成分，对图像进行几何变换等，以改善图像的质量。

2）提取图像中所包含的某些特征或特殊信息，这些被提取的特征或信息往往为计算机分析图像提供便利。

一般来说，对射线检测数字图像进行处理相应地主要有以下两种方法：

1）图像增强和复原。图像增强和复原的目的是提高图像的质量，如去除噪声，提高图像的清晰度等。图像增强不考虑图像降质的原因，突出图像中所感兴趣的部分。如强化图像高频分量，可使图像中物体轮廓清晰，细节明显；如强化图像低频分量，可减少图像中噪声影响。图像复原要求对图像降质的原因有一定的了解，再采用某种滤波方法，恢复或重建原来的图像。

2）图像分割。图像分割是数字图像处理中的关键技术之一。图像分割是将图像中有意义的特征部分提取出来，其有意义的特征有图像中的边缘、区域等，这是进一步进行图像识别、分析和理解的基础。

数字图像处理的优点主要有以下四个方面：

1）再现性好。数字图像处理与模拟图像处理的根本区别在于，它不会因图像的存储、传输或复制等一系列变换操作而导致图像质量的退化。只要图像在数字化时准确地表现了原稿，则数字图像处理过程始终能保持图像的再现。

2）处理精度高。按目前的技术，几乎可将一幅模拟图像数字化为任意大小的二维数组，这主要取决于图像数字化设备的能力。现代扫描仪可以把每个像素的灰度等级量化为 16 位甚至更高，这意味着图像的数字化精度可以满足任一应用需求。

3）适用面宽。图像的数字处理方法适用于任何一种图像，图像可以来自多种信息源，它们可以是可见光图像，也可以是不可见的波谱图像，射线检测数字图片处理就是一个例子。

4）灵活性高。图像处理大体上可分为图像的像质改善、图像分析和图像重建三大部分，每一部分均包含丰富的内容。数字图像处理不仅能完成线性运算，而且能实现非线性处理，即凡是可以用数学公式或逻辑关系来表达的一切运算，均可用数字图像处理实现。

8.3.3　成像质量表征参数

现在普遍接受的参数是在 ASTM E2736—2017《X 线检测器阵列指南》中所概括的检测

图像质量参数：对比度、空间分辨力和信噪比等。

1. 检测图像对比度

检测图像对比度记为 C ，按一般定义，它为检测图像上某两个区域的信号差 ΔS 与图像信号 S 之比，即

$$C = \frac{\Delta S}{S} \tag{8-6}$$

它表征的是检测图像在射线透照方向的分辨能力。基于探测器（系统）的线性转换特性，可给出小厚度差 ΔT 获得的对比度与技术因素的关系，即

$$C = \frac{\Delta S}{S} = \frac{\Delta I}{I} = -\frac{\mu \Delta T}{1+n} \tag{8-7}$$

式中　I——射线强度；

ΔI——小厚度差引起的一次射线强度差；

μ——射线的线衰减系数；

n——散射比。

2. 检测图像空间分辨力

检测图像空间分辨力一般用图像不清晰度 U_{im} 表示，其倒数对应检测图像的最高空间频率。记图像的像素尺寸为 P，则有

$$U_{\text{im}} = 2P \tag{8-8}$$

检测图像空间分辨力表征的是检测图像在垂直射线透照方向的分辨能力。它限定了检测图像能分辨的与射线束垂直的平面内的细节（缺陷）最小尺寸。

检测图像的不清晰度与检测技术系统的关系按欧洲标准、国际标准化组织标准的规定为

$$U_{\text{im}} = \frac{1}{M} \sqrt[2]{\left[\varphi(M-1)\right]^2 + U_{\text{D}}^2} \tag{8-9}$$

按美国标准则为

$$U_{\text{im}} = \frac{1}{M} \sqrt[3]{\left[\varphi(M-1)\right]^3 + U_{\text{D}}^3} \tag{8-10}$$

式中　φ——射线源焦点尺寸；

M——透照布置的放大倍数；

U_{D}——探测器（系统）的固有不清晰度。

图像不清晰度与探测器（系统）基本空间分辨力 SR_{b} 和有效像素尺寸 P_{e} 的关系为

$$U_{\text{im}} = 2SR_{\text{b}} = 2P_{\text{e}} \tag{8-11}$$

3. 检测图像信噪比

检测图像质量的信噪比 SNR 一般定义为检测图像（某区）的平均信号 S 与（该区）信号的统计标准差 σ 之比，即

$$SNR = \frac{S}{\sigma} \tag{8-12}$$

一般认为量子噪声是必须考虑的噪声，量子噪声可认为服从泊松分布。如果形成检测图像信号的射线光子数为 N，则有

$$S = N, \sigma = \sqrt{N} \tag{8-13}$$

故有

$$SNR = \frac{N}{\sqrt{N}} = \sqrt{N} \tag{8-14}$$

其包含了检测图像信噪比与技术因素（如曝光量）的关系。

4. 检测图像质量与细节识别的关系

改写数字射线检测技术的"对比度噪声比（CNR）"概念的定义式为

$$CNR = \frac{\Delta S}{\sigma} = \frac{\Delta S}{S} \frac{S}{\sigma} = C \cdot SNR \tag{8-15}$$

可见，某一细节图像所能达到的对比度噪声比是由细节图像对比度和检测图像信噪比决定的。进一步可写出检测图像的对比度灵敏度与检测图像信噪比的关系为

$$CS = \left(-\frac{1+n}{\mu}\right) \frac{GBV}{SNR} \frac{1}{T} \times 100\% \tag{8-16}$$

式中　GBV——识别小厚度差 ΔT 需要的对比度噪声比；

CS——对比度灵敏度。

5. 检测图像质量与细节分辨关系

关于检测图像质量与细节分辨关系，可从检测图像不清晰度对细节图像影响进行简单、直观的处理。从图 8-28 可见，检测图像不清晰度对细节图像的影响包括两方面：一是降低小细节图像的对比度（C_0），二是扩展细节图像的宽度（D）。图 8-29 所示为在检测图像不清晰度相似条件下，不清晰度 U_{im} 对宽度尺寸为 D 的周期矩形细节图像影响的示意图，从中可清楚地看到不清晰度对小细节图像分辨与识别的影响。

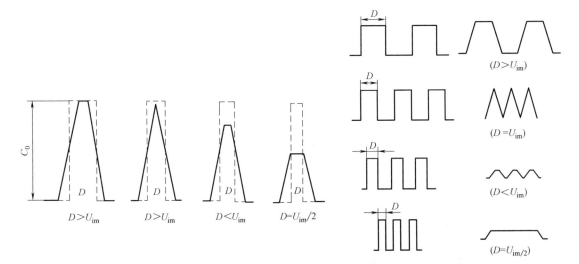

图 8-28　不清晰度对细节图像的影响　　　　图 8-29　不清晰度与细节分辨的关系

8.3.4　射线数字化成像技术

目前，应用较为广泛的数字射线检测技术主要包括射线实时成像检测系统、计算机成像技术（Computed Radiography，CR）、数字平板直接成像技术（Director Digital Panel Radigraphy，DR）等。为完成一项射线数字化检测工作，实现数字射线检测技术标准设定的技术级别（检测图像质量要求），或者为保证检测满足工件技术条件或验收标准设定的缺陷检测要求，射线数字化成像检测技术主要包括探测器系统选择、透照、图像数字化和图像评定等。该技术在我国主要应用于气瓶的射线检测。

1. 射线实时成像检测系统

射线实时成像检测系统如图 8-30 所示。射线实时成像检测技术是指在透照的同时就可观察到所产生的图像的检测技术。这就要求图像能随着成像物体的变化迅速改变，一般要求图像的采集速度至少达到 25 帧/s（PAL 制）。能达到这一要求的装置有较早使用的 X 射线荧光检测系统，以及目前正在应用的图像增强器工业射线实时成像检测系统。

图像增强器是实时成像系统最重要的部件，由外壳、射线窗口、

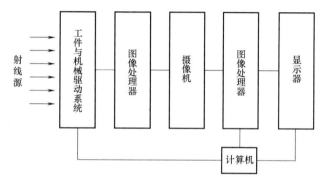

图 8-30　射线实时成像检测系统

输入屏、聚焦电极和输出屏组成。射线窗口由钛板制成，既具有一定强度，又可以减少对射线的吸收。输入屏包括输入转换屏和光电层。输入转换屏采用 CsI 晶体制作，其发射的可见光处于蓝色光和紫外光范围，以与光电层的谱灵敏度相匹配，输入转换屏吸收入射线，将其能量转换为可见光发射。光电层将可见光能量转换为电子发射。聚焦电极加有 25~30kV 的高压，加速电子，并将其聚集在输出屏。输出屏将电子能量转换为可见光发射。经过图像增强器所得到的可见光图像亮度比简单的荧光屏图像亮度可提高 30~10000 倍。图像增强器输出屏上的可见光图像由数字式摄像机摄取，将模拟信号转换为数字信号，然后送入图像处理器，进行各种图像处理以改善图像质量，处理后的图像送入显示器显示。

与常规射线照相相比，图像增强器射线实时成像检测系统有以下特点：

1）工件一送到检测位置就可以立即获得透视图像，检测速度快，工作效率比射线照相高数十倍。

2）不使用胶片，不需要处理胶片的化学药品，运行成本低，且不会造成环境污染。

3）检测结果可转换为数字化图像，用光盘等储存器存放，存储、调用、传送比胶片快。

4）图像质量，尤其空间分辨力和清晰度低于胶片射线照相。

5）图像增强器体积较大，检测系统应用的灵活性和适用性不如普通射线照相装置。

6）设备一次投资较大。

7）显示器视域有局限，图像的边沿容易出现扭曲失真。

此外，图像增强器的对比度和空间分辨力也较低；存档和分发也非常麻烦，必须将其转

化为视频格式。

2. CR 计算机成像技术

CR 计算机成像技术是指射线透过工件后的信息记录在成像板（IP）上，经扫描装置读取，再由计算机生出数字化图像的技术。整个系统由成像板、激光扫描装置、数字图像处理系统（计算机及软件）和存储系统组成。X 射线透照时，IP 板荧光物质内部晶体中的电子被激励并被俘获到一个较高能带（半稳定的高能状态），形成潜在影像，再将该 IP 板置入 CR 读出设备内，用激光束扫描该板，在激光激发下（激光能量释放被俘获的电子），光激发荧光中心的电子将返回它们的初始能级，并产生可见光发射（蓝色的光）。激发出的蓝色可见光被自动跟踪的集光器（光电接收器）收集，再经光电转换器转换成电信号，放大后经模拟-数字（A-D）转换器转换成数字化影像信息，送入计算机进行处理，最终形成射线照相的数字图像，并通过监视器荧光屏显示出人眼可见的灰阶图像供观察分析。图 8-31 所示为 CR 成像示意图。

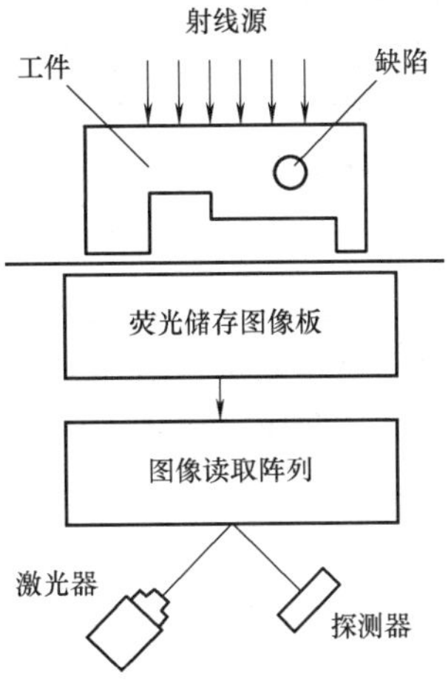

图 8-31 CR 成像示意图

（1）CR 计算机成像技术的优点

1）对比度高：16 位（bit）65556 灰度（传统胶片在 2000 左右）。

2）灰度范围大，宽容度应大，则一次透照长度长。

3）CR 计算机成像技术可对成像板获取信息进行放大增益，减少曝光量，产生的数字图像存储、传输、提取、观察方便。图像处理软件可以改善图像质量。

4）据了解，目前最新 CR 系统精度可达 25 线对/mm（即 20μm），可媲美胶片射线技术水平（AGFA D3 胶片性能指标表明，黑度为 2.0 时，底片颗粒度为 16μm。一般胶片溴化银颗粒度为 0.5~5μm）。

5）与胶片一样，也能够分割 CR 屏和弯曲，可以被使用 5000 次以上，其寿命取决于机械磨损程度。

6）单板的价格昂贵，但实际比胶片更便宜。

7）适合任何射线源（包括 Ir-192 源），可仅靠电池提供电源，适合现场工作。

（2）CR 计算机成像技术的缺点

1）类似胶片，不能实时成像。

2）虽然比胶片速度快，但是必须将 CR 屏从 X 射线拍摄现场拿走，然后将其放入读取器中。

3）不能在潮湿等极端环境中使用。

4）和成像板相比，效率还不算高。

3. 数字平板直接成像技术（DR）

数字平板直接成像技术是近几年才发展起来的全新的数字化成像技术。数字平板技术与胶片或 CR 的处理过程不同，在两次透射间隔不必更换胶片和存储荧光板，仅仅需要几秒钟的数据采集，就可以观察到图像，检测速度和效率大大高于胶片和 CR 计算机成像技术。除了不能进行分割和弯曲外，数字平板与胶片和 CR 成像板具有几乎相同的适应性和应用范围。数字平板的成像质量比图像增强器射线实时成像系统好很多，不仅成像区均匀，没有边缘几何变形，而且空间分辨力和灵敏度要高很多。

数字平板技术有非晶硅（a-Si）、非晶硒（a-Se）和 CMOS（Complementary Metal Oxide Silicon）三种。

（1）非晶硅（a-Si）成像原理　非晶硅数字平板结构为：由玻璃衬底的非结晶硅阵列板，表面涂有闪烁层——碘化铯，其下方是按阵列方式排列的薄膜晶体管电路（TFT）。TFT 像单元的大小直接影响图像的空间分辨力，每一个单元具有电荷接收、电极信号存储电容和信号传输器，通过数据网线和扫描电路连接。

光子首先撞击其板上的闪烁层（碘化铯），该闪烁层以与撞击的射线能量成正比的关系发出光电子，这些光电子被下面的硅光电二极管阵列采集到，将它们转化成电荷，再将这些电荷转换为每个像素的数字值。扫描控制器读取电路将光电信号转换为数字信号，数据经处理后获得的数字化图像在显示器上显示。由于转换 X 射线为光线的中间媒体是闪烁层，因此被称作间接图像法。图 8-32a 所示为 DR 间接成像示意图。

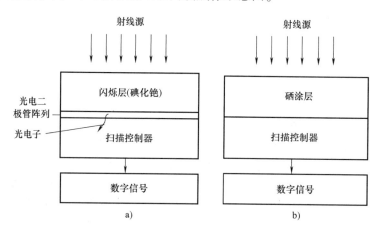

图 8-32　DR 成像示意图
a）间接成像　b）直接成像

（2）非晶硒（a-Se）成像原理　非晶硒数字平板结构和非晶硅有所不同，其表面不用碘化铯闪烁层，而直接用硒涂层。

光子撞击硒层，硒层直接将 X 射线转化成电荷，然后将电荷转化为每个像素的数字值，故该技术也叫直接图像法。扫描控制器读取电路将光电信号转换为数字信号，数据经处理后获得的数字化图像在显示器上显示。图 8-32b 所示为 DR 直接成像示意图。

非晶硒或非晶硅元件按吸收射线量的多少产生成正比例的正、负电荷对，储存于薄膜晶体管内的电容器中，所存的电荷与其后产生的影像黑度成正比。扫描控制器读取电路将光电信号转换为数字信号，数据经处理后获得的数字化成像在影像监视器上显示。图像采集和处理包括图像的选择、图像校正、噪声处理、动态范围、灰阶重建、输出匹配等过程，在计算机控制下完全自动化。上述过程完成后，扫描控制器自动对平板内的感应介质进行恢复。上述曝光和获取图像的整个过程一般仅需几秒至十几秒。

目前非晶硅探测器和非晶硒探测器的空间分辨力都不如胶片空间分辨力。在非晶硅平板探测器中，由于可见光的产生，存在散射现象，空间分辨力一方面取决于单位面积内薄膜晶体管矩阵大小，另一方面还取决于对散射光的控制技术。而在非晶硒平板探测器中，由于没有可见光的产生，不发生散射，空间分辨力仅仅取决于单位面积内薄膜晶体管矩阵大小。对于硒板成像系统，电子由 X 射线直接撞击平板，产生的散射很小，因此，图像精度较高。当要求分辨力小于 200μm 时应使用非晶硒板。而当允许分辨率大于 200μm 时，可考虑使用非晶硅。非晶硅板的另一优点是获取图像速度比非晶硒板更快，最快可达到每秒 30 幅图像，在某些场合可以代替图像增强器使用。

非晶硅和非晶硒两种成像板的特点如下：

1）空间分辨力低于胶片，但是对比度范围却远远超过胶片。

2）成像速度快，产生的数字图像存储、传输、提取、观察方便。

3）通过图像处理，可以改善图像质量。

4）由于这种技术本身特点的局限性，空间分辨力提高空间不大。

5）对环境要求高，容易破碎。

6）价格昂贵。

7）成像板面积没有胶片大。

（3）CMOS 成像板　　CMOS 是互补金属氧化物硅半导体，CMOS 数字平板由集成的 CMOS 记忆芯片构成，采用活性像元探头技术。活性像元探头技术是指把所有的电子控制和放大电路放置于每一个图像探头上，取代一般探测器在边沿布线的结构。这种结构使 CMOS 探测器比其他探测器的抗振性更强，寿命更长。探测器的填充系数是活性区域表面的百分比，是表征器件探测光电子能力的指标，填充系数越高，其灵敏度就越高。CMOS 探测器的填充系数高达 90% 以上，高出非晶体硅探测器约 60%。

对于一般的探测器，当其中单个的像素被直接辐射过度照射时，将产生浮散，原因是：像素把信号传输给每行和每列的电子放大器，当一个或更多的像素被过度照射后，同行和同列其他像素会受影响产生浮散或拖影现象。而 CMOS 在很高的能量辐射情况下也能够很好地工作，这是由于 CMOS 探测器的每一个像素是被独立放大的，不受相邻像素的影响，因而能够消除或减少这种现象。

CMOS 成像板技术具有以下特点：

1）寿命长。

2）工作温度范围大。

3）填充系数高。

4）灵敏度高。

5）图像浮散较小。

6）空间分辨力较高。

第9章 工程材料

9.1 概述

材料工程是国家工业发展的四大支柱之一，是工业发展的物质基础。在生活、生产和科技各个领域，用于制造结构、机器、工具和功能器件的各类材料统称为工程材料。可见，工程材料是构成机械设备的基础，也是各种机械加工的对象。工程材料按其组成特点可分为金属材料、有机高分子材料、无机非金属材料及复合材料四大类，按材料的使用性能可分为结构材料和功能材料两大类，按应用领域材料可分为信息材料、能源材料、建筑材料、机械工程材料、生物材料及航空航天材料等多种类别。

当前，金属材料工业已形成了庞大的生产能力，且质量稳定、性价比高，所以金属材料已经成为现代工业、农业、国防以及科学技术各个领域应用最为广泛的工程材料。

金属材料优良的性能主要体现在两个方面：使用性能和工艺性能，见表9-1。

表 9-1　金属材料的性能

分类	定义	特征	常用性能
使用性能	为了保证机械零件、设备、结构件等能够正常工作，材料应该具备的性能	决定了材料的适用范围、安全可靠性和使用寿命	力学性能(强度、硬度、刚度、塑性和韧性等) 物理性能(密度、熔点、导热性和热膨胀性) 化学性能(耐蚀性、热稳定性等)
工艺性能	材料在被制成机械零件、设备、结构件的过程中适应各种冷、热加工的性能	对制造成本、生产效率、产品质量有着非常重要的影响	铸造、焊接、热处理、压力加工和切削加工等方面的性能

人类在使用各种材料，尤其是金属材料的长期实践中，观察到大量断裂现象，特别是材料与构件的脆性断裂曾给人类带来很多灾难性事故，其中涉及舰船、飞机、轴类、压力容器、宇航器、核设备和各类武器等。因此，断裂问题始终是研究各种材料的重点。

为了避免金属材料与构件在加工制造和使用过程中发生断裂，一方面要求材料有较高的强度，同时要求材料有一定的韧性，即要求材料有良好的综合力学性能。金属材料强度的来源是金属原子间的结合力，但在实际材料和构件中，金属原子间的结构却不是理想完整晶体，而是存在大量的微观缺陷和宏观缺陷。缺陷的存在大大降低了材料和构件的强度，因此，研究断裂问题就必须与材料和构件的缺陷联系起来进行。从事无损检测和无损评价工作，必须要掌握足够的工程材料知识。

材料和构件中缺陷与强度的关系极为复杂，这与材料和构件的使用条件（如应力，温度，环境以及缺陷的类型、大小、取向、位置等各种因素）有关。因此，在同种材料或构件中，若存在相同缺陷，但使用条件不同，则破损的情况可能完全不同。所以说，在研究材料和构件中缺陷与强度的关系时，必须综合考虑如下因素：

1）材料、焊缝和构件所处的应力条件与环境条件。

2）缺陷的类型、形状、大小、取向、部位、分布等情况。

3）材料、焊缝和构件中有缺陷部位的厚度。

4）材料和焊缝的力学性能。

5）材料和焊缝的断裂力学性能试验结果。

6）有缺陷部位的残余应力分布状况。

7）各种使用条件的性质（静态强度、疲劳强度、耐蚀性、抗脆性、抗氢脆性等）。

9.2 材料的力学性能

金属材料在加工和使用过程中都要承受不同形式的外力作用，当外力达到或超过某一限度时，材料就会发生变形甚至断裂。材料在外力作用下表现的这些性能称为材料的力学性能。金属材料的力学性能指标主要有强度、硬度、刚度、塑性和冲击韧度等，这些指标可以通过力学性能试验测定，新旧标准名词及符号对照见表9-2。

表 9-2　新旧标准名词名称及符号对照

GB/T 228.1—2010		GB/T 228—2002		GB/T 228—1987	
性能名称	符号	性能名称	符号	性能名称	符号
弹性极限	R_e	弹性极限	R_e	弹性极限	σ_e
—	—	—	—	屈服点	σ_s
上屈服强度	R_{eH}	上屈服强度	R_{eH}	上屈服点	σ_{sU}
下屈服强度	R_{eL}	下屈服强度	R_{eL}	下屈服点	σ_{sL}
规定塑性延伸强度	R_p	规定非比例延伸强度	R_p	规定非比例伸长应力	σ_p
规定总延伸强度	R_r	规定总延伸强度	R_t	规定总伸长应力	σ_t
规定残余延伸强度	R_r	规定残余延伸强度	R_r	规定残余伸长应力	σ_r
抗拉强度	R_m	抗拉强度	R_m	抗拉强度	σ_b
断后伸长率	A	断后伸长率	A	断后伸长率	δ
断面收缩率	Z	断面收缩率	Z	断面收缩率	ψ

9.2.1 应力与应变

在工程中，应力和应变按式（9-1）和式（9-2）进行计算。

应力又称为工程应力或名义应力，是指单位面积截面上所受的内力大小，用 R 表示，其表达式为

$$R = \frac{F}{S_0} \tag{9-1}$$

式中　F——载荷；

　　S_0——试样的原始截面面积。

应变又称为工程应变或名义应变，是物体在外力作用下，其形状尺寸发生的相对改变，

用 ε 表示，其表达式为

$$\varepsilon = \frac{\Delta L}{L} \tag{9-2}$$

式中　L——试样的原始标距长度；

　　　ΔL——试样变形后的伸长量。

9.2.2　强度与塑性

1. 拉伸试验

材料的强度和塑性是极为重要的力学性能指标，采用拉伸试验方法测定。所谓拉伸试验，是指用静拉伸力对标准拉伸试样进行缓慢的轴向拉伸，直至拉断的一种试验方法。金属材料的拉伸试验应按 GB/T 228.1—2010 标准进行。

试验前，将材料制成一定形状和尺寸的标准拉伸试样。常用的圆形标准拉伸试样的直径为 d_0，标距长度为 L_0。将试样装夹在拉伸试验机上，缓慢增加试验力，试样标距的长度将逐渐增加，直至断裂。若将试样从开始加载直到断裂前所受的拉力 F 与其所对应的试样标距长度的伸长量 ΔL 绘成曲线，便得到拉伸曲线。图 9-1 所示为退火低碳钢的拉伸曲线，纵坐标为应力 R（也可为载荷 F），横坐标为应变 ε（也可为伸长量 ΔL）。

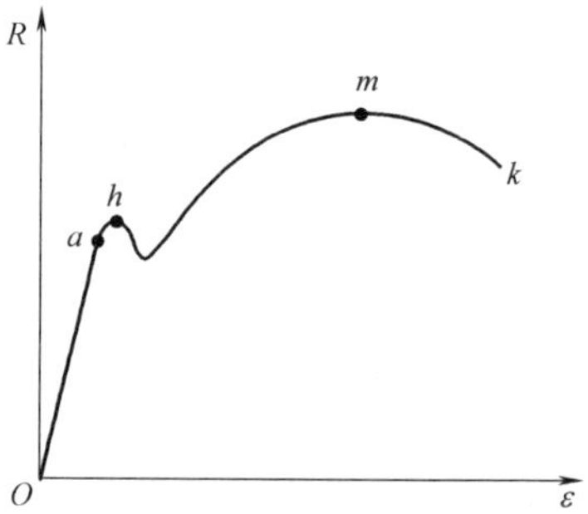

图 9-1　退火低碳钢的拉伸曲线示意图

可以将拉伸过程分为四个阶段。

（1）弹性阶段　曲线至 a 点，此阶段曲线为一条直线，表示受力不大时试样处于弹性变形阶段，应力与应变成正比关系。若卸除载荷，试样能完全恢复到原始的形状和尺寸。这种能够完全恢复的变形称为弹性变形。此阶段内可以测定材料的弹性模量 E。

（2）屈服阶段　当拉伸力继续增大，试样将产生不能完全恢复的永久变形，即塑性变形，并且在 h 点之后曲线上出现平台或锯齿状线段，这时应力不增大而试样却继续增长，称为屈服。屈服后试样产生均匀的塑性变形。

（3）强化阶段　应力继续增大，曲线又呈上升趋势，表示试样恢复了抵抗拉伸力的能力，即欲使试件变形，必须增大应力值，这种现象称为加工硬化现象，材料得到强化。m 点表示试样抵抗拉伸力的最大能力，试样产生不均匀的塑性变形。

（4）缩颈和断裂阶段　应力达到抗拉强度后，试件的某处截面面积开始减小，形成缩颈，试件继续变形所需要的载荷也相应减小，曲线明显下降，到达 k 点时，试件被拉断。

2. 强度

强度是在外力作用下，材料抵抗塑性变形和断裂的能力。在工程上常用来表示金属材料强度的指标有弹性极限、屈服强度和抗拉强度。

（1）弹性极限　在弹性阶段，卸载后而不产生塑性变形的最大应力为材料的弹性伸长应力，通常称为弹性极限，以 R_e 表示。

$$R_e = F_e/S_0 \tag{9-3}$$

式中　F_e——试样产生完全弹性变形时的最大拉伸力；

S_0——试样原始横截面面积。

应力的单位用 MPa 表示，$1MPa = 1N/mm^2$。

材料在弹性范围内，应力与应变成正比，其比值为弹性模量 E，$E = R/\varepsilon$，它标志着材料抵抗弹性变形的能力，用于表示材料的刚度，该值越大，表明材料越不容易产生弹性变形，即材料的刚度越大。

（2）屈服强度 当金属材料呈现屈服现象时，在试验期间达到塑性变形继续发生而力不增大的应力点称为屈服强度，应区分上屈服强度 R_{eH} 和下屈服强度 R_{eL}。上屈服强度是指试样发生屈服而力首次下降前的最大应力。下屈服强度是指在屈服期间，不计初始瞬时效应时的最小应力。

$$R_{sH} = F_{eH}/S_0, R_{eL} = F_{eL}/S_0 \qquad (9\text{-}4)$$

式中 F_{eH}——试样产生屈服，而力首次减小前的最大拉伸力；

F_{eL}——试样产生屈服，不计初始瞬时效应时的最小拉伸力；

S_0——试样原始横截面面积。

规定残余延伸强度，即卸除应力后残余延伸率等于规定的引伸计标距（L_e）百分率时对应的应力。使用的符号应附以下脚标说明所规定的百分率。例如，$R_{r0.2}$ 表示规定延伸率为 0.2%时的应力。

（3）抗拉强度 拉伸过程中最大力 F_m 所对应的应力称为抗拉强度，用 R_m 表示。无论何种材料，抗拉强度均标志其实际承载能力。

$$R_m = F_m/S_0 \qquad (9\text{-}5)$$

式中 F_m——试样在拉伸过程中所能承受的最大拉伸力；

S_0——试样原始横截面面积。

3. 塑性

塑性是指材料在外力作用下能够产生永久变形而不被破坏的能力。常用的塑性指标有断后伸长率和断面收缩率。

（1）断后伸长率 断裂时刻原始标距的总伸长（弹性伸长与塑性伸长之和）与原始标距（L_0）之比的百分率称为断后伸长率，用 A 表示。

$$A = \frac{L_U - L_0}{L_0} \times 100\% \qquad (9\text{-}6)$$

式中 L_U——试样拉断后的标距；

L_0——试样原始标距。

（2）断面收缩率 断裂后试样横截面面积的最大缩减量（$S_0 - S_U$）与原始横截面面积（S_0）之比的百分率称为断面收缩率，用 Z 表示。

$$Z = \frac{S_0 - S_U}{S_0} \times 100\% \qquad (9\text{-}7)$$

式中 S_U——试样拉断后缩颈处的最小横截面面积；

S_0——试样原始横截面面积。

A 或 Z 数值越大，则材料的塑性越好。

对于强烈变形的材料，塑性指标具有重要意义。塑性优良的材料冷压成形性能好。重要的受力元件要求具有一定塑性，因为塑性指标较高的材料制成的元件不容易发生脆性破坏，与脆性材料相比有较大的安全性。塑性良好的低碳钢和低合金钢 A 值在 25% 以上。国内锅炉压力容器材料的伸长率一般要求达 10% 以上。

断后伸长率和断面收缩率还表明材料在静载和缓慢拉伸状态下的韧性。在通常工况条件下，塑性高的材料可承受较大的冲击吸收能量。

9.2.3　硬度

硬度是材料性能的一个综合的物理量，表示金属材料在一个小的体积范围内抵抗弹性变形、塑性变形或破断的能力。硬度与强度有一定关系：一般情况下，硬度较高的材料，强度也较高，所以可以通过测试材料的硬度来估算强度。此外，硬度较高的材料耐磨性较好。

工程常用的硬度试验方法有布氏硬度和洛氏硬度等。

1. 布氏硬度

布氏硬度用符号 HBW 表示（详见 GB/T 231.1—2009）。一般布氏硬度的试验方法是对一定直径 D（mm）的硬质合金球施加试验力 F（N）压入试样表面，保持规定时间后，卸除试验力，测量试样表面压痕直径 d（mm）。根据压痕直径 d 计算压痕表面积 A（mm^2），然后计算出布氏硬度值。

$$HBW = 0.102 \frac{F}{A} = 0.102 \frac{2F}{\pi D(D - \sqrt{D^2 - d^2})} \tag{9-8}$$

符号 HBW 前面为硬度值。符号后面是按如下顺序表示试验条件的指标：球直径（mm）、试验力数字、与规定时间不同的试验力保持时间。

例如，350HBW5/750 表示用直径 5mm 的硬质合金球在 7.355 kN 试验力下保持 10~15s 测定的布氏硬度值为 350。600HBW1/30/20 表示用直径 1mm 的硬质合金球在 294.2N 试验力下保持 20s 测定的布氏硬度值为 600。

2. 洛氏硬度

洛氏硬度用符号 HR 表示，是目前应用最广的硬度表示方法，它采用直接测量压痕深度来确定硬度值（详见 GB/T 230.1—2009）。试验中将压头分步压入试样表面，先在初试验力 F_0 的作用下，将压头压入试件表面一定深度 h_0，以此作为测量压痕深度的基准，然后再加上主试验力 F_1，在总试验力 F（初试验力 F_0 + 主试验力 F_1）的作用下，压痕深度的增量为 h_1，经规定时间后，卸除主试验力 F_1，压头回升一定高度。于是在试样上得到由主试验力所产生的压痕深度的残余增量 h。根据 h 值和常数 N 和 S 计算洛式硬度值。

$$HR = N - \frac{h}{S} \tag{9-9}$$

符号 HR 前面为硬度值，符号后面为洛氏标尺符号，标尺符号后面标示球形压头类型，W 表示硬质合金球，S 表示钢球。

例如，70HR30TW 表示用直径 1.5875mm 的硬质合金球在 294.2N 总试验力下测定的洛氏硬度值为 70。

标尺就是不同压头和不同总试验力的组合，部分洛氏硬度试验标尺见表 9-3。我国洛氏硬度试验标准中给出了 15 种标尺，包括 9 种普通洛氏硬度标尺 A、B、C、D、E、F、G、H、K 和 6 种表面洛氏硬度标尺，其中表面洛氏硬度标尺根据总试验力大小分为 T 标尺 3 种和 N 标尺 3 种。我国常用的洛氏硬度有 HRA、HRB、HRC，其中 HRC 用途最广。

表 9-3　部分洛氏硬度试验标尺

洛氏硬度试验标尺	洛氏硬度符号	压头类型	初试验力/N	主试验力/N	总试验力/N	适用范围
A	HRA	金刚石圆锥	98.07	490.3	588.4	20~88HRA
B	HRB	直径 1.5875mm 球	98.07	882.6	980.7	20~100HRB
C	HRC	金刚石圆锥	98.07	1373	1 471	20~70HRC

3. 里氏硬度

里氏硬度用符号 HL 表示，它采用规定质量的冲击体在弹簧力的作用下以一定速度垂直冲击试样表面，以冲击体在距试样表面 1mm 处的回弹速度 v_R 与冲击速度 v_A 的比值来表示材料的硬度值。

里氏硬度计的计算公式为

$$HL = 1000 \frac{v_R}{v_A} \tag{9-10}$$

式中　v_A——冲击速度（m/s）；

　　　v_R——回弹速度（m/s）。

里氏硬度试验方法是一种动态硬度试验法，使用不同类型的冲击体会得到不同的硬度值，常用的里氏计冲击体类型有 D、DC、S、E、DL、D+15、C、G 型等。

例如，570HLD 表示按重力方向使用类型 D 的冲击体测量的里氏硬度值为 570。

9.2.4　冲击吸收能量

冲击吸收能量是指材料在外加冲击载荷作用下断裂时消耗的能量，用符号 K 表示，单位为 J。冲击吸收能量通常在摆锤冲击试验机上测定。字母 V 和 U 表示缺口几何形状，下标数字 2 或 8 表示摆锤刀刃半径。例如，KV_2 表示 V 型缺口试样在 2mm 摆锤刀刃下的冲击吸收能量；KU_2 表示 U 型缺口试样在 2mm 摆锤刀刃下的冲击吸收能量。V 型缺口根部半径小，对冲击更敏感，承压类特种设备材料的冲击试验规定试样必须用 V 型缺口。

将规定几何形状的缺口试样置于试验机两支座之间，缺口背向打击面放置，用摆锤一次冲击试样，测定试样的冲击吸收能量。由于大多数材料冲击吸收能量随温度变化，因此试验应在规定温度下进行。

试样受到摆锤的突然打击而断裂时，其断裂过程是一个裂纹生成和发展的过程。在裂纹发展过程中，如果塑性变形能够出现在断裂之前，就能阻止裂纹的扩展，而裂纹的断续发展就需要消耗更多的能量。因此，冲击吸收能量 K 的高低，取决于材料有无迅速塑性变形的能力。冲击吸收能量 K 值高的材料，一般具有较高的塑性，但塑性指标较高的材料却不一定具有较高的冲击吸收能量，这是因为在静载荷下能够缓慢塑性变形的材料，在冲击载荷作用下不一定能迅速发生塑性变形。在材料的各项力学性能指标中，冲击吸收能量 K 是对材料化学成分、冶金质量、组织状态、内部缺陷和试验温度等比较敏感的性能指标，是衡量材料韧脆转变和脆性断裂特性的重要指标。

9.3　材料的结构与凝固

工程材料的各种性能，尤其是力学性能，与其微观结构关系密切。物质都是由原子组成的，原子的排列方式和空间分布称为结构。物质由液态转变为固态的过程称为凝固。

9.3.1　金属材料的结构特点

1. 晶体与晶格

构成物质的原子在三维空间上按一定几何规律重复排列的有序结构，称为晶体，如金刚石、石墨和固态金属及其合金。晶体具有固定熔点，物理性质表现为各向异性。内部原子无规则地堆垛在一起的结构称为非晶体，如松香、玻璃、沥青等。非晶体结构无序，物理性质表现为各向同性，没有固定的熔点，热导率和热膨胀性小，塑性变形大。在一定条件下，晶体和非晶体可以互相转化。

为了便于表明晶体内部原子排列的规律，有必要把原子抽象化，把每个原子看成一个点，这个点代表原子的振动中心。把这些点用直线连接起来，便形成一个空间格子，叫作晶格。晶格中每个点叫结点。晶格的最小单元称为晶胞，它能代表整个晶格的原子排列规律。

在金属晶体中，约有90%属于三种常见的晶格类型，即体心立方晶格、面心立方晶格和密排六方晶格。

如图9-2所示，体心立方晶格晶胞为立方体，原子分布在立方晶体的各个结点及中心，每个体心立方晶胞中包含2个原子。属于这种晶格类型的金属有 α-Fe、Cr、W、Mo、V 和 Nb 等。

如图9-3所示，面心立方晶格晶胞为立方体，原子分布在立方体的各个结点及各面的中心处，每个晶胞中含有4个原子。属于这种晶格类型的金属有 γ-Fe、Cu、Al、Ni、Ag 和 Pb 等。

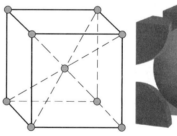

图 9-2　体心立方晶格

如图9-4所示，密排六方晶格晶胞形状为六方柱体，原子分布在各个结点及上下两个正六边形的中心，另外在六方柱体中心还有三个原子。属于这种晶格类型的金属有 Mg、Zn 和 Be 等。

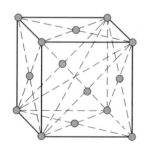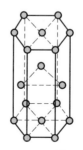

图 9-3　面心立方晶格　　　　　图 9-4　密排六方晶格

2．实际金属晶体结构

（1）单晶体和多晶体　如果晶体内部的晶格位向完全一致，称为单晶体。金属的单晶体只能靠特殊的方法制得。实际金属材料都由许多晶格位向不同的微小晶体组成，称为多晶体，如图 9-5 所示。每个小晶体都相当于一个单晶体，内部的晶格位向是一致的，而小晶体之间的位向却不相同。这种外形呈多面体颗粒状的小晶体称为晶粒。晶粒与晶粒之间的界面称为晶界。

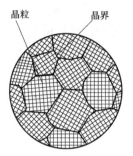

图 9-5　多晶体结构

（2）晶体缺陷　在金属晶体中，原子排列或多或少地存在偏离上述理想结构的区域，称为晶体缺陷。这些缺陷对金属的许多性能有极重要的影响。根据缺陷的几何形状，可分为点缺陷、线缺陷和面缺陷三大类。

1）点缺陷。点缺陷是指在空间三个方向尺寸都很小的缺陷。最常见的点缺陷是晶格空位和间隙原子。点缺陷破坏了原子间的平衡状态，使晶格发生扭曲，称为晶格畸变。晶格畸变将使晶体性能发生改变，如强度、硬度增加。空位和间隙原子的运动是金属晶体中原子扩散的主要方式之一。金属的固态相变和化学热处理过程均依赖于原子的扩散。

2）线缺陷。线缺陷的特征是在晶体空间两个方向上尺寸很小，而第三个方向的尺寸很大。属于这类缺陷的主要是各种位错。位错是指在晶体中，有一列或若干列原子发生有规律的错排现象。位错引起晶格畸变。位错运动是金属塑性变形的根本原因，位错运动将引起位错密度的变化。生产中一般通过增加位错密度的方法来提高金属强度。

3）面缺陷。面缺陷的特征是在一个方向上尺寸很小，而在另两个方向上尺寸很大，主要指晶界和亚晶界。晶界性能与晶粒内部性能有显著差异，主要表现有：在常温下，晶界对滑移起阻碍作用，即表现为晶界处强度高；晶界的存在容易满足固态相变所需的能量起伏，新相往往在晶界处形核；晶界处有许多的晶格空位，原子沿晶界扩散速度快；晶界处耐腐蚀性能差，电阻较高、熔点较低等。

3．合金的晶体结构

合金是由两种或两种以上的金属元素或金属和非金属元素组成的具有金属性质的物质。如黄铜是铜和锌的合金，钢是铁和碳的合金。组成合金的最基本的独立物质称为组元。组元可以是金属元素、非金属元素和稳定的化合物。根据组元的多少，可分为二元合金和三元合金等。相是指金属或合金中，具有相同成分、相同结构并以界面相互分开的均匀组成部分。若合金是由成分、结构都相同的同一种晶粒构成的，则各晶粒虽有界面分开，却属于同一种相；若合金是由成分、结构互不相同的几种晶粒构成的，则它们属于不同的几种相。金属或合金的一种相在一定条件下转变为另一种相，称为相变。在金属及合金内部组成相的种类、大小、形状、分布及相间结合的状态，称为组织。只有一种相的组织为单相组织，由两种或两种以上相组成的组织为多相组织。

合金的基本相结构可分为固溶体和金属化合物两大类。

（1）固溶体　溶质原子溶入溶剂晶格中而仍保持溶剂晶格类型的合金相称为固溶体。根据溶质原子在溶剂晶格中占据的位置，可将固溶体分为置换固溶体和间隙固溶体。

溶质原子的溶入会引起溶剂晶格发生畸变，使合金的强度、硬度提高。这种通过溶入原子，使合金强度和硬度提高的方法称为固溶强化。固溶强化是提高材料力学性能的重要强化方法之一。

（2）金属化合物　金属化合物是合金元素间发生相互作用而生成的具有金属性质的一种新相，其晶格类型和性能不同于任一组成元素，一般可用分子式来表示。金属化合物一般具有复杂的晶体结构，熔点高，硬而脆。当合金中出现金属化合物，通常能提高合金的强度、硬度和耐磨性，但会降低塑性和韧性。以金属化合物作为强化金属材料的方法，称为第二相强化。

合金组织可以是单相的固溶体组织，但由于其强度不高，应用受到一定的限制。多数合金是由固溶体和少量金属化合物组成的混合物。可以通过调整固溶体的溶解度和分布于其中的化合物的形状、数量、大小和分布来调整合金的性能，以满足不同的需要。

9.3.2　材料的凝固与结晶

凝固的产物可以是晶体，也可以是非晶体，当材料从液体转变为固态晶体时称为结晶。

晶体物质都有一个平衡结晶温度（熔点），液体低于这一温度时才能结晶，固体高于这一温度时便发生熔化。在平衡结晶温度，液体与晶体同时共存，处于平衡状态。试验表明，纯金属的实际结晶温度 T_1 总是低于平衡结晶温度 T_0，这种现象称为过冷现象。实际结晶温度 T_1 与平衡结晶温度 T_0 的差值 ΔT 称为过冷度。过冷是金属结晶的必要条件，液体冷却速度越大，过冷度 ΔT 越大。

试验表明，结晶是晶体在液体中从无到有、由小变大的过程。从无到有称为形核，由小变大称为晶核长大。只依靠液体本身在一定过冷度条件下形成晶核的过程称为自发形核；依附于金属液体中杂质微粒表面形成的晶核过程称为非自发形核。非自发形核在生产中所起的作用更为重要。

金属结晶后，获得由许多晶粒组成的多晶体组织。晶粒的大小对金属的力学性能、物理性能和化学性能均有很大影响。细化晶粒不仅可以提高强度，而且塑性和韧性也好。在生产中采用适当方法获得细小晶粒来提高金属材料强度的方法称为细晶强化。

细化晶粒的方法主要有：增大过冷度，过冷度越大，晶粒越细；变质处理，在实际生产中，向金属液中加入某些物质（称为变质剂），使它在金属液中形成大量分散的人工制造的非自发晶核，从而获得细小的晶粒；振动，对正在结晶的金属施以机械振动、超声波振动和电磁振动，使树枝晶尖端破碎断裂而增加晶核数量，提高形核率，从而细化晶粒。

9.3.3　铁碳相图

相图又称为状态图，它表示的是合金系在平衡条件下，在不同温度、不同成分时所存在的各种相的状态。相图中的成分用横坐标表示，纵坐标表示温度。相图内由线条组成一个个区域，每个区域代表一种或两种相，垂直于横坐标的直线代表金属化合物。

1. 纯铁的同素异构转变

如图9-6所示，液态纯铁在1538℃进行结晶，得到具有体心立方晶格的δ-Fe。继续冷却到1394℃时发

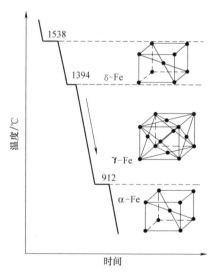

图9-6　纯铁的同素异构转变

生同素异构转变，成为面心立方晶格的 γ-Fe。再冷却到 912℃ 时又发生一次同素异构转变，成为体心立方晶格的 α-Fe。

以不同晶体结构存在的同一种金属的晶体称为该金属的同素异晶体。上述 δ-Fe、γ-Fe 和 α-Fe 均是纯铁的同素异晶体。

金属的同素异构转变与液态金属的结晶过程相似，故称为二次结晶或重结晶。在发生同素异构转变时金属也有过冷现象，也会放出潜热，并具有固定的转变温度。新同素异构晶体的形成也包括形核和长大两个过程。同素异构转变在固态下进行，因此转变需要较大的过冷度。由于晶格的变化导致金属的体积发生变化，转变时会产生较大的内应力。例如，γ-Fe 转变为 α-Fe 时，铁的体积会膨胀约 1%。它可引起钢淬火时产生应力，严重时会导致工件变形和开裂。

2. 铁碳相图的主要相及其特点

在铁（Fe）-渗碳体（Fe_3C）相图中的组成物包括液态溶体、奥氏体、铁素体、渗碳体、莱氏体和珠光体。

（1）液相（L）　液态溶体也称为液相，用符号 L 表示，是碳或其他元素在铁中的液溶体，存在于液相线以上。

（2）奥氏体（γ 或 A）　碳溶于 γ-Fe 中形成的间隙固溶体称为奥氏体，用符号 γ 或 A 表示。由于 γ-Fe 为面心立方晶格，晶格间隙较大，所以溶碳能力较强，在 1148℃ 时，溶碳的质量分数为 2.11%。随着温度的下降，溶解度逐渐降低，在 727℃ 时，溶碳的质量分数为 0.77%。在铁碳合金中，奥氏体是一种在高温下（727℃ 以上）才能稳定存在的组织，高温奥氏体具有良好的塑性变形能力，是钢进行高温压力加工所希望的组织。

（3）铁素体（α 或 F）　碳溶于 α-Fe 中形成的间隙固溶体称为铁素体，用符号 α 或 F 表示。由于 α-Fe 是体心立方晶格，晶格间隙较小，因此溶碳的能力很低，几乎接近纯铁，所以铁素体的性能与纯铁相似，具有良好的塑性和韧性，而强度和硬度较低。

（4）渗碳体（Fe_3C）　当碳在铁中的含量超过其溶解度时，多余的碳在亚稳定状态下与铁形成的化合物 Fe_3C，称为渗碳体。渗碳体中碳的质量分数为 6.69%，具有复杂的斜方晶体结构。其硬度很高，塑性很差，冲击韧度几乎为零，脆性很大。作为铁碳合金的强化相，当其形状和分布合适时，可提高合金的硬度和耐磨性。铁碳合金按亚稳定系转化时，液相析出一次渗碳体，共晶转变时析出共晶渗碳体，奥氏体析出二次渗碳体，共析转变时析出共析渗碳体。

（5）莱氏体（Ld）　铁碳合金按亚稳定系转化时，在冷却到 1148℃ 时发生共晶转变，形成由奥氏体和渗碳体组成的机械混合物，称为莱氏体，用符号 Ld 表示。由于奥氏体在 727℃ 时转变为珠光体，所以室温时的莱氏体由珠光体和渗碳体组成。为了有所区别，将 727℃ 以上的莱氏体称为高温莱氏体（Ld），在 727℃ 以下的莱氏体称为低温莱氏体（L'd）。莱氏体的力学性能与渗碳体相似，硬度很高，塑性很差。

（6）珠光体（P）　由铁素体和渗碳体组成的机械混合物称为珠光体，常用符号 P 表示。珠光体是奥氏体在冷却过程中，在 727℃ 恒温下进行共析转变的产物，只存在于 727℃ 以下。珠光体是渗碳体和铁素体片层相间、交替排列而成的混合物。其力学性能介于渗碳体和铁素体之间，强度较高，硬度适中，有一定塑性，它是提高铸铁力学性能所希望得到的组织。

3. 铁碳相图

图 9-7 所示为铁碳相图，表示了合金的结晶过程，各种组织的形成及变化规律，合金系中，合金的状态与温度、成分间的关系是研究钢和铸铁的金相组织，力学性能，物理、化学性能，工艺性能和热处理工艺等的理论基础，也是制订各种钢和铸铁热加工工艺的依据。亚稳定系铁碳相图反映了在平衡条件下，不同铁碳合金成分、温度与金相组织的关系，并表示出合金中相的组成、相对数量和相变的温度等，也反映了在不同条件下（以冷却速度为主），铁碳合金会向介稳定状态或稳定状态进行转化，得到相应不同的金相组织。

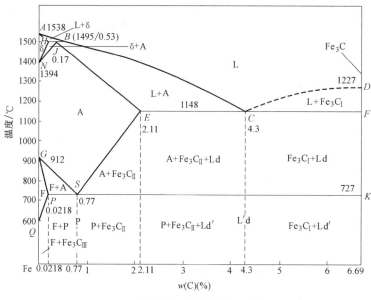

图 9-7　铁碳相图

4. 铁碳相图分析

铁碳相图中的主要特性点及含义见表 9-4。

表 9-4　铁碳相图中的主要特性点及含义

特性点符号	温度/℃	$w(C)(\%)$	含义
A	1538	0	熔点:纯铁的熔点
C	1148	4.3	共晶点: $L \underset{1148℃}{\overset{共晶转变}{\rightleftharpoons}} Ld(A_E + Fe_3C_{共晶})$
D	1227	6.69	熔点:渗碳体的熔点
E	1148	2.11	碳在 γ-Fe 中的最大溶解度点
G	912	0	同素异构转变点
S	727	0.77	共析点: $A_{0.77\%} \underset{727℃}{\overset{共析转变}{\rightleftharpoons}} P(F_{0.0218\%} + Fe_3C_{共析})$
P	727	0.0218	碳在 α-Fe 中的最大溶解度点
Q	室温	0.0008	室温下碳在 α-Fe 中的溶解度

（1）相区分布

1) 五个单相区：ABCD（液相线）—液相区（L），AHNA—δ 相区，NJESGN—奥氏体区（A），GPQG—铁素体区（F），DFK—渗碳体区（Fe₃C）。

2) 七个两相区：L+δ、L+A、L+Fe₃C、δ+A、A+F、A+Fe₃C、F+Fe₃C。

（2）主要特征线 ABCD 为固相线，AHJECF 为液相线，HJB 为包晶转变线，ECF 为共晶转变线，PSK 为共析转变线。

（3）三个恒温转变

1) 包晶转变（1495℃ HJB 水平线）。凡成分贯穿 HJB 恒温线的铁碳合金 [w(C) = 0.09% ~ 0.53%]，冷却到 1495℃，w(C) = 0.53% 的液相与 w(C) = 0.09% 的 δ 相发生包晶反应，生成 w(C) = 0.17% 的 γ 相，即奥氏体 A。包晶反应式记为 $L + \delta_H \underset{}{\overset{1495℃}{\rightleftharpoons}} A_J$，其中的下标字母表示该相的成分点。

2) 共晶转变。反应式为 $L \underset{}{\overset{1148℃}{\rightleftharpoons}} A_E + Fe_3C$，w(C) = 2.11% ~ 6.69% 的合金冷却时，在 1148℃ 发生共晶转变。共晶转变产物共晶体（A+Fe₃C）是奥氏体与渗碳体的机械混合物，称为莱氏体，用符号 Ld 表示。莱氏体中，渗碳体是一个连续分布的基体相，奥氏体则呈颗粒状分布在渗碳体基体中。由于渗碳体很脆，所以莱氏体是一种塑性很差的组织。

3) 共析转变。所有碳的质量分数超过 0.0218% 的合金冷却到 727℃ 都发生 $A_S \underset{}{\overset{727℃}{\rightleftharpoons}} F_P + Fe_3C$，称为共析转变。转变产物是铁素体与渗碳体的机械混合物（F+Fe₃C），称为珠光体，符号为 P。共析转变温度常标为 A_1 温度，共析线也称为 A_1 线。

（4）重要转变线 GS 线——奥氏体开始析出铁素体或铁素体全部溶入奥氏体的转变线，称为 A_3 线，该线上某一成分对应的温度常称为 A_3 温度或 A_3 点。

ES 线——碳在奥氏体中的溶解线，即 A_{cm} 线。此线上的温度点常称为 A_{cm} 温度或 A_{cm} 点。低于此温度时，奥氏体中将析出渗碳体，称为二次渗碳体 Fe₃C$_{II}$，以区别于从液体中经 CD 线析出的一次渗碳体 Fe₃C$_{I}$。

PQ 线——碳在铁素体中的溶解度线。在 727℃ 时，碳在铁素中的最大溶解度为 0.0218%，600℃ 时降为 0.008%，因此铁素体在冷却过程中，将析出渗碳体，称为三次渗碳体 Fe₃C$_{III}$。

综上，亚稳定系（Fe-Fe₃C）合金均可表示为 A+Fe₃C。

上述铁碳相图只包含铁、碳二元，如果把合金元素加入钢中，铁碳相图将发生变化。

9.4 金属材料的热处理

金属材料的热处理主要是对钢铁材料的热处理。热处理是将钢在固态下以适当的方式进行加热、保温和冷却，以获得所需要组织和性能的工艺。图 9-8 所示为钢的热处理工艺曲线。热处理工艺的种类很多，通常根据其加热、冷却方法及钢组织和性能的变化特点分为普通热处理和表面热处理两大类。普通热处理主要包括退火、正火、淬火和回火等，表面热处理包括表面淬火和化学热处理等。

9.4.1 钢在加热时的组织转变

钢加热到 A_1 线以上时，都要发生珠光体向奥氏体的转变过程，称为奥氏体化。如图 9-9

所示，以共析钢为例，其奥氏体化过程包括奥氏
体形核、奥氏体长大、残余渗碳体溶解和奥氏体
均匀化四个阶段。奥氏体晶粒的大小对冷却转变
后的钢的性能有很大影响。加热时若能获得细小、
均匀的奥氏体，则冷却后钢的力学性能就好。奥
氏体化温度越高，保温时间越长，奥氏体晶粒长
大越明显。钢中奥氏体的碳含量增加，奥氏体晶
粒长大的倾向也增大。钢中加入能生成稳定碳化
物的元素（如铌、钛、钒、锆等）和能生成氧化
物及氮化物的元素（如铝），都能阻止奥氏体晶
粒长大，而锰和磷是增加奥氏体晶粒长大倾向的

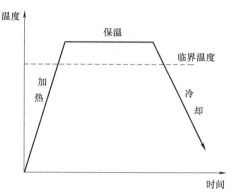

图 9-8　钢的热处理工艺曲线

元素。可见，为了控制奥氏体晶粒长大，热处理时应合理选择并严格控制加热温度和保温时
间，合理选择钢的原始组织及选用含有一定量合金成分的钢材。

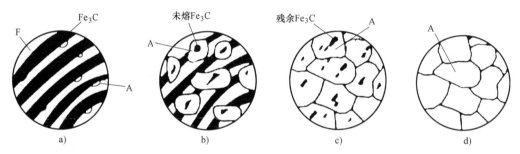

图 9-9　共析钢加热时的组织转变

9.4.2　钢在冷却时的组织转变

钢在加热奥氏体化后，可以采用不同的冷却条件，获得所需要的组织和性能。在热处理
生产中冷却方式主要有两种，即等温冷却和连续冷却，如图 9-10 所示。其中曲线 1 为连续
冷却，曲线 2 为等温冷却。钢在连续冷却或等温冷却条件下，由于冷却速度较快，其组织转
变过程不能用平衡相图分析，而是通过测定过冷奥氏体等温转变图（又称 C 曲线，图 9-11）

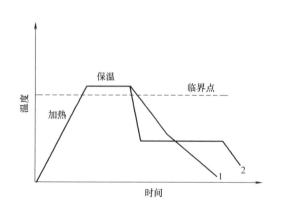

图 9-10　热处理生产中的冷却方式

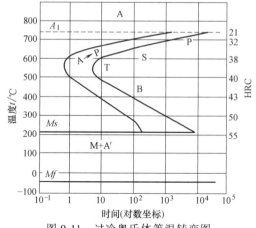

图 9-11　过冷奥氏体等温转变图

和连续转变图来分析过冷奥氏体在不同冷却条件下的组织转变规律。过冷奥氏体是指在相变温度 A_1 以下，未发生转变而处于不稳定状态的奥氏体。过冷奥氏体总是自发地向新的稳定相转变。试验表明，在 A_1 线以下不同温度范围，可发生三种不同类型的转变：高温珠光体转变、中温贝氏体转变和低温马氏体转变。

1. 珠光体转变

珠光体转变发生在 $A_1 \sim 550℃$ 的温度范围内。转变过程中，铁碳原子都进行扩散，奥氏体等温分解成层片状珠光体组织。按层间距的不同，可分为珠光体、细珠光体（索氏体）和极细珠光体（托氏体）三种，它们的硬度随层片间距的减小而增大。

2. 贝氏体转变

珠光体转变发生在 $550℃ \sim Ms$ 的温度范围内。转变过程中，铁原子扩散困难。根据组织形态和转变温度的不同，贝氏体分为上贝氏体（$B_上$）和下贝氏体（$B_下$）。上贝氏体强度、硬度较高，而且塑性和韧性也较好，具有良好的综合力学性能。因此，在生产中常用等温淬火来获得下贝氏体组织。下贝氏体是在 $350℃ \sim Ms$ 温度范围内形成的。

3. 马氏体转变

马氏体转变发生在 $Ms \sim Mf$ 温度范围内。Ms、Mf 分别表示马氏体转变的开始温度和终了温度。马氏体转变过程中铁碳原子都难以扩散，只发生 γ-Fe 向 α-Fe 的转变。碳在 α-Fe 中的过饱和固溶体，称为马氏体。马氏体有两种形态，即板条马氏体和片状马氏体。由于过饱和的碳被强制固溶，将产生严重的晶格畸变。马氏体中碳含量越高，畸变越严重，同时伴随体积增大，产生相变内应力，容易造成工件的变形和开裂。马氏体的形成速度很快，因此其转变不彻底，总要残留少量奥氏体。

9.4.3　钢的普通热处理

钢的最基本的热处理工艺有退火、正火、淬火和回火等。

1. 退火

退火是将钢加热到适当温度，保温一定时间，然后缓慢冷却的热处理工艺。退火后获得珠光体组织。退火的主要目的是：软化钢材，以利于切削加工；消除内应力，防止工件变形；细化晶粒改善组织，为最终热处理做好准备。根据钢的退火成分和退火目的的不同，常用的退火方法有均匀化退火、完全退火、不完全退火、等温退火、球化退火、再结晶退火和去应力退火等。

均匀化退火旧称扩散退火，是将钢加热到 Ac_3 以上 $150 \sim 200℃$，保温较长时间，以消除或减少成分或组织不均匀的热处理工艺。由于扩散退火的加热温度高，时间长，晶粒粗大，为此，扩散退火后应进行完全退火或正火，使组织重新细化。

完全退火又称为重结晶退火，是把钢加热到 Ac_3 以上 $30 \sim 50℃$，保温一定时间，随炉冷却到 600℃ 以下，出炉空冷。完全退火可获得接近平衡状态的组织，主要用于亚共析钢，不适用于过共析钢。

不完全退火是将铁碳合金加热到 $Ac_1 \sim Ac_3$ 之间温度，达到不完全奥氏体化，随之缓慢冷却的退火工艺。不完全退火主要适用于中、高碳钢和低合金钢锻轧件等，其目的是细化组织和降低硬度，加热温度为 $Ac_1 +$（$40 \sim 60$）℃，保温后缓慢冷却。

等温退火是将钢件或毛坯件加热到高于 Ac_3（或 Ac_1）温度，保持适当时间后，较快地冷却到珠光体温度区间的某一温度并等温保持，使奥氏体转变为珠光体型组织，然后在空气中冷却的退火工艺。等温退火工艺应用于中碳合金钢和低合金钢，其目的是细化组织和降低硬度。

球化退火是将钢加热到 Ac_1 以上 20~40℃，保温一段时间，然后缓慢冷却，得到在铁素体基体上均匀分布的球状或颗粒状碳化物的组织。球化退火主要适用于共析钢和过共析钢，经球化退火得到的是球状珠光体组织，其中的渗碳体呈球状颗粒，弥散分布在铁素体基体上。

再结晶退火是经冷形变后的金属加热到再结晶温度以上，保持适当时间，使形变晶粒重新结晶成均匀的等轴晶粒，以消除形变强化和残余应力的热处理工艺。

去应力退火又称低温退火，是将钢加热到 A_1 以下某一温度，保温一定时间，然后随炉冷却。去应力退火过程中不发生组织转变。内应力主要是通过工件在保温和缓冷过程中消除的。

2. 正火

正火是将钢加热到 Ac_3 或 Ac_{cm} 以上适当温度，保温以后在空气中冷却得到珠光体类组织的热处理工艺。正火的目的与退火基本相同，主要是细化晶粒、均匀组织、降低应力。与退火相比，正火冷却速度较快，过冷度较大，组织中珠光体含量增加，且珠光体层片间距减小。正火后，钢的强度、硬度、韧性都较退火高。许多承压类特种设备用的低合金钢都以正火状态供货。超声检测晶粒粗大的锻件时，会出现较大的声能衰减，或出现大量草状回波，可通过正火进行改善。

3. 淬火

淬火是将钢加热到临界温度以上 30~50℃，经过适当保温后快速冷却，使奥氏体向马氏体转变的热处理工艺。

淬透性是钢在淬火后获得淬硬层深度大小的能力。一般规定由工件表面到马氏体区的深度作为淬硬层深度。淬硬性是指钢在淬火后获得马氏体的最高硬度。淬硬性高的钢淬透性不一定高，淬透性是钢本身特有的特性，对一定成分的钢种来说，实际工件淬硬层厚度在不同工艺条件下是变化的。

4. 回火

回火是将淬火钢加热到 Ac_1 以下某温度保温后再冷却的热处理工艺。回火的目的是降低淬火钢的脆性，减小或消除内应力，使组织趋于稳定并具有一定的性能。常用的回火操作有低温回火、中温回火和高温回火。淬火钢回火后的性能主要取决于回火温度，而非冷却速度。

低温回火得到的组织是回火马氏体。硬度为 58~64HRC，内应力和脆性降低，保持了高硬度和高耐磨性。这种回火主要应用于高碳钢或高碳合金钢制造的工具、模具、滚动轴承及表面渗碳和表面淬火的零件。

中温回火得到的组织是回火托氏体。硬度为 35~45HRC，具有一定的韧性和高的弹性极限及屈服极限。这种回火组织主要应用于各类弹簧零件的热处理。

高温回火得到的组织是回火索氏体，其硬度为 25~35HRC，具有适当的强度和足够的塑性和韧性。这种回火主要应用于重要受力件。

5. 奥氏体不锈钢的固溶处理和稳定化处理

固溶处理是指铬钼奥氏体不锈钢加热到 1050~1100℃（在此温度下，碳在奥氏体中固溶），保温一定时间（大约 25mm 厚不少于 1h），然后冷却至 427℃ 以下（要求从 925℃ 至 538℃ 冷却时间少于 3min），以获得均匀的奥氏体组织。经过固溶处理的铬镍奥氏体不锈钢，其强度和硬度较低，韧性较好，具有很高的耐腐蚀和耐高温性能。

对于含有钛和铌的铬镍奥氏体不锈钢，为了防止晶间腐蚀，必须使钢中的碳全部固定在碳化钛或碳化铌中，以此为目的的热处理称为稳定化处理。稳定化处理是指将工件加热到 850~900℃，保温足够长的时间，快速冷却的热处理工艺。

9.5 　金属材料的分类

金属材料大致可分为黑色金属和有色金属两大类。黑色金属通常指钢和铸铁；有色金属是指黑色金属以外的金属及其合金，如铜合金、铝及铝合金等。

9.5.1 　钢

钢分为碳素钢（简称碳钢）和合金钢两大类。

碳钢是指碳的质量分数小于 2.11% 并含有少量硅、锰、硫、磷杂质的铁碳合金。工业用碳钢中碳的质量分数一般为 0.05%~1.35%。

为了提高钢的力学性能、工艺性能或某些特殊性能（如耐蚀性、耐热性、耐磨性等），冶炼中有目的地加入一些合金元素（如 Mn、Si、Cr、Ni、Mo、W、V、Ti 等），这种钢称为合金钢。

1. 碳钢

（1）碳钢的分类　碳钢的分类方法有多种，常见的有以下三种。

1）按钢中碳的质量分数分。

① 低碳钢，碳的质量分数<0.25%。

② 中碳钢，碳的质量分数为 0.25%~0.60%。

③ 高碳钢，碳的质量分数>0.60%。

2）按钢的质量分为普通钢和优质钢，其中优质钢（按有害元素 S、P 含量）分为如下几种：

① 优质钢，钢中 S、P 质量分数分别≤0.045% 和 0.040%。

② 高级优质钢，用符号 A 表示，钢中 S、P 质量分数均≤0.030%。

③ 特级优质钢，用符号 E 表示，钢中 S、P 质量分数分别≤0.020% 和 0.025%。

3）按钢的用途分。

① 碳素结构钢，主要用于制造一般工程结构和普通机械零件等。

② 优质碳素结构钢，主要用于制造重要机械结构零件。为适应某些专业的特殊用途，派生出锅炉与压力容器、船舶、桥梁、汽车、农机以及纺织机械等一系列专业用钢。

③ 碳素工具钢，主要用于制作低速、手动刀具及常温下使用的工具、量具和模具等。

（2）碳钢牌号的表示方法

1）碳素结构钢。碳素结构钢的牌号由屈服强度"屈"字汉语拼音第一个字母 Q、屈服强度数值、质量等级符号（A、B、C、D、E）及脱氧方法符号（F、b、Z）四部分按顺序组成。其中质量等级按 A、B、C、D、E 顺序依次升高。不同质量等级冲击试验要求不同：A 表示不要求保证 V 型切口冲击吸收能量（J），B 表示要求做 20℃下的冲击试验，C 为 0℃冲击试验，D 为 -20℃下冲击试验，E 为 -40℃下冲击试验。F 代表沸腾钢，b 代表半镇静钢，Z 代表镇静钢等。如 Q235AF 表示屈服强度为 235MPa 的 A 级沸腾碳素结构钢。

2）优质碳素结构钢。优质碳素结构钢的牌号用两位数字表示。这两位数字代表钢中的平均碳的质量分数的万分之几。例如，钢 45 表示平均碳的质量分数为 0.45% 的优质碳素结构钢，08 钢表示平均碳的质量分数为 0.08% 的优质碳素结构钢。

3）碳素工具钢。碳素工具钢的牌号是用"碳"字汉语拼音第一个字母 T 和数字表示。其数字表示钢的平均碳的质量分数的千分之几。若为高级优质钢，则在数字后面加"A"。例如，T12 钢表示平均碳的质量分数为 1.2% 的碳素工具钢，T8 钢表示平均碳的质量分数为 0.8% 的碳素工具钢，T12A 钢表示平均碳的质量分数为 1.2% 的高级优质碳素工具钢。

（3）部分典型金属材料牌号及成分

1）碳素结构钢。常用碳素结构钢的牌号、化学成分及用途见表 9-5（摘自 GB/T 700—2006）。

表 9-5　碳素结构钢的牌号、化学成分及用途

牌号	等级	厚度（或直径）/mm	脱氧方法	化学成分（质量分数）（%），不大于					应用举例
				C	Si	Mn	P	S	
Q195	—	—	F、Z	0.12	0.30	0.50	0.035	0.040	钉子、垫块及冲压件等
Q215	A	—	F、Z	0.15	0.35	1.20	0.045	0.050	
	B							0.045	
Q235	A	—	F、Z	0.22	0.35	1.40	—	0.050	小轴、螺栓、螺母、法兰等
	B			0.22			0.045	0.045	
	C		Z	0.17			0.040	0.040	
	D		TZ				0.035	0.035	
Q275	A	—	F、Z	0.24	0.35	1.5	0.045	0.050	转轴、心轴、齿轮等
	B	≤40	Z	0.21			0.045	0.045	
		>40		0.22					
	C		Z	0.20			0.040	0.040	
	D		TZ				0.035	0.035	

2）优质碳素结构钢。常用优质碳素结构钢的牌号和化学成分见表 9-6（摘自 GB/T 699—2015）。

2. 合金钢

（1）合金钢的分类　合金钢的分类方法有多种。

1）按用途分。

① 合金结构钢，用于制造各种性能要求更高的机械零件和工程构件。

② 合金工具钢，用于制造各种性能要求更高的刀具、量具和模具。

表 9-6　优质碳素结构钢的牌号和化学成分

牌号	化学成分（质量分数,%）							
	C	Si	Mn	P	S	Cr	M	Cu
				≤				
08①	0.05~0.11	0.17~0.37	0.35~0.65	0.035	0.035	0.10	0.30	0.25
10	0.07~0.13	0.17~0.37	0.35~0.65	0.035	0.035	0.15	0.30	0.25
15	0.12~0.18	0.17~0.37	0.35~0.65	0.035	0.035	0.25	0.30	0.25
20	0.17~0.23	0.17~0.37	0.35~0.65	0.035	0.035	0.25	0.30	0.25
25	0.22~0.29	0.17~0.37	0.50~0.80	0.035	0.035	0.25	0.30	0.25
30	0.27~0.34	0.17~0.37	0.50~0.80	0.035	0.035	0.25	0.30	0.25
35	0.32~0.39	0.17~0.37	0.50~0.80	0.035	0.035	0.25	0.30	0.25
40	0.37~0.44	0.17~0.37	0.50~0.80	0.035	0.035	0.25	0.30	0.25
45	0.42~0.50	0.17~0.37	0.50~0.80	0.035	0.035	0.25	0.30	0.25
50	0.47~0.50	0.17~0.37	0.50~0.80	0.035	0.035	0.25	0.30	0.25
55	0.52~0.60	0.17~0.37	0.50~0.80	0.035	0.035	0.25	0.30	0.25
60	0.57~0.65	0.17~0.37	0.50~0.80	0.035	0.035	0.25	0.30	0.25
65	0.62~0.70	0.17~0.37	0.50~0.80	0.035	0.035	0.25	0.30	0.25
70	0.67~0.75	0.17~0.37	0.50~0.80	0.035	0.035	0.25	0.30	0.25
75	0.72~0.80	0.17~0.37	0.50~0.80	0.035	0.035	0.25	0.30	0.25
80	0.77~0.85	0.17~0.37	0.50~0.80	0.035	0.035	0.25	0.30	0.25
85	0.82~0.90	0.17~0.37	0.50~0.80	0.035	0.035	0.25	0.30	0.25
15Mn	0.12~0.18	0.17~0.37	0.70~1.00	0.035	0.035	0.25	0.30	0.25
20Mn	0.17~0.23	0.17~0.37	0.70~1.00	0.035	0.035	0.25	0.30	0.25
25Mn	0.22~0.29	0.17~0.37	0.70~1.00	0.035	0.035	0.25	0.30	0.25
30Mn	0.27~0.34	0.17~0.37	0.70~1.00	0.035	0.035	0.25	0.30	0.25
35Mn	0.32~0.39	0.17~0.37	0.70~1.00	0.035	0.035	0.25	0.30	0.25
40Mn	0.37~0.44	0.17~0.37	0.70~1.00	0.035	0.035	0.25	0.30	0.25
45Mn	0.42~0.50	0.17~0.37	0.70~1.00	0.035	0.035	0.25	0.30	0.25
50Mn	0.48~0.56	0.17~0.37	0.70~1.00	0.035	0.035	0.25	0.30	0.25
60Mn	0.57~0.65	0.17~0.37	0.70~1.00	0.035	0.035	0.25	0.30	0.25
65Mn	0.62~0.70	0.17~0.37	0.90~1.20	0.035	0.035	0.25	0.30	0.25
70Mn	0.67~0.75	0.17~0.37	0.90~1.20	0.035	0.035	0.25	0.30	0.25

① 用铝脱氧的镇静钢，碳、锰的质量分数下限不限，锰的质量分数上限为 0.04%，硅的质量分数不大于 0.03%，全铝的质量分数为 0.020%~0.070%，此时牌号为 08Al。

③ 特殊性能钢，具有特殊物理和化学性能的钢，如不锈钢、耐热钢和耐磨钢等。

2）按合金元素总含量分。

① 低合金钢，合金元素总质量分数小于 5%。

② 中合金钢，合金元素总质量分数为 5%~10%。

③ 高合金钢，合金元素总质量分数大于 10%。

3）按钢的组织分：珠光体钢、奥氏体钢、铁素体钢和马氏体钢等。

4）按所含主要合金元素分：铬钢、铬镍钢、锰钢和硅锰钢等。

（2）合金钢牌号的表示方法　合金钢是按钢材的碳的质量分数以及所含合金元素的种类和数量编号的。

1）钢号首部是表示碳的平均质量分数的数字，表示方法与优质碳素钢相同。对于合金结构钢，以万分数计，如首部数字为 45，则表示碳的平均质量分数为 0.45%；对于合金工具钢，以千分数计，如首部数字为 5，则表示碳的平均质量分数为 0.5%。

2）在表示碳的平均质量分数的数字后面，用元素的化学符号表示出所含的合金元素。合金元素的质量分数以百分之几表示，当平均质量分数小于 1.5% 时，只标明元素符号，不标质量分数。例如，25Mn2V 表示碳的平均质量分数为 0.25%，锰的质量分数约为 2%，钒的质量分数小于 1.5% 的合金结构钢；9SiCr 表示碳的平均质量分数为 0.9%，含硅、铬都小于 1.5% 的合金工具钢；09MnNiDR 表明该合金钢碳的平均质量分数 0.09%，锰、镍平均质量分数均小于 1.5%，是低温压力容器专用钢。

3）对于碳的质量分数超过 1.0% 的合金工具钢，则在牌号中不表示碳的质量分数。如 CrWMn 钢表示碳的质量分数大于 1.0%，并含有铬、钨、锰三种合金元素的合金工具钢。但也有特例，高速钢中碳的质量分数小于 1.0%，牌号中也不表示碳的质量分数。如 W18Cr4V 钢，其碳的质量分数仅为 0.7%~0.8%。

4）特殊性能钢牌号表示方法基本上与合金工具钢相同。如 2Cr13 表示平均碳的质量分数为 0.2%，铬的质量分数约为 13% 的不锈钢。

5）有些特殊用钢则用专门的表示方法，例如，滚动轴承钢的牌号以 G 表示，不标碳的质量分数，铬的平均含量用千分之几表示。GCr15 表示铬的质量分数为 1.5% 的滚动轴承钢。又如锅炉或压力容器专用碳素钢在牌号后尾附加 R 或 g，分别表示容器和锅炉，如 20R、20g 等。

6）对于高级优质钢，在钢号末尾加一个"A"字，如 38CrMoAlA。

（3）合金钢的用途举例

1）低合金高强度结构钢。低合金高强度结构钢交货状态分为热轧状态和正火或正火轧制状态等。热轧钢牌号、化学成分见表 9-7，摘自 GB/T 1591—2018。

2）不锈钢和耐热钢。常用不锈钢和耐热钢的牌号、化学成分见 GB/T 20878—2007。

不锈钢是指以不锈、耐蚀性为主要特性，且铬的质量分数至少为 10.5%，碳的质量分数最大不超过 1.2% 的钢。

耐热钢是指在高温下具有良好的化学稳定性或较高强度的钢。

不锈钢主要包括以下几类：

① 奥氏体型不锈钢：基体以面心立方晶体结构的奥氏体组织（A 相）为主，无磁性，主要通过冷加工使其强化（并可能导致一定的磁性）的不锈钢。

② 奥氏体-铁素体（双相）型不锈钢：基体兼有奥氏体和铁素体两相组织（其中较少相的质量分数一般大于 15%），有磁性，可通过冷加工使其强化的不锈钢。

③ 铁素体型不锈钢：基体以体心立方晶体结构的铁素体组织（F 相）为主，有磁性，一般不能通过热处理硬化，但冷加工可使其轻微强化的不锈钢。

表 9-7　热轧钢牌号、化学成分

牌号		化学成分(质量分数,%)														
钢级	质量等级	C①		Si	Mn	P③	S③	Nb④	V⑤	Ti⑤	Cr	Ni	Cu	Mo	N⑥	B
		公称厚度或直径/mm														
		≤40②	>40	不大于												
		不大于														
Q355	B	0.24		0.55	1.60	0.035	0.035	—	—	—	0.30	0.30	0.40	—	0.012	
	C	0.20	0.22			0.030	0.030									
	D	0.20	0.22			0.025	0.025								—	
Q390	B	0.20		0.55	1.70	0.035	0.035	0.05	0.13	0.05	0.30	0.50	0.50	0.10	0.015	—
	C					0.030	0.030									
	D					0.025	0.025									
Q420⑦	B	0.20		0.55	1.70	0.035	0.035	0.05	0.13	0.05	0.30	0.80	0.40	0.20	0.015	—
	C					0.030	0.030									
Q460⑦	C	0.20		0.55	1.80	0.030	0.030	0.05	0.13	0.05	0.30	0.80	0.20	0.20	0.015	0.004

① 公称厚度大于 100mm 的型钢，碳的质量分数可由供需双方协商确定。

② 公称厚度大于 30mm 的钢材，碳的质量分数不大于 0.22%。

③ 对于型钢和棒材，其磷和硫的质量分数上限值可提高 0.005%。

④ Q390、Q420 最高可到 0.07%，Q460 最高可到 0.11%。

⑤ 最高可到 0.20%。

⑥ 如果钢中酸溶铝 Als 的质量分数不小于 0.015%或全铝 Alt 的质量分数不小于 0.020%，或添加了其他固氮合金元素，氮元素含量不限制，固氮元素应在质量证明书中注明。

⑦ 仅适用于型钢和棒材。

④ 马氏体型不锈钢：基体为马氏体组织，有磁性，通过热处理可调整其力学性能的不锈钢。

⑤ 沉淀硬化型不锈钢：基体为奥氏体或马氏体组织，并能通过沉淀硬化（又称时效硬化）处理使其硬（强）化的不锈钢。

不锈钢和耐热钢统一数字代号为 S1××××~S5××××，S 为 Stainless and Heat-resisting Steel 的首位字母。铁素体型钢的数字代号为 S1××××，奥氏体-铁素体型钢的数字代号为 S2××××，奥氏体型钢的数字代号为 S3××××，马氏体型钢的数字代号为 S4××××，沉淀硬化型钢的数字代号为 S5××××。

3）锅炉和压力容器用钢。锅炉和压力容器常用的合金结构钢牌号（GB 713—2014《锅炉和压力容器用钢板》）有 Q345R、Q370R、18MnMoNbR、13MnNiMoR、15CrMoR、14Cr1MoR 和 12Cr2Mo1R 等。

① Q345R。Q345R 具有良好的力学性能，一般在热轧状态使用。对于中厚板材可进行 900~920℃正火处理，正火后强度略有下降，但塑性、韧性、低温冲击吸收能量都显著提高。Q345R 的焊接性良好，一般情况下钢板厚度≤34mm 时焊前可不预热；对于重要的受压元件和钢板厚度>34mm 的构件，焊后一般需要进行消除应力退火，通常加热至 600~650℃，保温后空冷。Q345R 耐大气腐蚀性能优于低碳钢，在海洋环境中也有较好的耐蚀性。该材

料的缺口敏感性大于碳素结构钢。当缺口存在时，疲劳强度下降，且易产生裂纹。

② Q370R。Q370R 是国内近年来研制出来的一种新型钢材，具有优良的综合性能，一般采用控轧或正火处理，以保证组织和晶粒的均匀，正火加热温度一般为 860~950℃。Q370R 钢板经正火热处理后，强度降低，但塑性、韧性、低温冲击吸收能量都有所提高。其强度和韧性优于 Q345R，而焊接性能及抗硫化氢应力腐蚀性能与 Q345R 钢相近，成本与国外同性能材料相比要低很多，主要用于大型液化石油气球罐。

③ 18MnMoNbR。18MnMoNbR 在热轧状态下，晶粒粗大，韧性偏低，故一般在热处理后使用。可以施行的热处理工艺有两种，一种是在 950~980℃ 正火后，在 620~650℃ 进行回火处理；另一种是调质处理。正火加回火后显微组织为低碳贝氏体，而调质处理后组织中出现低碳马氏体。18MnMoNbR 的焊接性尚可，有一定的淬硬倾向。焊接工艺中最关键的措施是焊前预热和焊后消氢处理，否则易产生氢致延迟裂纹。

④ 13MnNiMoR。13MnNiMoR 钢属于高强度钢，热强性能高，抗裂纹敏感性好，被广泛用于制造高压锅炉锅筒、核能容器及其他耐高压容器等。当产品厚度较厚时，13MnNiMoR 钢焊接性能较差，易产生焊接冷裂纹，故焊接过程中不宜采用较大的焊接热输入，焊后要立即采取消氢处理措施，保持焊接接头缓冷，以利于热影响区淬硬倾向和氢的逸出，降低冷裂纹倾向。

⑤ 15CrMoR。15CrMoR 是低合金高强度耐热钢，在 550℃ 以下具有较好的高温持久强度，其组织为珠光体+铁素体，属珠光体耐热钢。该钢种在高温情况下有很好的抗氧化、抗硫腐蚀和抗氢蚀性能，同时具有良好的工艺性能和物理性能。钢中的主要元素铬和钼延迟了钢在冷却过程中的转变，提高了过冷奥氏体的稳定性，因而显著提高了钢的淬硬性。焊接中容易产生冷裂纹、再热裂纹和回火脆性。通常以正火+回火供货。

⑥ 14Cr1MoR。14Cr1MoR 钢属于低合金贝氏体耐热钢，具有较好的耐热强度及抗氧化、抗氢、抗硫腐蚀性能。该钢交货状态为正火加回火。目前较广泛应用于煤化工、石油化工及化学工业用设备制造领域。14Cr1MoR 低合金耐热钢焊接性较差，具有一定程度的淬硬性以及氢致裂纹和再热裂纹倾向。

⑦ 12Cr2Mo1R。12Cr2Mo1R 钢是临界、超临界和超超临界燃煤发电技术中广泛采用的珠光体耐热钢，具有合金含量高、性能要求高的特点。它是一种临氢设备用钢，主要用于石油化工行业，其对质量要求非常严格，在高温、高压及临氢工况下需满足强度、耐回火脆化、氢腐蚀的要求，并要具有良好的成形性能、焊接性能等。钢板以正火加回火状态供货，回火温度不低于 675℃。

4）低温用钢。随着低温工业和深冷技术的发展，大量的压力容器和压力管道要在低温条件下工作。这类容器最关键的性能就是低温冲击吸收能量。影响低温韧性的因素有晶体结构、晶粒尺寸、脱氧方法、热处理状态、钢板厚度和合金元素等。目前，国内规范区分低温压力容器和非低温压力容器的界限温度为-20℃。

碳强烈地影响钢的低温韧性。随着碳的质量分数的增加，钢的韧脆转变温度急剧上升。因此低温用钢的碳的质量分数一般限制在 0.2% 以下。锰和镍元素是低温钢中常用的合金元素，对改善钢的低温韧性十分有利。存在于钢中的 S、P、Sn、Pb 等微量元素和 N、H、O 等气体元素对钢的低温韧性都是有害的。

低温压力容器用钢板（GB 3531—2014）的主要牌号有 16MnDR、15MnNiDR 和

09MnNiDR。此类钢属于铁素体钢，显微组织为铁素体加少量珠光体。此类钢属于铁素体低合金钢，显微组织为铁素体加少量珠光体，碳及其他合金元素含量低。由于碳当量不高，淬硬倾向小，焊接性能良好，一般不易产生焊接冷裂纹；由于硫、磷含量低，所以不易产生热裂纹。

5）铸钢。铸钢也是一种重要的铸造合金，其应用仅次于铸铁。铸钢件的力学性能优于各类铸件，并具有优良的焊接性能，适于采用铸焊联合工艺制造重型铸件。生产上铸钢主要用于制造形状复杂、难于锻造而又需承受冲击载荷的零部件，如机车车架、火车车轮、水压机的缸和立柱、大型齿轮、轧钢机机架等。

常用的铸钢有碳素铸钢和合金铸钢两大类，其中碳素铸钢应用较广，约占铸钢件的80%。一般工程用铸钢的牌号由"ZG"加两组数字表示。其中"ZG"为"铸钢"两字汉语拼音的第一个字母，后面两位数字分别表示材料的最小屈服强度值和最小抗拉强度值，如ZG200-400、ZG270-500 和 ZG340-640 等。

9.5.2　铸铁

铸铁是碳的质量分数大于 2.11% 的铁碳合金，它含有比碳钢更多的硅、锰、硫、磷等杂质。工业上常用的铸铁中碳的质量分数为 2.5%~4.0%。根据铸铁中碳的存在形式不同，铸铁可分为白口铸铁和灰铸铁两大类。

1. 白口铸铁

白口铸铁中的碳几乎全部以 Fe_3C 形式存在，断口呈银白色，性能硬而脆，很难进行切削加工，工业上极少用来制造机械零件，主要用作炼钢原料或用于可锻铸铁的毛坯。

2. 灰铸铁

灰铸铁中的碳大部分或全部以自由状态的石墨形式存在，断口呈暗灰色。根据灰铸铁中石墨存在形式的不同，它又可分为普通灰铸铁、可锻铸铁和球墨铸铁等。

（1）普通灰铸铁　简称灰铸铁，其石墨形态呈片状。由于片状石墨的存在，割裂了金属基体组织，减少了承载的有效面积，因此其综合力学性能较低，但其减振性、耐磨性、铸造性及切削加工性较好，主要用于制造承受压力的床身、箱体、机座和导轨等零件。

灰铸铁牌号的表示方法为"HT"加数字，其中"HT"是"灰铁"两字汉语拼音的第一个字母，数字表示最低抗拉强度。常用的灰铸铁牌号为 HT100、HT150、HT200、HT250和 HT300 等。

（2）可锻铸铁　可锻铸铁是由白口铸铁经石墨化退火得到的，其石墨形态呈团絮状。由于其石墨呈团絮状，对金属基体的割裂作用减小，故其抗拉强度、塑性、韧性都比灰铸铁高，主要用于制造一些形状比较复杂而在工作中承受一定冲击载荷的薄壁小型零件，如管接头、农具等。可锻铸铁的牌号由"KTH"或"KTZ"加两组数字组成。其中"KT"是"可铁"两字汉语拼音的第一个字母，后面的"H"表示黑心可锻铸铁，"Z"表示珠光体可锻铸铁；其后面的两组数字分别表示材料的最低抗拉强度数值和最小伸长率数值。其主要牌号有 KTH350-10、KTZ550-04 等。

（3）球墨铸铁　球墨铸铁中石墨形态呈球状。由于球状石墨对金属基体的割裂作用更小，因此它具有较高的强度、塑性和韧性，所以应用较广，在某些情况下可替代中碳钢使用。主要用于制造受力较复杂、负荷较大的机械零件，如曲轴、连杆、齿轮和凸轮轴等。

球墨铸铁的牌号由"QT"加两组数字组成。其中"QT"是"球铁"两字汉语拼音的第一个字母，两组数字分别表示最低抗拉强度数值和最小伸长率数值。主要牌号有 QT500-7、QT800-2 等。

9.5.3　铜合金及铝合金

铜合金及铝合金是工业上最常用的有色合金。因其具有某些特殊的使用性能，现已成为现代工业技术中不可缺少的材料。

1. 铜合金

在纯铜中加入某些合金元素（如锌、锡、铝、铍、锰、硅、镍和磷等），就形成了铜合金。铜合金具有较好的导电性、导热性和耐蚀性，同时具有较高的强度和耐磨性。根据成分不同，铜合金分为黄铜和青铜等。

（1）黄铜　黄铜是以锌为主要合金元素的铜合金。按照化学成分不同，黄铜分为普通黄铜和特殊黄铜两种。

1）普通黄铜。普通黄铜是铜锌二元合金。由于塑性好，适于制造板材、棒材、线材、管材及深冲零件，如冷凝管、散热管及机械、电器零件等。铜的平均质量分数为 62% 和 59% 的黄铜也可进行铸造，称为铸造黄铜。

2）特殊黄铜。为了获得更高的强度、耐蚀性和良好的铸造性能，在铜锌合金中加入铝、硅、锰、铅、锡等元素，就形成了特殊黄铜，如铅黄铜、锡黄铜、铝黄铜、硅黄铜、锰黄铜等。

铅黄铜的切削性能优良，耐磨性好，广泛用于制造钟表零件，经铸造制作轴瓦和衬套。

锡黄铜的耐蚀性能好，广泛用于制造海船零件。

铝黄铜中的铝能提高黄铜的强度和硬度，提高在大气中的耐蚀性，用于制造耐蚀零件。

硅黄铜中的硅能提高铜的力学性能、耐磨性和耐蚀性，主要用于制造海船零件及化工机械零件。

（2）青铜　青铜原指铜锡合金，但工业上习惯称含铝、硅、铅、铍、锰等的铜合金为青铜，所以青铜实际上包括锡青铜、铝青铜、铍青铜、硅青铜和铅青铜等。青铜也分为压力加工青铜和铸造青铜两类。

1）锡青铜。以锡为主要合金元素的铜基合金称为锡青铜。工业中使用的锡青铜中，锡的质量分数大多在 3%～14% 之间。锡的质量分数小于 5% 的锡青铜适于冷加工，锡的质量分数为 5%～7% 的锡青铜适于热加工，锡的质量分数大于 10% 的锡青铜适于铸造。锡青铜在造船、化工、机械和仪表等工业中广泛应用，主要用于制造轴承、轴套等耐磨零件、弹簧等弹性元件以及附蚀、抗磁零件等。

2）铝青铜。以铝为主要合金元素的铜基合金称为铝青铜。铝青铜的力学性能比黄铜和锡青铜高。实际应用的铝青铜中铝的质量分数在 5%～12% 之间，含铝为 5%～7% 的铝青铜塑性最好，适于冷加工。铝的质量分数为 7%～8% 时，强度增加，但塑性急剧下降，因此多在铸态或经热加工后使用。铝青铜的耐磨性以及在大气、海水、碳酸和大多数有机酸中的耐蚀性均比黄铜和锡青铜高。铝青铜可制造齿轮、轴套、蜗轮等高强度抗磨零件以及高耐蚀性弹性元件。

3）铍青铜。以铍为基本元素的铜基合金称为铍青铜。铍青铜中铍的质量分数为 1.7%～

2.5%。铍青铜的弹性极限、疲劳极限都很高，耐磨性和耐蚀性优异，具有良好的导电性和导热性，还具有无磁性、受冲击时不产生火花等优点。铍青铜主要用于制作精密仪器的重要弹簧、钟表齿轮、高速高压下工作的轴承、衬套、电焊机电极、防爆工具以及航海罗盘等重要机件。

2. 铝合金

铝中加入合金元素就形成了铝合金。铝合金具有较高的强度和良好的加工性能。根据成分及加工特点，铝合金分为形变铝合金和铸造铝合金。

（1）形变铝合金　形变铝合金包括防锈铝合金、硬铝合金和超硬铝合金等。因其塑性好，故常利用压力加工方法制造冲压件、锻件等，如铆钉、焊接油箱、管道、容器、发动机叶片、飞机大梁及起落架、内燃机活塞等。

（2）铸造铝合金　铸造铝合金是用于制造铝合金铸件的材料，按主要合金元素的不同，铸造铝合金分为铝硅铸造铝合金、铝铜铸造铝合金、铝镁铸造铝合金和铝锌铸造铝合金。

1）铝硅铸造铝合金。铝硅铸造铝合金是应用最广的铸造铝合金，通常称为硅铝明。其铸造性能好，密度小，并有相当好的耐蚀性和耐热性，适于制造形状复杂的零件，如泵体、电动机壳体、发动机的气缸头、活塞以及汽车、飞机、仪器上的零件，也可制造日用品。

2）铝铜铸造铝合金。铝铜铸造铝合金的强度较高，耐热性较好，铸造性能较差，常用于铸造内燃机气缸头、活塞等零件，也可作为结构材料铸造承受中等载荷、形状较简单的零件。

3）铝镁铸造铝合金。铝镁铸造铝合金强度高、密度小，有良好的耐蚀性，但铸造性能不好，多用于制造承受冲击载荷、在腐蚀性介质中工作、外形简单的零件，如舰船配件、氨用泵体等。

4）铝锌铸造铝合金。铝锌铸造铝合金价格便宜，铸造性能优良，强度较高，但耐蚀性差，热裂倾向大，常用于制造汽车、拖拉机发动机零件及形状复杂的仪器元件，也可用于制造日用品。

9.5.4　钛和钛合金

1. 钛和钛合金简介

纯钛金属的密度为 $4.51g/cm^3$，仅为钢的 60% 左右，但其强度接近普通钢的强度，高强度钛合金的强度值超过了许多合金结构钢的强度值，因此钛合金的比强度远大于其他金属材料。钛合金具有耐腐蚀性能好、低温性能好等优点，使其在工程结构中得到了越来越广泛的应用。

2. 钛合金在大国工程中的应用

"蛟龙"号载人深潜器是我国首台自主设计、自主集成研制的作业型深海载人潜水器，设计最大下潜深度为 7000m 级，也是目前世界上可下潜深度最深的作业型载人潜水器。潜水器上的每一个部件都能抗 7000m 的压力。在 3700m 水深时，每平方米的面积需要承受 3700t 的重量。"蛟龙号"在设计时较好地解决了这个问题，它的外壳极厚，由钛合金制造，通过先进的焊接技术连为一体，抗压能力很强。

第10章 典型工艺及其典型不连续性

在工程技术界，人们普遍认为没有缺陷的材料是不存在的，而所有的装置、设备又都是选用不同材料来制作零部件，然后安装而成的。不产生缺陷的加工工艺也是没有的，而所有的零部件都经过不同的生产工艺制造。

在对材料或构件进行无损检测时，首先要明确检测对象，然后确定采用的检测方法和检测规范，以达到预期目的。因此，必须预先分析被检测工件的材质、成形方法、加工过程和使用经历，预先分析缺陷的可能类型、方位和性质，以便有针对性地选择恰当的检测方法进行检测。

10.1 铸造工艺及其典型不连续性

10.1.1 铸造工艺

将液体金属浇注到具有与零件形状相适应的铸型空腔中，待其冷却凝固后，以获得零件或毛坯的方法称为铸造，如图 10-1 所示。

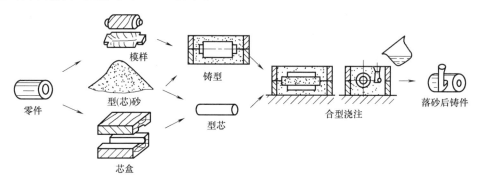

图 10-1 铸造工艺过程

1. 常见铸造生产方式

（1）砂型铸造 砂型铸造是将原砂和黏结剂、辅助材料按一定比例混制好以后，用模样造出砂型，浇入液体金属而形成铸件的一种方法。砂型铸造是应用最普遍的一种铸造方法。

（2）熔模铸造 熔模铸造又称为失蜡铸造，通常是在蜡模表面涂上数层耐火材料，待其硬化干燥后，将其中的蜡模熔去而制成型壳，再经过焙烧、浇注而获得铸件的一种方法。由于获得的铸件具有较高的尺寸精度和较低的表面粗糙度值，所以又称为熔模精密铸造。

（3）金属型铸造 金属型铸造又称为硬模铸造，它是将液体金属用重力浇注法浇入金属铸型，以获得铸件的一种铸造方法，所以又称为重力铸造。

（4）低压铸造 低压铸造是液体金属在压力作用下由下而上地充填型腔，以形成铸件的一种方法。由于所用的压力较低，所以称为低压铸造。

（5）压力铸造　压力铸造简称压铸，是在高压作用下，使液态或半液态金属以较高的速度充填压铸型型腔，并在压力作用下凝固而获得铸件的一种方法。

（6）离心铸造　离心铸造是将液体金属浇入旋转的铸型中，使液体金属在离心力的作用下充填铸型和凝固成形的一种铸造方法。

（7）连续铸造　连续铸造是将熔融的金属不断浇入一种称为结晶器的特殊金属型中，凝固了的铸件连续不断地从结晶器的另一端拉出，从而获得任意长度或特定长度铸件的一种方法。

（8）消失模铸造　消失模铸造是采用泡沫气化模造型，浇注前不用取出模样，直接往模样上浇注金属液，模样在高温下气化，腾出空间由金属液充填成形的一种铸造方法，也称为实型铸造。

2. 合金的铸造性能

合金的铸造性能主要有流动性和收缩性。

（1）液态合金的充型能力　液态合金充满铸型，获得形状完整、轮廓清晰铸件的能力，称为液态合金的充型能力。充型能力不足，会使铸件产生浇不足或冷隔缺陷。

1）合金的流动性。合金的流动性是指液态合金自身的流动能力，属于合金的一种主要铸造性能。良好的流动性不仅易于铸造出薄而复杂的铸件，也利于铸件在凝固时的补缩以及气体和非金属夹杂物的逸出和上浮。反之，流动性差的合金易使铸件出现浇不足、冷隔、气孔、夹渣和缩孔等缺陷。

影响流动性的因素有很多，如合金的种类、成分和结晶特征及其他物理量等。合金的种类不同，其流动性不同。常用铸造合金中，铸铁和硅黄铜的流动性最好，铝硅合金次之，铸钢最差。合金的成分和结晶特征对流动性的影响最为显著，共晶成分合金流动性最好。液态合金的黏度、结晶潜热和热导率等物理参数对流动性也有影响，一般黏度越大、结晶潜热越小和热导率越小，其流动性越差。

2）浇注条件。浇注温度对合金充型能力的影响极为显著。在一定范围内，提高液态合金的浇注温度能改善其流动性，从而提高其充型能力。对薄壁铸件或流动性较差的合金可适当提高浇注温度，以防产生浇不足和冷隔。但是浇注温度过高，又会使液态合金吸气严重、收缩增大，易产生其他缺陷。故在保证液态合金流动性足够的前提下，浇注温度应尽可能低。通常灰铸铁的浇注温度为 1200~1380℃，铸钢的浇注温度为 1520~1620℃，铝合金的浇注温度为 680~780℃。液态合金在流动方向上所受压力越大，其充型能力越好。砂型铸造时，由直浇道高度提供静压力作为充型压力，所以直浇道的高度应适当。

3）铸型的充型条件。铸型结构和性能中，凡能增大液态合金流动阻力、降低流速和加快其冷却的因素，均会降低其充型能力。如铸型型腔过窄、预热温度过低、排气能力太差及铸型导热过快等，均使液态合金的充型能力降低。

4）铸件的结构。铸件壁厚越薄，结构形状越复杂，液态合金的充型能力越差。应采取提高浇注温度、提高充型压力和预热铸型等措施来改善其充型能力。

（2）铸造合金的收缩　从浇注、凝固，直至冷却至室温的过程中，铸造合金的体积或尺寸会缩减的现象称为收缩，收缩是合金的物理属性。但铸造合金的收缩给铸造工艺带来许多困难，是形成缩孔、缩松、变形和裂纹等多种铸造缺陷的根本原因。

铸造合金从浇注铸型开始到冷却至室温，经历了如下三个收缩阶段：

1）液态收缩。液态合金从浇注温度冷却到液相线温度之间的收缩为液态收缩。其表现为铸型内液态合金液面下降。

2）凝固收缩。从液相线温度到固相线温度之间的收缩为凝固收缩。共晶成分的合金或纯金属是在恒温下结晶的，凝固收缩较小。有一定结晶温度范围的合金，随着结晶温度范围的增大，凝固收缩增大。

以上两个阶段的收缩是铸件产生缩孔和缩松的基本原因。

3）固态收缩。自固相线温度至室温间的收缩为固态收缩。

总之，以上三个阶段的收缩之和为铸造合金总收缩。由于液态收缩和凝固收缩主要表现为合金体积的缩减，常用体收缩率，即单位体积的收缩量来表示。而合金的固态收缩主要表现为铸件各方向上尺寸的缩小，常用线收缩率，即单位长度上的收缩量来表示。

10.1.2　铸件中的气孔

常见气体在铸件中的存在形态主要有三种：固溶体、化合物和分子状态。

若气体以原子状态溶解于金属中，则以固溶体形态存在。若气体与金属中某些元素的亲和力大于气体本身的亲和力，气体就与这些元素形成化合物。气体还能以分子状态聚集成气泡（孔）存在于金属中。存在于铸造合金中的气体主要有氢、氧、氮及其化合物。

铸件中气体的主要来源如下：

1）在熔炼过程中，合金液直接与炉气接触，是金属吸气的主要途径。

2）炉料的腐蚀或油污、使用潮湿或硫含量过高的燃料都会导致炉气中水蒸气、氢气和二氧化硫等气体的含量增加，增加合金液的吸气。

3）合金液与铸型的相互作用是合金吸气的另一途径。铸型中的水分（即使烘干的铸型，浇注前也会吸收水分）、黏土中的结晶水在金属液的热作用下分解、有机物的燃烧都能产生大量气体。

4）浇注系统设计不当、铸型透气性差、无足够的排气措施、浇注速度控制不当等都会使合金液在浇入型腔时发生喷射、飞溅和涡流使气体卷入，增加合金中的气体。

气孔是铸件中最常见的一种缺陷。它不但减小铸件的有效承载面积，还产生应力集中，成为零件断裂的裂纹源，从而显著降低铸件的强度和塑性。尤其是形状不规则的气孔，不仅增加了缺口敏感性，使金属的强度下降，而且降低了铸件的疲劳强度。弥散性气孔使铸件组织疏松，降低了铸件的致密性。溶解于固态金属中的气体对铸件性能和质量也有不良影响。例如，溶解在合金中的氧和氮使其强度提高，而塑性大幅降低。溶解在钢和铜合金中的氢易使合金产生细小裂纹而变脆，即氢脆。

1. 析出性气孔

金属液在凝固过程中因气体溶解度下降析出的气体所形成的气泡未能排出而形成的气孔，称为析出性气孔。这类气孔在铸件断面上大面积均匀分布，而在铸件最后凝固部位、冒口附近、热节（若铸件结构上两壁相交之处内切圆大于相交各壁的厚度，则此处凝固较迟，也是产生缩孔的部位，称为热节）。中心部位最为密集。析出性气孔呈团球状、多角状和断续裂纹状或呈混合型。析出性气孔常发生在同一炉或同一包浇注的全部或大多数铸件中。析出性气孔主要是氢气孔和氮气孔。铝合金铸件最易出现析出性气孔，其次是铸钢件，在铸铁件中有时也会出现。铸件产生析出性气孔时，冒口或浇口的缩孔减小，严重时浇冒口顶面甚至有不同程度的上涨。

析出性气孔的形成机理：合金凝固时，气体溶解度急剧下降，由于溶质的再分配，在固-液界面前的液相中气体溶质富集，当其浓度过饱和时，产生很大的析出动力，在固相衬底上析出气体，形成气泡，保留在铸件中成为析出性气孔。

影响析出性气孔产生的主要因素如下：

1）合金液原始含气量。含气量值越大，固态和液态中气体溶解度差值越大，凝固前沿液相中富集的气体浓度就越高，越容易形成析出性气孔。因此，凡是影响气体溶解度的因素都对析出性气孔的形成有影响。

2）合金成分。它除影响合金的原始含气量外，还决定了合金的收缩值及结晶温度范围。收缩量大和结晶温度宽的合金易产生析出性气孔。

3）气体的性质。氢比氮易析出且扩散速度快，氢比氮容易形成析出性气孔。

4）外界压力。外界压力越小，越易产生析出性气孔。

5）铸件的凝固方式。若铸件以逐层方式凝固，铸件中的液体结束前处于大气压力和金属液静压力作用下，溶解的气体不容易析出，即使产生气泡，也易于上浮排除。

2. 反应性气孔

金属液与铸型之间、金属液与熔渣之间或金属液内部某些元素、化合物之间发生化学反应所产生的气孔，称为反应性气孔。金属液与铸型间反应生成的气孔通常分布在铸件皮下 $1\sim3mm$，有时只在氧化皮下，经加工或清理暴露出来，故又称皮下气孔。皮下气孔有球状、梨状，孔径约 $1\sim3mm$；或呈长条状垂直于铸件表面，深度可达 $10mm$ 左右。皮下气孔表面光滑，呈银白色或金属亮色。

另一种反应性气孔是金属内部组元之间或组元与非金属夹杂物发生化学反应产生的蜂窝状气孔，呈梨状或团球状，分布均匀。

（1）金属液与铸型间的反应性气孔 该类反应性气孔一般是以氢气、氮气和一氧化碳为主的皮下气孔。

1）氢气孔。氢气孔的生成既与合金液原始含气量有关，也与浇注后吸氢量有关，而后者对氢气孔的生成敏感性更大。

薄壁铸件凝固速度快，表面很快形成硬壳，金属液与铸型相互作用的时间更短，表面层吸收的氢量较少，不易产生气孔。厚壁铸件凝固速度较慢，吸收的气体有足够的时间向内扩散，气体溶质在整个截面上分布趋于均匀。如果合金液原始含气量较低，则不易产生气孔。对于中等壁厚的铸件相互作用的时间较长，且吸收的气体又不能充分向铸件内部扩散，其表面层形成含气量较高的气体溶质富集区，在以后的凝固过程中，有可能产生气孔。因此，气孔对铸件壁厚十分敏感。

2）CO 气孔。钢液脱氧不良，残留的 FeO 或钢液与型腔表面的水蒸气反应生成的 FeO 与碳发生反应，生成的 CO 气体对皮下气孔的产生有重要影响。

3）氮气孔。在含氮树脂砂型铸造生产的铸件中常出现以氮气为主的皮下气孔。

皮下气孔的形状与铸件的凝固特点有关。铸件表面为柱状晶时，气泡沿晶界长大，则形成长条状皮下气孔。

（2）金属液内反应性气孔 这类反应性气孔有两种：金属液与熔渣相互作用生成的渣

气孔，金属液内成分之间作用形成的气孔。

浇注前由于未排除干净而残留于金属液中的熔渣以及浇注过程产生的二次氧化渣中含有的自由氧化物（如 FeO）与液相中富集的碳在高温下发生反应：

$$(FeO)+[C] \rightarrow Fe+CO \tag{10-1}$$

铁液中的石墨相与（FeO）也发生反应：

$$(FeO)+C_{石墨} \rightarrow Fe+CO \tag{10-2}$$

上述反应产物 CO 气体依附在（FeO）熔渣上，即形成渣气孔。渣气孔的明显特点是：气孔和氧化性熔渣相依附。

（3）金属液中元素间反应性气孔

1）碳-氧反应性气孔。若钢液脱氧不良，或铁液严重氧化，溶解的氧与金属液中的碳反应：

$$[FeO]+[C] \rightarrow [Fe]+CO \uparrow \tag{10-3}$$

生成的 CO 气泡使金属液沸腾。由于铸件凝固较快，许多 CO 气泡未能浮出铸件表面，形成气孔。CO 气泡上浮过程中，氢、氮等气体也会向其中扩散，所以可见到浇冒口上涨和冒泡现象。这种气孔多呈蜂窝状。

2）氢-氧反应性气孔。金属液中溶解的氢和氧析出，结合成 H_2O 气泡，若铸件凝固前未来得及浮出，则成为气孔。它多分布在铸件上部和热节处。这种气孔常见于还原性气氛中熔炼的铜合金。

3）碳-氢反应性气孔。铸件最后凝固部位的偏析液相中，含有较高浓度的 [H] 和 [C]，凝固过程中形成 CH_4 气泡，产生局部性气孔。这种气孔多见于铸钢件的中心部位。

10.1.3　铸件中的非金属夹杂物

铸件中的非金属夹杂物分为以下五类：

1）简单氧化物，如 FeO、CuO、Al_2O_3、MnO 和 SiO_2 等。

2）复杂氧化物，通常用 $AO \cdot B_2O_3$ 表示，如 $MnO \cdot Al_2O_3$、$MnO \cdot Fe_2O_3$ 和 $FeO \cdot Al_2O_3$ 等，这类夹杂物又称为尖晶石。

3）硅酸盐，通常化学式为 $lFeO \cdot mMnO \cdot nAl_2O_3 \cdot pSiO_2$，其中 l、m、n、p 为系数。

4）硫化物，如 FeS、MnS 和稀土硫化物。

5）氮化物，如 VN、TiN 和 AlN 等。

前三类非金属夹杂物统称为氧化物夹杂。

铸件中的非金属夹杂物主要来源如下：

1）硫产物，特别是一些密度大的脱氧产物未及时排除。

2）随着金属液温度的降低，硫、氧、氮等元素的溶解度相应下降，达到过饱和，这些过饱和析出的组元常以低熔点共晶或化合物的形式残留在金属中。

3）金属与外界物质相互作用生成的非金属夹杂物，如金属材料表面的粘砂、锈蚀、焦炭中的灰分熔化后成为熔渣，炉衬和浇包受金属液侵蚀生成的非金属夹杂物。

4）金属液被大气氧化生成的氧化物。

前两类非金属夹杂物称为内生夹杂物，后两类夹杂物称为外来夹杂物。内生夹杂物的类型和组成取决于金属的熔炼工艺与合金成分。外来夹杂物多为成分复杂的氧化物，其尺寸较大，形状多呈多角形，分布无规律。

1. 非金属夹杂物的生成

从溶有非金属元素的金属液中生成非金属夹杂物，其化学反应方程式为

$$m(Me) + n(C) = Me_m C_n \tag{10-4}$$

式中　Me、C——金属和非金属元素；

　　　$Me_m C_n$——生成的非金属夹杂物。

（1）浇注前形成的非金属夹杂物　金属在熔炼和炉前处理时产生的非金属夹杂物可能是脱氧、脱硫的产物，也可能是金属液与炉衬相互作用的产物。浇注前许多尺寸较大的夹杂物上浮到金属液表面，经过多次扒渣大部分被清除，但仍有数量可观、尺寸较小的非金属夹杂物残留在金属液内，随液流一起注入型腔。铸件凝固后残留在铸件的内部成为非金属夹杂物。

常见脱氧元素形成的非金属夹杂物有 SiO_2、Al_2O_3 和 $FeO \cdot Al_2O_3$ 等。

用硅铁对钢液脱氧时，瞬间在钢液中形成很多富硅区，硅和氧处于过饱和状态，析出 SiO_2。

在脱氧过程中，同一种脱氧剂能生成不同成分的脱氧产物。例如，用铝对钢液脱氧，脱氧夹杂物有 Al_2O_3 和 $FeO \cdot Al_2O_3$ 两种。

这些脱氧产物若未能及时排除，则以非金属夹杂物的形式存在于铸件中。

（2）浇注时形成的非金属夹杂物　在浇注及充型过程中生成的非金属夹杂物主要是氧化物，故又称为二次氧化夹杂物。液体金属与大气接触时，金属液表面层易氧化元素被氧化后，金属液内部该元素的原子则不断向表面扩散，又与被金属液表面吸附的氧原子相互作用而被氧化，金属液表面很快生成一层氧化膜。同时，表面吸附的氧原子也不断地向内扩散，氧化膜不断增厚，但氧原子向内扩散的距离不大。当形成一层致密的氧化膜后，阻止氧原子继续向内扩散，氧化膜就不再加厚。氧化膜一旦遭到破坏，表面又会生成一层氧化膜。例如，铝合金液表面形成的氧化铝膜（熔点 2045℃）一旦被扒掉，则立即生成一层新的氧化膜。

在浇注过程中金属液的断流、在充型过程中产生的涡流、飞溅等都会把氧化膜卷入金属液内产生氧化夹杂。

（3）凝固时形成的非金属夹杂物　合金液在凝固过程中，由于溶质再分配的结果，液相中的溶质浓度不断提高，当枝晶间的偏析液达到过饱和时，则析出非金属夹杂物，又称偏析夹杂物。

以 Fe-C 合金为例，在合金凝固过程中，由于溶质再分配，枝晶间的液相中富集 Mn、C、S 等溶质。当 Mn 和 S 达到过饱和浓度时，生成 MnS 夹杂物。随着温度的不断下降，枝晶间液相中的 Mn 和 S 进一步富集，且在合金液中的溶解度随之降低，促使 MnS 不断长大或生成新的 MnS。事实上，偏析液的成分是复杂的，且各枝晶间液相的成分也不同，因此生成的夹杂物也不相同，既可能生成 MnS、MnO、SiO_2 和 Al_2O_3 等固态夹杂物，也可能生成硅酸盐等液态夹杂物。应当指出，枝晶间残留的偏析液将进行二元和三元共晶反应，生成物以网状存在于晶界上。例如，在钢中，硫是极易偏析的元素，在凝固过程中几乎全部富集到枝晶间剩余的液相中，到凝固末期发生共晶反应，生成 Fe+FeS 共晶。如果钢液脱氧不良，FeO 含量较多，S 将与 Fe、FeO 形成熔点更低（940℃）的三元共晶（Fe+FeS+FeO）。这种共晶

体对钢的危害更大，是铸件产生热裂的主要原因。为了消除 S 的有害作用，可加入 Mn。Mn 与 S 的亲和力比较大，优先生成 MnS，以熔渣形式去除。

2. 夹杂物的长大、分布和形状

（1）夹杂物的聚合长大 刚从液相中析出的夹杂物尺寸非常小，仅有几微米。但是，试验表明，它长大的速度非常快。例如，钢液中加入脱氧剂，经过 10s，SiO_2 就长大一个数量级。金属液的对流以及由于夹杂物本身与液体的密度差而产生的上浮或下沉，使悬浮在液体中的夹杂物杂乱无章地运动，夹杂物相互碰撞，聚合长大。夹杂物相撞后能否合并，取决于夹杂物的熔点、界面张力和温度等条件。

浓态夹杂物的黏度较低，彼此碰撞，则容易聚合成一个完整的球状夹杂物。

当金属液温度较低时，夹杂物的黏度增大，碰撞后可粘连在一起，或单个靠在一块，即使聚合在一起，也呈粗糙的多链球状。

非同类夹杂物相碰撞，经烧结形成成分更为复杂的夹杂物。例如，在碳钢中经常遇到在氧化锰、氧化铁的基体上混杂着大量的锰尖晶石（$MnO \cdot Al_2O_3$）和硅酸盐；在硅酸盐的表面上黏附硫化锰以及 Al_2O_3、硅酸盐和硫化物混合在一起的非金属夹杂物。

（2）夹杂物的分布

1）作为金属非自发结晶核心的非金属夹杂物分布在晶内。

2）不溶解于金属液中的液态夹杂物上浮到铸件表面，经运动、碰撞、聚合，尺寸不断长大。若夹杂物的密度小于金属液的密度，上浮速度逐渐加快。它们可能集中到冒口中被排除，或保留在铸件上部、上表面层和铸件的拐角处。

夹杂物越近似球形，对金属基体力学性能的影响越小。夹杂物呈尖角形，甚至包围晶粒形成薄膜时，如果进一步利用非金属夹杂物的有益作用，控制其大小、形状和分布，消除和减轻其有害作用，仍是有待深入研究和解决的课题。

10.1.4　缩孔和缩松

铸件在凝固过程中，由于合金的液态收缩和凝固收缩，往往在铸件最后凝固的部位出现孔洞，称为缩孔。容积大而集中的孔洞称为集中缩孔，或简称为缩孔；细小而分散的孔洞称为分散性缩孔，简称为缩松。缩孔的形状不规则，表面不光滑，可以看到发达的树枝晶末梢，故可以和气孔区别开来。

在铸件中存在任何形态的缩孔都会减小承载面积，并在缩孔处产生应力集中现象，从而使铸件的力学性能显著降低。缩孔还会降低铸件的气密性和物理化学性能。因此，缩孔是铸件的重要缺陷之一，应设法防止。

1. 缩孔

缩孔容积较大，多集中在铸件上部和最后凝固的部位。假定所浇注的金属在固定温度下凝固，或结晶温度范围很窄，铸件由表及里逐层凝固。由于铸型的吸热，液态金属温度下降，发生液态收缩，但它将从浇注系统得到补充。因此，在此期间型腔总是充满着金属液。

当铸件外层温度下降到凝固温度时，铸件表面凝固一层硬壳，并紧紧包住内部的液态金属。内浇口此时被冻结，进一步冷却时，硬壳内的液态金属因温度降低发生液态收缩，以及对形成硬壳时凝固收缩的补充，液面下降。与此同时，固态硬壳也因温度降低而使铸件外表尺寸缩小。如果因液态收缩和凝固收缩造成的体积缩减等于因外壳尺寸缩小所造成的体积缩减，则凝固的外壳仍和内部液态金属紧密接触，不会产生缩孔。但是，由于合金的液态收缩和凝固收缩超过硬壳的固态收缩，因而液体将与硬壳的顶部脱离。随着硬壳不断加厚，液面将不断下降，待金属全部凝固后，在铸件上部就形成了一个倒锥形的缩孔。整个铸件的体积因温度下降至常温而不断缩小，使缩孔的绝对体积有所减小，但其值变化不大。如果铸件顶部设置冒口，缩孔将移至冒口中。

在液态合金中含气量不大的情况下，当液态金属与硬壳顶部脱离时，液面上要形成真空。上面的薄壳在大气压力的作用下，可能向缩孔方向凹进去。因此，缩孔应包括外部的缩凹和内部的缩孔两部分。如果铸件顶面的硬壳强度较大，也可能不会出现缩凹。

综上所述，在铸件中产生集中缩孔的基本原因是，合金的液态收缩和凝固收缩值大于固态收缩值；产生集中缩孔的条件是，铸件由表及里地逐层凝固，缩孔将集中在最后凝固的地方。

因此，确定铸件最后凝固的区域就是确定缩孔的位置。此外，铸件中厚壁处和内浇口附近也是凝固缓慢的热节。

2. 缩松

缩松按其形态分为宏观缩松（简称缩松）和微观缩松（显微缩松）两类。

（1）缩松的形成　缩松常分布在铸件壁的轴线区域、厚大部位、冒口根部和浇注口附近。铸件切开后可直接观察到密集的孔洞。缩松对铸件力学性能影响很大，由于它分布面广，且难以补缩，因此是铸件中最危险的缺陷之一。

形成缩松的基本原因和形成缩孔一样，也是合金的液态收缩和凝固收缩大于固态收缩。但是，形成缩松的基本条件是合金的结晶温度范围较宽，倾向于糊状凝固方式，缩孔分散；或者是在缩松区域内铸件断面的温度梯度小，凝固区域较宽，合金液几乎同时凝固，液态收缩和凝固收缩所形成的细小孔洞分散且得不到外部合金液的补充。铸件的凝固区域越宽，就越倾向于产生缩松。

断面厚度均匀的铸件，如板状或棒状铸件，在凝固后期不易得到外部合金液的补充，往往在轴线区域产生缩松，称为轴线缩松。

（2）显微缩松　一般，显微缩松存在于晶间和分枝之间。显微缩松在各种合金铸件中或多或少都存在，它降低了铸件的力学性能，对铸件的冲击韧度和延伸率影响更大，也降低了铸件的气密性和物理化学性能。对于一般铸件，显微缩松往往不作为缺陷；但是，在特殊情况下，如果需要铸件有较高的气密性、力学性能和物理化学性能，则必须设法减少和防止显微缩松的产生。

（3）缩孔和缩松的转化规律　从以上的讨论可知，铸件中形成缩孔或缩松的倾向与合金的成分之间有一定的规律性。逐层凝固的合金倾向于产生集中缩孔；糊状凝固的合金倾向于产生缩松。纯铁和共晶成分铸铁在固定温度下结晶，铸件倾向于逐层凝固，容易形成集中缩孔。如果冒口设置合理，缩孔可以完全移入冒口中而获得致密的铸件。结晶温度范围宽的合金，倾向于糊状凝固，补缩困难，容易形成缩松，铸件的致密性差。

铸件的凝固和补缩特性与合金成分有关，同时也受浇注条件、铸型性质以及补缩压力等因素的影响。

提高浇注温度，合金的液态收缩率增加，缩孔容积和缩孔总容积增加。

湿型比干型激冷能力强，铸件的凝固区域变窄，缩松减小，缩孔容积相应增大，但缩孔总容积不变。

金属型激冷能力更强，缩松容积显著减小。

若浇注速度很慢，使浇注时间等于铸件的凝固时间，则不需设置冒口即可消除铸件中的集中缩孔。在这种条件下，缩孔的总容积也将减小。

如果采用绝热铸型，则除了碳含量很低的铸钢件和接近共晶成分的铸铁件能形成集中缩孔外，其余成分合金铸件中将出现缩松。

在凝固过程中增加补缩压力，可减少缩松而增加缩孔的容积。若合金在很高的压力下浇注和凝固，则可以得到无缩孔和缩松的致密铸件。

（4）灰铸铁和球墨铸铁铸件的缩孔和缩松　灰铸铁和球墨铸铁在凝固过程中因析出石墨而发生体积膨胀，使它们的缩孔和缩松的形成比一般合金复杂。

影响灰铸铁和球墨铸铁缩孔和缩松的主要因素如下：

1）铸铁的成分。对于亚共晶灰铸铁，碳当量增加，共晶石墨的析出量增加，石墨膨胀体积就增大，有利于消除缩孔和缩松。

共晶成分灰铸铁以逐层方式进行凝固，倾向于形成集中缩孔。但是，共晶转变的石墨化膨胀作用能抵消或超过共晶液体的收缩，铸件中不产生缩孔，甚至使冒口和浇口的顶面鼓胀起来。

对碳当量超过4.3%的过共晶铸铁，可能由于C、Si含量过高，铁液中出现石墨漂浮，反而使石墨析出量减少。

对于球墨铸铁，碳当量≥3.9%时，充分孕育，增加铸型的刚度，创造同时凝固的条件，即可实现无冒口铸造，获得健全的铸件。

对缩孔和缩松容积影响较大的是残留镁量，镁阻碍石墨化，使石墨膨胀体积减小。因此，对于球墨铸铁，应尽可能降低残留镁量。

2）铸型刚度。铸铁在共晶转变发生石墨化膨胀时，型壁是否迁移是影响缩孔容积的重要因素。铸型的刚度大，缩前膨胀就小，缩孔容积相应减小。

10.1.5　热裂

热裂是铸件生产中最常见的铸造缺陷之一，裂纹表面呈氧化色（铸钢件裂纹表面近似黑色，铝合金呈暗灰色），不光滑，可以看到树枝晶。裂纹是沿晶界产生和发展的，外形曲折。

热裂分为外裂和内裂。在铸件表面可以看到的裂纹称为外裂，其表面宽，内部窄，有时贯穿铸件整个断面。外裂常产生在铸件的拐角处、截面厚度有突变或局部冷凝慢且凝固时承受拉应力的地方。内裂产生在铸件内部最后凝固的部位，也常出现在缩孔附近或缩孔尾部。

大部分外裂用肉眼就能观察到，细小的外裂需用磁粉检测或其他方法才能发现；内裂需用X射线、γ射线或超声波检测。

在铸件中存在任何形式的热裂纹都严重损害其力学性能，使用时会因裂纹扩展使铸件断裂，发生事故。因此，任何铸件皆不允许有热裂。外裂容易发现，若铸造合金的焊接性能好，铸件经补焊后仍可以使用；若焊接性能差，铸件则报废。内裂隐藏在铸件的内部，不易发现，故它的危害性更大。

因此，了解和分析热裂的形成过程及影响因素，对于防止热裂的产生，获得健全铸件具有重要的意义。

热裂形成的机理主要有液膜理论和强度理论。

1. 液膜理论

研究表明，合金的热裂倾向性与合金结晶末期晶体周围的液体性质及分布有关。铸件冷却到固相线附近时，晶体周围还有少量未凝固的液体，构成液膜。温度越接近固相线，液体数量越少，铸件全部凝固时液膜即消失。如果铸件收缩受到某种阻碍，变形主要集中在液膜上，晶体周围的液膜被拉长。当应力足够大时，液膜开裂，形成晶间裂纹。

因此，液膜理论认为，热裂纹的形成是由于铸件在凝固末期晶间存在液膜和铸件在凝固过程中受拉应力共同作用的结果。液膜是产生热裂纹的根本原因，而铸件收缩受阻是产生热裂纹的必要条件。

合金热裂倾向与晶间液体的性质密切相关。晶间液体铺展液膜时，热裂倾向显著增大；若晶间液膜呈球状而不易铺展时，合金热裂倾向明显减轻。

可见，晶体液膜的表面张力和厚度对合金抗裂性的影响最大。液膜的界面张力与合金化学成分有关，液膜厚度取决于晶粒的大小、铸件的冷却条件和低熔点组成物的含量。

凡是降低晶间液膜表面张力的表面活性物质皆使合金的抗裂性下降，如钢中的硫、磷。形成液膜的低熔点物质是产生热裂的主要根源，应采取各种措施消除它的有害作用。

2. 强度理论

铸件在凝固后期，固相骨架已经形成并开始线收缩，由于收缩受阻，铸件中产生应力和变形。当应力或变形超过合金在该温度下的强度极限和变形能力时，铸件便产生热裂纹。对合金高温力学性能的研究表明，在固相线附近合金的强度和断裂应变都很低，合金呈脆性断裂。

在实际生产中，由于铸件结构特点或其他因素造成铸件各部分的冷却速度不一致，致使铸件在凝固过程中各部位的温度不同，抗变形能力也就不同。铸件收缩受阻时，高温区（热节）将产生集中变形。铸件的温度分布越不均匀，集中变形越严重，产生热裂的可能性就越大。

因此，强度理论认为，合金存在热脆区和在热脆区内合金的断裂应变低是产生热裂纹的重要原因，而铸件的集中变形是产生热裂纹的必要条件。

10.1.6　变形和冷裂

1. 铸件的变形

（1）铸件在冷却过程中的变形　铸件在冷却过程中，由于各部分冷却速度不同，引起的收缩量不一致，但各部分彼此相连相互制约，必然要产生变形。挠曲是铸件中最常见的变形。研究表明，铸件的不均匀冷却和铸件截面上温度的不对称分布是铸件产生挠曲变形的主要原因。

（2）铸件在存放和机械加工后产生的变形　处于应力状态的铸件是不稳定的，能自发地进行变形和应力松弛以减小内应力，趋于稳定状态。显然，有残余压应力的部分自发伸长，而有残余拉应力的部分自动缩短，才能使铸件残余应力减小，结果导致铸件发生挠曲变形。

铸件产生挠曲变形，往往只能减小应力，而不能完全消除残余应力。

产生挠曲变形的铸件，如果合金的塑性较好，可以校正；对于脆性材料（如灰铸铁）则不易校正，可能因加工余量不够而报废，造成不必要的浪费。

2. 铸件的冷裂

冷裂是铸件中应力超出合金的强度极限而产生的。冷裂往往出现在铸件受拉伸的部位，特别是有应力集中的地方。影响冷裂的因素与影响铸造应力的因素基本相同。

冷裂外形呈连续直线状或圆滑曲线状，常常穿过晶粒，断口有金属光泽或呈轻微的氧化色。

形状复杂的大型铸件容易产生冷裂。有些冷裂纹在落砂清理后即可发现，有些则是因铸件内部有很大的残余应力，在清理和搬运时受到撞击形成的。

合金的成分和熔炼质量对冷裂有重要影响。例如，钢中的碳、铬和锰等元素，虽能提高钢的强度，却降低了钢的导热性能。因而这些元素较高时，增大钢的冷裂倾向。磷增加钢的冷脆性，磷的质量分数大于 0.1%，其冲击韧度急剧下降，冷裂倾向明显增大。钢液脱氧不足时，氧化夹杂物聚集在晶界上，降低钢的冲击韧度和强度，促使冷裂的形成。铸件中非金属夹杂物增多，冷裂的倾向性也增大。

铸件的组织和塑性对冷裂也有很大影响。如低碳镍铬耐酸不锈钢和高锰钢都是奥氏体钢，且都容易产生很大的热应力，但是镍铬耐酸钢不易产生冷裂，而高锰钢却极易产生冷裂。这是因为低碳奥氏体钢具有低的屈服强度和高塑性，铸造应力往往很快就超过屈服强度，使铸件发生塑性变形；高锰钢碳含量偏高，铸件冷却时，在奥氏体晶界上析出脆性碳化物，严重降低了塑性，易形成冷裂。

铸钢件的冷裂经焊补后，铸件可以使用。有些合金焊接性差（如灰铸铁），铸件出现裂纹则要报废。

10.2 锻压成形工艺及其典型不连续性

10.2.1 锻压成形工艺

锻压是对坯料施加外力，使其产生塑性变形，改变尺寸和形状，改善性能，用以制造机械零件、工件或毛坯的成形加工方法，它是锻造与冲压的总称。锻压能改善金属组织，提高力学性能，重要零件应采用锻件毛坯。锻压的不足之处是不能加工脆性材料（如铸铁）和形状复杂的毛坯。

1. 锻压的基本生产方式

如图 10-2 所示，锻压的基本生产方式主要有以下几种：

（1）轧制　使金属坯料在旋转轧辊的压力作用下，产生连续塑性变形，改变其性能，获得所要求的截面形状的加工方法称为轧制。

（2）挤压　将金属坯料置于挤压筒中加压，使其从挤压模的模孔中挤出，横截面积减小，获得所需制品的加工方法称为挤压。

（3）自由锻　用简单的通用性工具，或在锻造设备的上、下砧铁间，使坯料受冲击力作用而变形，获得所需形状的锻件的加工方法称为自由锻。

（4）拉拔　坯料在牵引力作用下通过拉拔模的模孔拉出，产生塑性变形，得到截面细

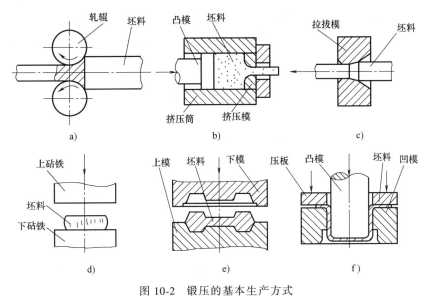

图 10-2　锻压的基本生产方式

a）轧制　b）挤压　c）拉拔　d）自由锻　e）模锻　f）板料冲压

小、长度增加的制品的加工方法称为拉拔。拉拔一般在冷态下进行。

（5）模锻　利用模具使金属坯料在模腔内受冲击力或压力作用，产生塑性变形而获得锻件的加工方法称为模锻。

（6）板料冲压　用冲模使板料经分离或变形得到制件的加工方法称为板料冲压。

在上述的六种金属塑性加工方法中，轧制、挤压和拉拔主要用于生产型材、板材、线材和带材等；自由锻、模锻和板料冲压总称锻压，主要用于生产毛坯或零件。

2．锻压加工的特点

1）改善金属组织、提高力学性能。锻压的同时可消除铸造缺陷，均匀成分，使组织致密，并细化晶粒。可以形成并能控制金属的纤维组织方向，使其沿零件轮廓连续分布，从而提高零件的力学性能。

2）节约金属材料，如在热轧钻头、齿轮、齿圈以及冷轧丝杠时，其形状、尺寸精度和表面粗糙度已接近或达到成品零件的要求，节省了切削加工设备和材料、工时和能源的消耗等。

3）较高的生产率，比如在生产六角螺钉时采用模锻成形就比切削加工效率约高 50 倍。

4）锻压主要生产承受重载荷零件的毛坯，如机器中的主轴、齿轮等，但不能获得形状复杂的毛坯或零件。

3．合金的锻造性能

合金的锻造性能是指材料在锻压加工时的难易程度。若金属及合金材料在锻压加工时塑性好，变形抗力小，则锻造性能好；反之，则锻造性能差。因此，金属及其合金的锻造性能常用其塑性及变形抗力来衡量。

金属在外力作用下首先要产生弹性变形，当外力增大到内应力超过材料的屈服强度时，就会产生塑性变形。锻压成形加工就是利用塑性变形得到的。金属塑性变形是金属晶体每个晶粒内部的变形和晶粒间的相对移动、晶粒的转动等综合作用的结果。

金属在常温下经塑性变形，其显微组织出现晶粒伸长、破碎、晶粒扭曲等特征，并伴随着内应力的产生。金属在塑性变形过程中，随着变形程度的增加，强度和硬度提高而塑性和韧性下降的现象称为冷变形强化（也称加工硬化）。冷变形强化在生产中具有重要的意义，它是提高金属材料强度、硬度和耐磨性的重要手段之一。

冷变形强化是一种不稳定状态，具有恢复到稳定状态的趋势。当金属温度提高到一定程度时，原子热运动加剧，使不规则原子排列变为规则排列，消除晶格扭曲，内应力大为下降，但晶粒的形状、大小和金属的强度、塑性变形不大，这种现象称为回复。

当温度继续升高，金属原子活跃具有足够热运动的能力时，则开始以碎晶或杂质为核心结晶出新的晶粒，从而消除了冷变形强化现象，这个过程称为再结晶。金属开始再结晶的温度称为再结晶温度，一般为该金属熔点的 40%。

金属在再结晶温度以下进行的塑性变形称为冷变形。如钢在常温下进行的冲压、冷轧和冷挤压等。在变形过程中，有冷变形强化现象而无再结晶组织。冷变形工件没有氧化皮，可获得较高的公差等级，较小的表面粗糙度值以及较高的强度和硬度。由于冷变性金属存在残余应力和塑性差等缺点，因此常常需要中间退火，才能继续变形。热变形是在再结晶温度以上进行的，变形后只有再结晶组织而无冷变形强化现象，如热锻、热轧和热挤压等。热变形与冷变形相比，其优点是塑性良好，变形抗力低，容易加工变形，但高温下金属容易产生氧化皮，所以制件的尺寸精度低，表面粗糙。金属经塑性变形及再结晶，可使原来存在的不均匀、晶粒粗大的组织得以改善，或将铸锭组织中的气孔、缩松等压合，得到更致密的再结晶组织，提高金属的力学性能。

4. 合金的锻造性能影响因素

合金的锻造性能主要取决于材料的本质及变形条件。

（1）材料的本质

1）化学成分。不同化学成分的合金材料具有不同的锻造性能。纯金属比合金的塑性好，变形抗力小，因此纯金属比合金的锻造性能好；合金元素的含量越高，锻造性能越差，因此低碳钢比高碳钢的锻造性能好；相同含碳量的碳钢比合金钢的锻造性能好，低合金钢比高合金钢的锻造性能好。

2）组织结构。金属的晶粒越细，塑性越好，但变形抗力越大。金属的组织越均匀，塑性也越好。相同成分的合金，单相固溶体比多相固溶体塑性好，变形抗力小，锻造性能好。

（2）变形条件

1）变形温度。随着变形温度的升高，金属原子的动能增大，削弱了原子间的引力，滑移所需的应力下降，金属及合金的塑性增加，变形抗力降低，锻造性得到改善。但变形温度过高，晶粒将迅速长大，从而降低了金属及合金材料的力学性能，这种现象称为过热。若变形温度进一步提高，接近金属材料的熔点时，金属晶界产生氧化，锻造时金属及合金易沿晶界产生裂纹，这种现象称为过烧。过热可通过重新加热锻造和再结晶使金属或合金恢复原来的力学性能，但过热使锻造火次增加，而过烧则使金属或合金报废。因此，金属及合金的锻造温度必须控制在一定的范围内，其中碳钢的锻造温度范围可根据铁碳平衡相图确定。

2）变形速度。变形速度是指单位时间内的变形量。金属在再结晶温度以上进行变形时，加工硬化与回复、再结晶同时发生。采用普通锻压方法（低速）时，回复、再结晶不足以消除由塑性变形所产生的加工硬化，随着变形速度的增加，金属的塑性下降，变形抗力增加，锻造性降低。因此塑性较差的材料（如铜和高合金钢）宜采用较低的变形速度（即用液压机而不用锻锤）成形。当变形速度高于临界速度时，产生大量的变形热，加快了再结晶速度，金属的塑性增加，变形抗力下降，锻造性提高。因此生产上常用高速锤锻造高强度、低塑性等难以锻造的合金。

3）变形方式（应力状态）。变形方式不同，变形金属的内应力状态也不同。拉拔时，坯料沿轴向受到拉应力，其他方向为压应力，这种应力状态的金属塑性较差。镦粗时，坯料中心部分受到三向压应力，周边上下和径向受到压应力，而切向为拉应力，周边受拉部分塑性较差，易镦裂。挤压时，坯料处于三向压应力状态，金属呈现良好的塑性状态。实践证明，拉应力的存在会使金属的塑性降低，三向受拉金属的塑性最差。三个方向上压应力的数目越多，则金属的塑性越好。

10.2.2 钢锭和钢材中的缺陷及其防止方法

1. 钢锭的缺陷

（1）缩孔和疏松 钢锭中缩孔和疏松是不可避免的缺陷，但它们出现的部位可以控制。钢锭中顶端的保温冒口是促使该部位钢液缓慢冷却和实现钢锭逐层凝固的条件，一方面使锭身可以得到冒口中钢液的补缩，另一方面使缩孔和疏松集中于冒口部位，以便锻造时切除。

（2）偏析 钢锭中各部分化学成分的不均匀性称为偏析。偏析分为枝晶偏析和区域偏析两种，前者可以通过锻造以及锻后热处理得到消除，后者只能通过锻造来减轻其影响，使杂质分散，使显微孔隙和疏松压合。

（3）夹杂 不溶于金属基体的非金属化合物称为夹杂。常见的夹杂有硫化物、氧化物和硅酸盐等。夹杂使钢锭锻造性能变化，例如当晶界处低熔点夹杂过多时，钢锭锻造时会因热脆而锻裂。夹杂无法消除，但可以通过适当的锻造工艺加以破碎，或使密集的夹杂分散，在一定程度上改善夹杂对锻件质量的影响。

（4）气体 钢液中溶解有大量气体，但在凝固过程中不可能完全析出，以不同形式残存在钢锭内部。例如氧与氮以氧化物、氮化物存在，成为钢锭中的夹杂。氢是钢中危害最大的气体，它会引起氢脆，使钢的塑性显著下降；或在大型锻件中造成白点，使锻件报废。

（5）穿晶 当钢液浇注温度较高，钢锭冷却速度较大时，钢锭中柱状晶会得到充分的发展，在某些情况下甚至整个截面都形成柱状晶粒，这种组织称为穿晶。在柱状晶交界处（如方钢锭横截面对角线上），常聚集有易熔夹杂，形成"弱面"，锻造时易于沿这些面破裂。在高合金钢锭中容易遇到这种缺陷。

（6）裂纹 由于浇注工艺或钢锭模具设计不当，钢锭表面会产生裂纹。锻造前应将裂纹消除，否则锻造时由于裂纹的发展会导致锻件报废。

（7）溅疤 当钢锭用上注法浇注时，钢液冲击钢锭模底而飞溅到钢锭模壁上，这些附着的溅沫最后不能和钢锭凝固成一体，便成溅疤。溅疤锻造前必须铲除，否则会形成表面夹层。

2. 轧制或锻制的钢材中的缺陷

（1）裂纹和发裂 裂纹是由于钢锭缺陷未清除，经过轧制或锻造使之进一步发展造成的。由于轧制或锻造的工艺规范不当，在钢材内引起很大的内应力，也会造成裂纹。断面大、合金元素多的钢材容易产生裂纹。

发裂是深度为 0.50~1.50mm 的发状裂纹，它是轧制或锻造时由于钢锭皮下气泡沿变形方向被拉长或夹杂物沿变形方向伸长而形成的。发裂一般需经酸洗后才能发现。

（2）伤痕和折叠　伤痕是钢材表面上深约 0.2~0.3mm 的擦伤、划伤细痕。折叠一般由轧制或锻造工艺不当造成。

（3）非金属夹杂和疏松　钢材中的非金属夹杂是直接由钢锭中的非金属夹杂物保留下来的。钢材锻造变形时，夹杂物聚集的部位会形成裂纹。

由于轧制工艺不当，钢锭中的疏松仍会在钢材中保留下来。

（4）白点　含氢量高的大钢锭，轧制或锻造后由于冷却工艺不当，内部过饱和的氢原子析出聚集在疏松等间隙中成为氢分子，造成巨大的压力，并与钢相变时的组织应力相叠加，使钢材内部产生许多细小裂纹，即为白点。但白点仅出现在对白点敏感性较强的钢种上，例如 40CrNi、35CrMo 和 GCr15 等牌号的钢。

裂纹、发裂、伤痕和折叠是表面缺陷，这些缺陷在锻造变形时会进一步发展，使锻件报废，故事先必须清除。非金属夹杂、疏松和白点等是内部缺陷，有这方面缺陷的钢材根本不能使用。

10.2.3　锻造加热过程中的缺陷

金属在锻造加热过程中可能产生的缺陷有氧化、脱碳、过热、过烧和开裂等。正确的加热应尽量减少或根本防止这些缺陷的产生。

1. 氧化

氧化是金属加热时炉气中的氧化性气体（如 O_2、CO_2、H_2O、SO_2）与金属发生化学反应，在金属表面形成氧化皮的现象。

（1）氧化皮的形成过程　钢材表层的铁以离子状态由里向外表面扩散，而氧化性气体中的氧以原子状态由钢材外表面经吸附后向里层扩散。

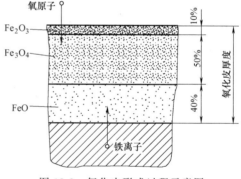

图 10-3　氧化皮形成过程示意图

氧化皮分为三层，如图 10-3 所示。其最外层是含氧较高的 Fe_2O_3，约占氧化皮厚度的 10%；中间层是粗大颗粒的 Fe_3O_4，约占氧化皮厚度的 50%；最里层是含氧较低的 FeO，约占氧化皮厚度的 40%。

由于氧化皮的膨胀系数和钢材不同，因此较易脱落；同时氧化皮的熔点（1300~1350℃）较低，高温时易熔化。氧化皮的脱落和熔化使新暴露的钢料表面继续氧化，增加金属的损耗。

（2）氧化皮的危害

1）直接造成了金属的损耗（称为火耗）。

2）降低模锻件的表面质量。

3）锻件表面附着氧化皮，热处理时导致锻件组织和性能的不均匀。

4）氧化皮的硬度较高，模锻时会加速锻模型腔的磨损，机加工时会加速刀具的损坏。

5）氧化皮呈碱性，脱落在加热炉的炉膛内会和酸性的耐火材料起化学反应，缩短加热炉寿命。

6）使模锻件增加酸洗或喷丸等清理工序。

（3）防止和减少氧化的具体措施　火焰炉加热时为了防止或减少氧化皮的产生，可采取以下措施：

1）在确保金属加热质量的前提下，尽量采用高温下装炉的快速加热方法，缩短金属在炉内的停留时间，特别是缩短金属在高温下的保温时间。

2）严格控制进入炉内的空气量，在燃料完全燃烧的条件下，尽可能减少过剩空气量。

3）注意消除燃料中的水分，避免水蒸气对金属表面的氧化作用。

4）炉膛应保持不大的正压力，防止炉外冷空气吸入炉内。

5）操作上应做到少装炉、勤装炉及适时出炉。

6）采用少、无氧化火焰加热炉。

2. 脱碳

脱碳是钢材表层的碳在高温下与氧化性炉气（如 O_2、CO_2、H_2O）和 H_2 发生化学反应，生成 CO 和 CH_4 等可燃气体而被烧掉，使钢材表层碳成分降低的现象。

（1）脱碳的危害

1）使锻件加工后的零件表面变软，强度和耐磨性降低。

2）使锻件加工后的零件疲劳强度降低，零件在长期交变应力的作用下易发生疲劳断裂。但是，如果脱碳层的厚度没有超过模锻件的机械加工余量，则脱碳层可随切屑除去而无危害。

（2）防止脱碳的具体措施　坯料加热时应防止和减少脱碳，尤其对于弹簧钢、工具钢和轴承钢等锻件以及精密模锻件，更应防止脱碳。

火焰炉加热时防止和减少脱碳的措施如下：

1）采用高温下装炉的快速加热方法，尤其应缩短坯料在加热炉内高温阶段的停留时间。

2）加热前坯料表面涂刷上保护涂层，例如石墨粉与水玻璃混合剂、硼砂水浸液和玻璃粉涂料等。

3. 过热

钢材在加热过程中的加热温度超过某一温度，或在高温下保温时间过长，导致奥氏体晶粒急剧粗大，形成过热。

钢材的过热受到加热温度和保温时间两个因素的影响，其中前者对奥氏体晶粒的粗大有更大的影响。通常，将钢材加热时晶粒开始急剧长大的温度，称为晶粒长大的临界温度。

几种钢材加热时晶粒长大的临界温度见表 10-1。

表 10-1　几种钢材加热时晶粒长大的临界温度

钢号	晶粒长大的临界温度/℃	钢号	晶粒长大的临界温度/℃
25	1250	12CrNi3A	1150
45	1200	38CrMoAlA	1100
T7	1150	18CrNi4WA	1200
38CrA	1200	1Cr18Ni9Ti	1200

过热会引起以下问题：

1）过热严重的钢材，锻造时边角可能产生裂纹。

2）一般性过热的钢材，并不影响锻造；但过热的钢材锻造的锻件，其晶粒度比正常的锻件粗大，使锻件的冲击韧度、塑性和强度等力学性能降低。

3）过热的钢材锻造的锻件在淬火过程中容易引起变形和开裂。

如果条件允许，对于过热的钢材，可用热处理或再次锻造的方法使晶粒细化；但是有一些钢材过热后是无法用热处理改正的。所以，严格控制钢材的加热温度和保温时间，是防止过热的最好措施。

4. 过烧

当钢材加热到接近熔点时，不仅奥氏体晶粒粗大，而且炉气中的氧化性气体渗入晶粒边界，使晶间物质 Fe、C、S 发生氧化，形成易熔的共晶体，破坏了晶粒间的联系，形成过烧。

过烧的钢材，强度很低，失去塑性，不能锻造；若进行锻造，在锻造时一击便破裂成碎块，断口晶粒粗大，呈浅灰蓝色。可见，过烧的钢材是不可补救的废品，只有回炉重新冶炼。

钢材的过烧温度因钢种而不同。由表 10-2 可见，碳钢的碳含量越高，过烧温度越低，越易过烧；低碳合金钢中含 Mn、Ni、Cr 等元素，使钢较易过烧。例如 $w(C)=0.2\%$ 的碳钢，过烧温度为 1470℃；$w(C)=0.5\%$ 的碳钢，过烧温度为 1350℃；$w(C)=1.1\%$ 的碳钢，过烧温度为 1180℃。

表 10-2　部分钢材的过烧温度

钢号	过烧温度/℃	钢号	过烧温度/℃
45	>1400	W18Cr4V	1360
45Cr	1390	W6Mo5Cr4V2	1270
30CrNiMo	1450	2Cr13	1180
4Cr10Si2Mo	1350	Cr12MoV	1160
50CrV	1350	T8	1250
12CrNiA	1350	T12	1200
60Si2Mn	1350	GH135 合金	1200
60Si2MnBE	1400	GH136 合金	1220
GCr15	1350		

防止钢材过烧的措施如下：

1）严格控制加热温度和高温下的保温时间。

2）控制炉内气体成分，尽量减少过剩的空气量，造成弱氧化性炉气。

3）使钢材与喷火口保持一定的距离，严禁火焰与钢材直接接触，以防止局部过烧。

4）采用电阻炉加热时，钢材和电阻丝的距离不应小于100mm，以免局部过烧。

5. 裂纹

如果金属在锻造加热过程的某一温度下，其内应力（一般指拉应力）超过它的强度极限，那么就要产生裂纹。通常内应力有温度应力、组织应力和残余应力。

（1）温度应力　金属在加热时，其表面和中心部位之间存在温度差而引起不均匀膨胀，使表面受到压应力、中心部位受到拉应力。这种由于温度不均匀而产生的内应力称为温度应力。

温度应力的大小与金属的性质和断面温度有关。一般只有金属出现温度梯度，并处在弹性状态时，才会产生较大的温度应力并引起裂纹。

钢材在温度低于 500~550℃ 时处在弹性状态下，在这个温度范围以下，必须考虑温度应力的影响；当温度超过 500~550℃ 时，钢的塑性比较好，变形抗力较低，通过局部塑性变形可以使温度应力得到消除，此时就不会产生温度应力。

温度应力一般都处于三向拉应力状态下。加热时，圆柱坯料中心部位受到的轴向温度应力较径向和切向温度应力都大，因此金属加热时心部产生裂纹的倾向性较大。

（2）组织应力　具有相变的钢材在加热过程中，表层首先发生相变，心部后发生相变，并且相变前后组织的比体积发生变化，其引起的内应力叫组织应力。

在钢材加热过程中，表层首先发生相变，珠光体变为奥氏体；由于比体积的减小，在表层形成拉应力，心部为压应力。当温度继续升高时，心部也发生相变；这时心部为拉应力，表层形成压应力。由于相变时钢材已处在高温下，其塑性较好，尽管产生组织应力，也会很快被松弛消失，因此在钢材的加热过程中，组织应力无危险性。

（3）残余应力　金属在凝固和冷却过程中，由于外层和中心的冷却次序不同，各部分间的相互牵制将产生残余应力。外层冷却快，中心冷却慢，因此残余应力在外层为压应力，在中心部分为拉应力。当残余应力超过了金属的强度极限时，金属将产生裂纹。

综合上述，金属在锻造加热过程中，由内应力引起的裂纹主要是温度应力造成的。一般来讲，裂纹发生在加热低温阶段，且裂纹发生的部位在心部。因此，钢在 500~550℃ 以下加热时，应避免加热速度过快，降低装炉温度。

10.2.4　自由锻件的主要缺陷

在自由锻造生产中，锻件的缺陷产生与以下因素有关：

1）原材料及下料所产生的缺陷未加清除。

2）锻造加热不当。

3）锻造操作不当或工具不合适。

4）锻后冷却或热处理不当等。

所以，在自由锻造生产过程中应掌握各种情况下产生缺陷的特征，以便在发现锻件缺陷时进行综合分析，找出锻件产生缺陷的原因，采取改进锻造工艺等措施来防止缺陷的产生。

1. 横向裂纹

（1）表面横向裂纹　锻造时坯料表面出现较浅的横向裂纹，是由于钢锭皮下气泡暴露于空气中不能焊合而形成的，其深度可达 10mm 以上。一些塑性较差的金属，相对送进量 l/h 过大时也会产生这种缺陷。

锻造时坯料表面出现较深的横向裂纹，是由于钢锭浇注不当造成的。例如，钢锭模内壁有缺陷，产生"挂锭"现象，冷却时便拉裂；高速、高温浇注，钢锭外皮成形较慢及钢锭模受到摆动；钢锭与锭模铸合等。

表面横向裂纹往往在锻造时第一火即出现。一经发现，大型锻件可用吹氧除去，以免裂纹在以后锻造中扩大。

（2）内部横向裂纹　这是锻件内部的缺陷，只能通过磁粉检测、超声检测才能发现。

产生内部横向裂纹的原因是：冷钢锭加热时在低温区加热速度过快，中心引起较大的拉应力；或者塑性较差的高碳钢、高合金钢在锻造操作时相对送进量 l/h（或 l/d）过小。

2. 纵向裂纹

（1）表面纵向裂纹　表面纵向裂纹在第一火拔长或镦粗时出现。

产生表面纵向裂纹的原因是：钢锭模内壁有缺陷或新钢锭模使用前未很好退火；浇注操作不当，例如高温、高速浇注，引起凝固外皮破裂；钢锭脱模后冷却方式不当或脱模过早；倒棱时压下量过大；钢锭轧制时产生纵向划痕等。

表面纵向裂纹锻造时一经发现立即用吹氧除去，以免裂纹在以后的锻造中扩大。

（2）内部纵向裂纹　锻件内部纵向裂纹有如下三种情况：

1）坯料近冒口端中心出现的纵向裂纹。这是由于钢锭凝固时缩孔未集中于冒口部分，或者锻造时冒口端的切头量过少，使坯料近冒口端存在二次缩孔或残余缩孔，锻造后引起内部纵向裂纹。

2）坯料内部出现的中空纵向裂纹。这是由于平砧拔长圆截面坯料，中心部分金属受拉应力作用所致；或者由于坯料未热透，内部温度过低，拔长时内部沿纵向开裂等。

3）坯料内部出现的纵向"十字"裂纹。这是由于拔长时送进量过大，或在同一部位反复拔长所致。这种内部纵向"十字"裂纹多出现在高合金钢中。

3. 炸裂

炸裂是坯料在锻造前加热时或锻件在冷却、热处理后表面或内部炸开而形成的裂纹。

产生炸裂的原因是：坯料具有较高的残余应力，在未予消除的情况下，错误地采用快速加热或不适当的冷却所致。

4. 自行开裂

自行开裂是锻件在锻造或热处理后产生的，或锻后经过长时间后发生的。

发生自行开裂的原因是：坯料在锻造过程中已形成微小裂纹，冷却或热处理使之加剧；或锻件内部有较大残余应力所致。

5. 龟裂

龟裂是锻造时在锻件表面出现的"龟甲状"浅裂纹。

产生龟裂的原因是：由于钢中 Cu、Sn、As、S 的含量较多，或者在加热炉中加热铜料后未除尽炉渣，熔化的铜渗入钢坯的晶界，造成钢坯热脆；或者是坯料始锻温度过高、开始锻造时锤击过重等造成的。

钢坯表面较浅的龟裂裂纹应及时清除，清除后不妨碍继续锻造。

6. 晶粒度局部粗大

晶粒度局部粗大是锻件表面或内部在局部区域发生的晶粒粗大现象。对于结构钢来说，是由于钢中残余铝的含量不够，影响钢坯的本质晶粒度（本质晶粒度是反映钢加热时奥氏体晶粒长大倾向的一个指标，一般冶炼时用铝脱氧的钢都是本质细晶粒钢）；或者当坯料加热温度过高，锻造比又较小时，也会出现这种缺陷。对于奥氏体类高合金钢来说，锻造时变形不均匀、工具预热温度低、坯料与工具间接触摩擦大等，便会产生锻件晶粒度局部粗大的现象。

7. 白点

白点是锻件内部银白色、灰白色的圆形裂纹，含 Ni、Cr、Mo、W 等元素的合金钢大型锻件中容易产生。

产生白点的原因是：钢中的氢含量过高，而锻后的冷却或热处理工艺不恰当。

8. 疏松

疏松是指沿钢锭中心的疏松组织锻造时未锻合。

产生疏松的原因是：钢锭本身疏松较严重；或者是锻造比不适当、变形方案不佳；或者是相对送进量过小，不能锻透等。

9. 非金属夹杂

锻件内部有较集中的非金属夹杂，属严重缺陷。有显微非金属夹杂是不可避免的，可不认为是缺陷。锻件内部非金属夹杂的含量和分布情况与钢的精炼和铸锭有关，而锻件内部非金属夹杂的分散和破碎程度与锻造时变形量和变形方案有关。

10. 化学成分不合适

锻件的化学成分不符合要求是属于炼钢的问题，或由于备料时产生差错。

11. 力学性能达不到要求

锻件的强度不合格主要与炼钢和热处理有关，不是锻造引起的。锻件的塑性指标和冲击韧度不合格，可能是由于钢冶炼时杂质太多；也可能是由于锻造比不够大，例如锻件横向试件的塑性和冲击韧度不够，往往是由于锻造时镦粗比偏小造成的。

12. 折叠

锻件表面的折叠缺陷是金属不合理流动造成的。

形成折叠的原因是：砧子形状不适当，砧边圆角半径过小；拔长时送进量小于单边压下量等。

13. 歪斜和偏心

锻件的端部歪斜和中心线偏移等缺陷是由锻造工艺不合理、操作方法不当或坯料加热不均匀（例如有阴阳面）等原因造成的。

14. 弯曲和变形

锻件产生弯曲或变形主要是由于锻造时的修整工序没有做好，或由于锻后冷却或热处理工序操作不当造成的。

10.2.5　模锻件的常见缺陷

在模锻生产中，锻件会产生各种各样的缺陷。而产生缺陷的原因也是多方面的，如原材料本身有缺陷，备料质量不好，模具设计不合理，模具加工不符合技术要求，加热、锻造、热处理、清理等操作不正确。所以，在分析模锻件缺陷时应从多方面来考虑缺陷产生的原因，以便采取正确的对策。

1. 错移

错移是锻件沿分模面上半部对下半部产生了位移。产生错移的原因如下：

1）锻锤导轨的间隙过大。

2）上、下模安装调整不当或锻模检验角有误差。

3）锻模紧固部分有问题，如燕尾磨损、斜楔松动等。

在模锻成形过程中，锻模常易产生错移。因此，在模锻成形过程中，正确地找出锻模错移的原因，迅速而准确地调整好锻模是非常重要的。

2. 充不满

金属未完全充满锻模型腔，造成锻件局部地区"缺肉"的现象，称为充不满。出现充不满的原因如下：

1）坯料尺寸偏小，体积不够。

2）坯料放偏，造成锻件一边"缺肉"，另一边因料过多而形成大量飞边。

3）加热时间过长，火耗太大。

4）加热温度过低，金属流动性差。

5）锻造设备吨位不足，锤击力太小。

6）润滑不当。

7）制坯、预锻型腔设计不合理，或终锻型腔飞边槽阻力小。

8）操作方法不正确，例如滚挤时，操作者打击次数过少，没有达到滚挤的要求，或是误将坯料前后移动，使已经滚挤出来的大截面压扁压小，终锻时就充不满型腔。

9）氧化皮清除不及时，例如滚挤型腔内氧化皮积存过多，使滚挤的坯料不能形成最大截面，终锻时就会充不满型腔。

10）终锻型腔磨损严重。

3. 锻不足

锻不足又称"欠压"，是指模锻件高度方向尺寸全部超过图样的规定。出现锻不足的原因如下：

1）原坯料自重过大。

2）设备吨位不足，锤击力太小。

3）加热温度偏低。

4）制坯型腔设计不当或飞边阻力过大。

4. 压伤

压伤是指模锻过程中锻件被局部压坏。出现压伤的原因如下：

1）锤击中锻件跳出型腔被连击压坏。

2）设备失控，单击时发生连击。

3）切边时锻件在凹模内未放正。

5. 折叠

由于模锻时金属流动不合理，在锻件表面形成重叠层的现象称为折叠，也称折纹或夹层。产生折叠的原因如下：

1）拔长、滚挤时坯料未放正，放在型腔边缘，一锤击便形成压痕，再翻转锤击时便形成折叠。

2）拔长、滚挤时最初几次锤击过重，使坯料压扁展宽过长，随后翻转锤击时坯料便失稳而弯折，形成折叠。

3）有轮毂、轮辐、轮缘的齿轮锻件，坯料中间镦粗的直径尺寸过小，终锻时会在轮缘转角处形成折叠。

4）带有连皮或辐板的复杂模锻件，预锻型腔设计不当，模锻时造成金属回流，形成折叠。

6. 表面凹坑

凹坑是指锻件表面形成的局部凹陷。产生凹坑的原因如下：

1）坯料加热时间过长或粘上炉底熔渣，锻出的锻件清理后表面出现局部凹坑或麻点。

2）型腔氧化皮未除净，模锻时氧化皮压入锻件表面，经清理后出现凹坑。

7. 尺寸不足

尺寸不足是指锻出的锻件尺寸偏差小于负公差。出现尺寸不足的原因如下：

1）终锻温度过高或设计终锻型腔时收缩率不足。

2）终锻型腔变形。

3）切边模调整不当，锻件局部被切。

8. 翘曲

翘曲是指锻件中心线发生弯曲，细长或扁薄的锻件一般易产生翘曲变形。产生翘曲的原因如下：

1）锻件从型腔中撬起时发生弯曲变形。

2）切边时受力不均。

3）冷却时收缩不一致。

4）热处理操作不当。

9. 氧化皮压入锻件

钢加热后在其表面附有氧化皮，虽然经镦粗、拔长或滚挤工序后可以消除，但有时会将脱落的氧化皮吹入终锻模腔内，一经锻造就将氧化皮压入锻件表面，往往造成锻件的报废。

10. 残余飞边

锻件切边未净，有残余飞边。出现残余飞边的原因如下：

1）切边模与终锻型腔尺寸不符。

2）切边模磨损或锻件切边时放置不正。

3）锻件本身错移量大。

11. 锻件流线分布不正确

由于操作者违反锻造工艺规程，使锻件纤维组织的纤维分布紊乱，造成锻件达不到锻件技术条件上对锻件流线分布的规定，称为锻件流线分布不正确。

不是所有的零件都有流线要求，只是重要零件才有这种要求。所以在操作时要按照锻造工艺规程上规定的操作方法进行，否则会造成锻件流线分布不均匀或方向不正确而影响锻件的力学性能，造成零件报废。

产生锻件流线分布不正确的原因如下：

1）毛坯镦粗方法不正确，如发动机上的齿轮就有流线要求，若违反了锻造工艺规程中的镦粗后终锻这一工序的要求，虽然也能得到外形轮廓完整的锻件，但其金属纤维分布紊乱或不正确，严重地影响了锻件的力学性能，造成锻件报废。

2）毛坯在模腔中放歪，往往会造成锻件流线分布紊乱不均，以至于达不到零件的质量要求。

12. 发裂和裂纹

锻件表面产生发裂和裂纹的原因如下：

1）钢锭皮下气泡被轧长，模锻及酸洗后呈现出细小的长裂纹，即发裂。

2）坯料剪切下料不当，造成端部裂纹，模锻后裂纹不仅不能消除，而且有可能发展。

3）原坯料的表面伤痕经模锻后发展为裂纹。

4）合金钢锻件冷却或热处理不当。

13. 夹渣

夹渣是原材料断面上有熔渣造成的。由于冶炼时耐火材料等杂质熔入钢液，轧制成钢材后内部就保留有夹渣。

14. 晶粒粗大

锻件产生晶粒粗大的原因，除坯料加热时发生过热外，终锻温度过高也会使锻件在冷却过程中发生晶粒粗大。

10.3 焊接工艺及其典型不连续性

10.3.1 焊接工艺

1. 焊接方法和分类

焊接就是通过加热或加压，或者两者并用，用或者不用填充材料，使得分离的两部分结构达到原子间的结合。

目前，焊接方法种类很多，通常情况下，按焊接过程特点分为熔化焊、压焊和钎焊三大类。每大类又按不同的方法细分为若干小类，如图10-4所示。部分焊接方法和代号见表10-3。

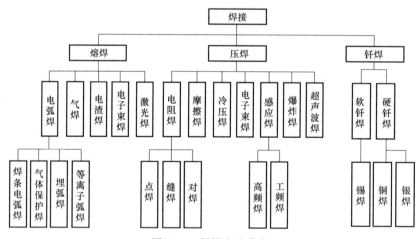

图 10-4 焊接方法分类

表 10-3 部分焊接方法和代号

焊接方法	英语名称	代号
电弧焊	Arc Welding	AW
熔化极气体保护电弧焊	Gas Metal Arc Welding	GMAW
钨极气体保护电弧焊	Gas Tungsten Arc Welding	GTAW
焊条电弧焊	Shielded Metal Arc Welding	SMAW
埋弧焊	Submerged Arc Welding	SAW

2. 熔化焊焊接接头

金属熔化焊的一般过程是：加热、熔化、冶金反应、凝固结晶、固态相变以及形成焊接接头。

（1）焊接热过程　熔化焊时，被焊金属在热源作用下发生局部受热和熔化，使整个焊接过程自始至终都在焊接热过程中发生和发展。它与冶金反应、凝固结晶和固态相变、焊接温度场和应力变形等均有密切的关系。

（2）焊接化学冶金过程　焊接化学冶金过程是指熔化焊时焊接区内各种物质（金属、熔渣与气相）在高温条件下进行的相互作用，如金属氧化、还原、脱硫、脱磷及渗合金等。这些冶金反应可直接影响焊缝金属的成分、组织、力学性能、焊接缺陷的形成以及焊接工艺性能。化学冶金过程中，提高焊缝韧性的主要措施有：通过焊接材料向焊缝中加入微量合金元素（如 Ti、Mo、Nb、V、Zr、B 和稀土等）进行变质处理，从而提高焊缝的韧性；适当降低焊缝中的碳，并最大限度排除焊缝中的硫、磷、氧、氮、氢等杂质进行净化焊缝，也可提高焊缝的韧性。

（3）焊接时的金属凝固结晶和相变过程　随着热源离开，经过化学冶金反应的熔池金属就开始凝固结晶，金属原子由近程有序排列转变为远程有序排列，即由液态转变为固态。对于具有同素异构转变的金属，随着温度下降，将发生固态相变。因焊接条件下是快速连续冷却，并受局部拘束应力的作用，因此，可能产生偏析、夹杂、气孔、热裂纹、冷裂纹、脆化等缺陷，故控制和调整焊缝金属的凝固和相变过程就成为保证焊接质量的关键。

如图 10-5 所示，焊接接头由三部分组成：焊缝、熔合区和热影响区（HAZ）。对焊缝进行无损检测时，除了检测焊缝区的性能之外，还必须检测焊接热影响区的性能。

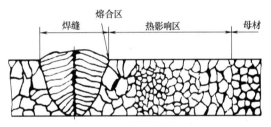

图 10-5　焊接接头组成

3. 有害元素对焊缝金属的作用

（1）有害元素的来源

1）焊条药皮或焊剂中造渣剂产生的气体。

2）周围的环境。

3）焊芯、焊丝和母材在冶炼时的残留杂质。

4）焊条药皮或焊剂未烘干在高温下分解出的气体。

5）母材表面未清理干净的铁锈、水分和油等。

（2）氢对焊缝金属的作用　氢是焊缝中的有害元素之一，其危害性主要体现在以下四个方面：

1）氢脆。在室温下，氢可以使钢塑性下降，但强度不变。焊缝加热除氢后，可恢复塑性。

2）白点。含氢量高的焊缝破坏时，断口有一些白点，导致焊缝塑性下降。低碳钢和奥氏体钢不易出现，中高碳钢和合金钢较敏感。

3）形成气孔。在焊缝凝固时，来不及逸出的氢就形成气孔，使焊缝强度下降。

4）产生冷裂纹。焊缝冷却下来后产生的裂纹称为冷裂纹，一般发生在高强钢或一些应力比较集中的部位。

（3）氮对焊接质量的影响　氮是有害元素，其危害性主要体现在以下方面：

1）产生气孔。高温吸收的氮在冷凝时来不及释放就形成气孔。

2）降低力学性能。氮可以使焊缝金属的强度、硬度升高，塑性、韧性（尤其是低温韧性）下降。

3）时效脆化。过饱和的氮随着时间延长，逐渐析出，形成 Fe_4N，使金属的塑性、韧性急剧下降。加入钛、铝、锆等元素可抑制或消除时效现象，也可采用振动时效设备消除脆化。

（4）氧对焊接质量的影响

1）随着含氧量的增加，焊缝强度、塑性和韧性（尤其是低温冲击韧度）下降。

2）和熔池中的碳反应生成 CO 气体，造成飞溅和气孔。

3）烧损合金元素，降低焊缝金属的性能。

4）可以有效减少焊缝中的含氢量。

（5）焊缝中硫的危害　硫以低熔点共晶 Fe + FeS（熔点 985℃）或 FeS + FeO（熔点 940℃）、呈片状或链状分布于晶界，增加了焊缝金属产生结晶裂纹的倾向（热裂纹），降低了塑性和韧性。

4. 焊接接头的组织与性能

图 10-6 所示为低碳钢焊接接头组织示意图，对焊接接头组织和性能特点分析如下。

（1）焊缝区　电弧焊的焊缝是由熔池内液态金属凝固而形成的。它属于铸造组织，晶粒呈垂直于熔池壁的柱状晶形态。其结晶过程使化学成分和杂质易在焊缝中心形成偏析，引起焊缝金属力学性能下降，因此焊接时以适当摆动和渗合金等方式加以改善。

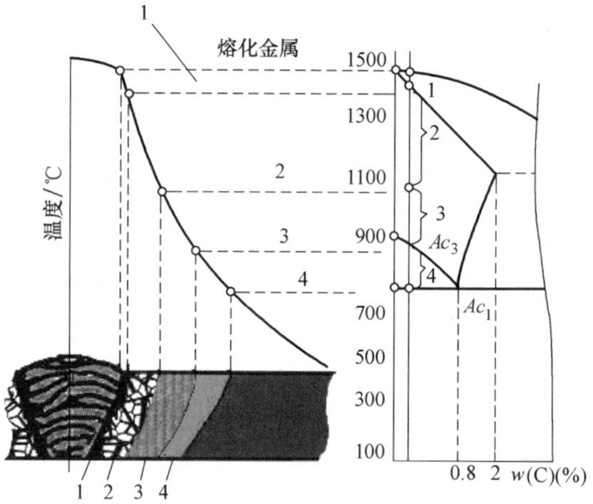

图 10-6　焊接接头的组织

1—熔合区　2—过热区　3—正火区　4—部分相变区

（2）熔合区　熔合区是焊接接头中焊缝金属向热影响区过渡的区域。该区很窄，两侧分别为经过完全熔化的焊缝区和完全不熔化的热影响区。熔合区加热的最高温度范围在合金的固、液相线之间。熔合区具有明显的化学成分不均匀性，从而引起组织不均匀，其组织特征为少量铸态组织和粗大的过热组织，因而塑性差、强度低、脆性大，易产生焊接裂纹和脆性断裂，是焊接接头最薄弱的环节。

（3）热影响区　焊接热影响区是指在焊接过程中，母材因受热影响（但未熔化）而发生组织和力学性能变化的区域。焊接热影响区包括过热区、正火区和部分相变区。焊接热影响区的组织和性能基本上反映了焊接接头的性能和质量。

1）过热区。在焊接热影响区中，具有过热组织或晶粒显著粗化的区域称为过热区。该区被加热的最高温度范围为固相线至 1100℃，宽度约 1～3mm。由于晶粒粗大，使材料的塑性和韧性降低，且常在过热处产生裂纹。

2）正火区。该区被加热的最高温度范围为 1100℃ 至 Ac_3，宽度约为 1.2～4.0mm。由于金属发生了重结晶，随后在空气中冷却，因此可以得到均匀细小的正火组织，力学性能良好。

3）部分相变区。该区被加热的最高温度范围为 Ac_1～Ac_3，只有部分组织发生相变。由于部分金属发生了重结晶，冷却后可获得细化的铁素体和珠光体，而未重结晶的部分则得到粗大的铁素体。由于晶粒大小不一，故力学性能较差。一般情况下，焊接时焊件被加热到 Ac_1 以下的部分，钢的组织不发生变化。对于经过冷塑性变形的钢材，则在 450℃～Ac_1 的部分，还将产生再结晶，使钢材软化。

5. 材料的焊接性

焊接性是指金属材料对焊接加工的适应性，即在一定的焊接工艺条件下，包括焊接方法、焊接材料、焊接参数和结构形式等，获得优质焊接接头的难易程度。

影响焊接性的因素主要有：材料因素，包括焊件本身和使用的焊接材料；工艺因素，对于同一焊件，当采用不同的焊接工艺方法和工艺措施时，所表现的焊接性也不同；结构因素，焊接接头的结构设计会影响应力状态，从而对焊接性也产生影响；使用条件，如高温、低温环境，腐蚀介质以及静载或动载条件等。

10.3.2　焊接缺陷的种类及特征

根据缺陷的分布或影响断裂机制，焊接缺陷一般分为六大类。

第一类为裂纹，包括微观裂纹、纵向裂纹、横向裂纹、放射状裂纹和弧坑裂纹等。

第二类为孔穴，主要指各种类型的气孔，如球形气孔、均布气孔、条形气孔、虫形气孔和表面气孔等。

第三类为夹杂，包括夹渣、焊剂或熔剂夹渣、氧化物夹渣和金属夹杂等。

第四类为未熔合和未焊透，包括未熔合和未焊透两类缺陷。

第五类为形状缺陷，包括焊缝超高、下塌、焊瘤、错边、烧穿和未焊满等。

第六类为其他焊接缺陷，指不能包括在第一类到第五类缺陷中的所有缺陷，如电弧擦伤、飞溅和打磨过量等。

1. 焊接变形

如图 10-7 所示，工件焊后一般都会产生变形，如果变形量超过允许值，就会影响使用。焊接变形产生的主要原因是焊件不均匀地局部加热和冷却。焊接时，焊件

图 10-7　焊接变形

仅局部区域被加热到高温，离焊缝越近，温度越高，膨胀也越大。但是，加热区域金属膨胀因受到周围温度较低的金属阻碍，不能自由膨胀；而冷却时又由于周围金属的牵制不能自由地收缩。结果受热区域金属存在拉应力，而其他区域金属存在与之平衡的压应力。当这些应力超过金属的屈服强度时，将产生焊接变形；当超过金属的强度极限时，则会出现裂纹。

2. 焊缝的外部缺陷

（1）余高过大　如图 10-8 所示，当焊接坡口的角度开得太小或焊接电流过大（熔化极电弧焊）时，均会出现这种现象。焊件焊缝的危险平面已从 M-M 平面过渡到熔合区的 N-N

平面，由于应力集中易发生破坏，因此，为提高压力容器的疲劳寿命，要求将焊缝的余高铲平。

（2）余高不足 余高不足又称下塌，如图 10-9 所示，因焊缝工作截面的减小而使接头处的强度降低。

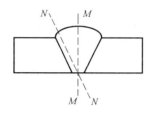

图 10-8 余高过大

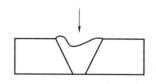

图 10-9 余高不足

（3）咬边 在工件上沿焊缝边缘所形成的凹陷叫咬边，如图 10-10 所示。它不仅减少了接头工作截面，而且在咬边处造成严重的应力集中。

1）产生咬边的主要原因。产生咬边的主要原因是焊接电流过大，电弧过长，焊条角度不当和运条不妥。一般在平焊时较少出现，其他位置焊时常见。严重的咬边会造成结构应力集中，甚至影响焊缝强度。

2）预防措施。焊条电弧焊时选择合适的电流、电弧长度以及适合的运条角度，摆动时在坡口边缘稍慢一些，而中间稍快一些，自动焊时速度要适当。

（4）焊瘤 熔化金属流到熔池边缘未熔化的工件上，堆积形成焊瘤，它与工件没有熔合，如图 10-11 所示。焊瘤对静载强度无影响，但会引起应力集中，使动载强度降低。

（5）烧穿 如图 10-12 所示。烧穿是指部分熔化金属从焊缝反面漏出，甚至烧穿成洞，它使接头强度下降。

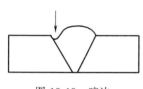

图 10-10 咬边

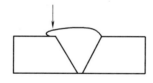

图 10-11 焊瘤

图 10-12 烧穿

以上五种缺陷存在于焊缝的外表，肉眼就能发现，并可及时补焊。如果操作熟练，一般是可以避免的。

3. 焊缝的内部缺陷

（1）夹渣 焊缝中夹有非金属熔渣，即称夹渣。夹渣减少了焊缝工作截面，造成应力集中，会降低焊缝强度和冲击韧度。

（2）气孔 焊缝金属在高温时，吸收了过多的气体（如 H_2）或由于熔池内部冶金反应产生的气体（如 CO），在熔池冷却凝固时来不及排出，而在焊缝内部或表面形成孔穴，即为气孔。气孔的存在减小了焊缝有效工作截面，降低了接头的机械强度。若有穿透性或连续性气孔存在，会严重影响焊件的密封性。

（3）裂纹 焊接过程中或焊接以后，在焊接接头区域内所出现的金属局部破裂称为裂纹。裂纹可能产生在焊缝上，也可能产生在焊缝两侧的热影响区；有时产生在金属表面，有时产生在金属内部。通常按照裂纹产生的机理不同，可分为热裂纹和冷裂纹两类。按照裂纹产生的条件通常分为热裂纹、再热裂纹、层状撕裂和冷裂纹四大类。裂纹是焊接生产中常见的，也是最严重的缺陷，对产品的制造质量与使用性能有很大的影响，有时还会酿成严重的事故。

（4）未焊透和未熔合　如图 10-13 所示，焊缝金属与母材之间未被电弧熔化而留下空隙，称为未焊透，常发生在单面焊根部和双面焊中部。如图 10-14 所示，焊缝金属与母材之间、焊缝金属之间彼此没有完全熔合在一起的现象，称为未熔合。

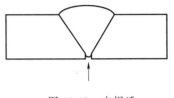 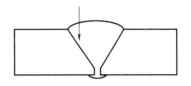

图 10-13　未焊透　　　　　　　　　　　　　　图 10-14　未熔合

1）产生原因。接头坡口不规范，坡口角度太小，间隙太小，钝边过大。双面焊时，背面清根不彻底或未清根。例如，带垫板的单面焊双面成形，正面间隙太小，打底焊无法熔深到垫板。

2）防止办法。坡口角度、间隙和钝边必须合乎规范，选择合适的焊接参数。双面焊时，背面必须彻底清根。若为 CO_2 气体保护焊，可用陶瓷衬垫实施单面焊双面成形。

10.3.3　夹杂物

焊缝中的夹杂物是指由于焊接冶金反应产生的，焊后残留在焊缝中的非金属杂质（如氧化物、硫化物）。夹杂物的组成及分布形式多种多样，随着被焊金属的成分、焊接方法与材料的不同而变化。

1. 夹杂物的种类及危害

金属中存在夹杂物会使塑性和韧性降低。焊缝中存在夹杂物还会增加产生热裂纹及层状撕裂的倾向。因此，在焊接生产中应设法防止焊缝中存在夹杂物。

焊缝中常见的夹杂物主要有以下三种类型。

（1）氧化物夹杂　在焊接一般钢铁材料时，焊缝中或多或少总有些氧化物夹杂，其中主要是 SiO_2，此外还有 MnO、TiO_2 及 Al_2O_3 等，一般都是以硅酸盐的形式存在的。这些夹杂物的熔点大都比母材低，在焊缝结晶时最后凝固，因而往往是造成热裂纹的主要原因。

氧化物夹杂主要是由熔池中的 FeO 与其他元素作用生成的，只有少数是因工艺不当而从熔渣中直接混入的。因此，熔池脱氧越完全，焊缝中氧化物夹杂就越少。

（2）硫化物夹杂　硫化物主要来自焊条或焊剂原材料，经过冶金反应而过渡到金属熔池。当母材或焊丝中含硫量偏高时，也会产生硫化物夹杂。

钢中的硫化物夹杂主要是 MnS 和 FeS，其中 FeS 的危害更大。硫在铁中的溶解度随温度下降而降低，当熔池中含有较多的硫时，在冷却过程中，硫将从固溶体中析出而成为硫化物夹杂。

（3）氮化物夹杂　氮主要来源于空气，只有在保护不良时，才会出现较多的氮化物夹杂。

在焊接低碳钢和低合金钢时，氮化物夹杂主要以 Fe_4N 的形式存在。Fe_4N 一般是在时效过程中从过饱和固溶体中析出的，以针状分布于晶内或晶界。当氮化物夹杂较多时，金属的强度、硬度上升，塑性、韧性明显下降。当低碳钢中氮化物质量分数为 0.15% 时，延伸率只有 10%（正常情况应为 20%~24%）。

钢中有少量弥散分布的细小氮化物可以起到沉淀强化的作用。例如，在 15MnVN、14MnMoVN 等钢中，人为地加入约 0.015% 的 N，与钢中的 V 形成弥散分布的 VN，而使钢的强度有较大的提高。

2. 防止形成夹杂物的措施

夹杂物的危害程度与其分布状态有关。一般来说，显微夹杂物细小而分布又比较均匀时，对塑性与韧性影响较小，因此，需要防止的是宏观的大颗粒夹杂物。

防止夹杂物的主要措施是控制其来源，因此主要应从冶金方面入手，即正确选择焊条与焊剂的渣系，以保证熔池能进行较充分的脱氧与脱硫过程。此外，应对母材、焊丝与焊剂（或焊条药皮）和原材料中杂质的含量严加控制，以杜绝夹杂物的来源。

从工艺方面防止夹杂物，主要是为夹杂物从熔池中浮出创造一些条件，具体措施主要如下：

1) 选用合适的焊接热输入，保证熔池有必要的存在时间。

2) 多层焊时，每一层焊缝焊完后，特别是打底焊缝焊完后，必须彻底清理焊缝表面的熔渣，以防止残留的熔渣在焊接后一道焊缝时，进入熔池而形成夹杂物。

3) 手工焊接时，焊条做适当的摆动，以利于夹杂物的浮出。

4) 操作时注意保护熔池，包括控制好电弧的长度；埋弧焊时，焊剂要保证一定的厚度；气体保护焊时，要有足够的气体流量等，以防止空气侵入。

10.3.4 气孔

焊缝中的气孔就是气体在凝固的焊缝金属中形成的孔穴。它是焊接时常见的一种缺陷，气孔可能产生在焊缝内部，也可暴露在焊缝的表面。气孔按其形状不同可分为密集气孔、球形气孔、条形气孔、链状气孔、虫形气孔和表面气孔等。

1. 气孔产生的原因及分类

焊缝中形成气孔的气体主要是氢气、一氧化碳和氮气，因而将焊缝中的气孔分为氢气孔、一氧化碳气孔和氮气孔三类。

(1) 氢气孔

1) 特征。对于低碳钢来讲，这种气孔大多出现在焊缝的表面上，气孔的断面形状为螺旋状，从焊缝的表面看呈喇叭口形，并且在气孔的四周有光滑的内壁。有时呈密集型分布于表面和内部。

如果焊条药皮中的组成物含有结晶水，使焊缝中的含氢量过高，这类气孔也会残留在焊缝内部，且一般以小圆球状存在。对于有色金属，氢气孔常出现在焊缝内部。

2) 形成原因。在电弧的高温作用下，H_2 分解为原子，并以原子或正离子的形式溶解于金属熔池中，而且温度越高，金属溶解气体的量越多。例如，在冷凝结晶过程中，氢在铁中的溶解度急剧下降，当金属从液态转变为固态时，氢的溶解度可从 28mL/100g 降至 10mL/100g，致使金属呈氢的过饱和状态，这时便有氢析出，析出的氢原子在遇到非金属夹杂时，便积聚形成气孔猛烈向外排出，在焊缝冷却过程中，来不及浮出的氢便形成气孔。

（2）一氧化碳气孔

1）特征。一氧化碳气孔一般出现在焊缝内部，并沿柱状晶结晶方向分布，呈条虫状，表面光滑。

2）形成原因。在焊接铁碳合金时，电弧气氛中一氧化碳的含量较高，电弧中的一氧化碳主要来自焊丝、保护气体（如二氧化碳）、药皮和焊接熔池。

在焊接熔池中，碳被空气直接氧化或通过冶金反应都会生成一氧化碳，碳被氧化的反应是吸热反应，当温度升高时，反应向着生成一氧化碳的方向进行。上述两个反应在熔滴过渡中和在熔池中都能进行。由于一氧化碳不溶解在液体金属中，所以当反应向生成一氧化碳方向进行时，一氧化碳就立即以气泡的形式从熔池中析出。大部分一氧化碳是在液态熔池温度较高，并离其凝固还有一段时间形成的。可以说，焊接时形成的一氧化碳大部分是来得及从液态金属中排到空气中的。

随着反应的进行，熔池中氧化亚铁和碳的含量便降低了，同时随着熔池温度的下降，上述反应也减慢下来，直到停止。

但是当焊接熔池开始结晶或结晶过程中，由于钢中的碳及氧化亚铁容易偏析，结果使氧化亚铁和碳的含量在局部地区增多，因此虽然是冷却过程，但由于浓度的增加会使上述反应继续进行，生成一氧化碳。这时金属黏度增大了，吸热反应又加速了冷凝结晶速度，因而使一氧化碳气泡来不及排出形成气孔。

（3）氮气孔　与氢相似，氮也是引起气孔的一个重要因素。液态金属如果在高温时溶解了较多的氮，则在熔池冷却凝固过程中，饱和的氮将形成气泡。当焊缝的结晶速度大于气泡的上浮速度时，就形成了氮气孔。

2. 影响生成气孔的因素

焊缝中产生气孔的因素是多方面的，有时是几种因素共同作用的结果。这里仅根据冶金因素和工艺因素两方面的影响进行简要分析。

（1）冶金因素对产生气孔的影响　冶金因素主要是指熔渣的氧化性、药皮或焊剂的成分、保护气体的气氛、水分及铁锈等。

1）熔渣氧化性的影响。从分析气孔产生的原因可知，当熔渣的氧化性增加时，由一氧化碳形成气孔的倾向增加，而形成氢气孔的倾向减小。

2）焊条药皮的成分对生成气孔的影响。药皮中加入萤石（CaF_2）可以提高抗锈性，主要是因为萤石中的氟会与铁锈中结晶水分解出来的氢化合生成稳定的氟化氢（HF）。它不溶解于液体金属，而直接从电弧空间扩散至空气中，从而减少了氢气孔产生的倾向。当药皮中含 SiO_2 时，可使萤石对防止气孔产生最好的作用。

焊条药皮或焊剂中，为了增加电弧的稳弧性，有时要加入一些稳弧剂，如碳酸钾、碳酸钠和水玻璃等。稳弧剂的加入会使焊缝中产生氢气孔的倾向增加，这是因为钾、钠的化合物在高温下分解出来的钾、钠会与 HF 发生下列反应：

$$K+HF = KF+H \tag{10-5}$$

$$Na+HF = NaF+H \tag{10-6}$$

反应的结果是 HF 发生分解，使熔池周围游离出来的氢的浓度增加，则焊缝产生氢气孔的倾向增大。

3）铁锈的影响。铁锈是钢铁氧化的产物，它是氧化铁的水化物，分子通式为 $mFe_2O_3 \cdot nH_2O$，如 $Fe_3O_4 \cdot H_2O$。铁锈含有大量以结晶水形式存在的水分。大量的水蒸气在电弧的条件下发生分解，分解时也吸热。铁被水蒸气氧化时的反应如下：

$$Fe+H_2O \Longrightarrow FeO+H_2 \tag{10-7}$$
$$3FeO+H_2O \Longrightarrow Fe_3O_4+H_2 \tag{10-8}$$
$$2Fe_3O_4+H_2O \Longrightarrow 3Fe_2O_3+H_2 \tag{10-9}$$

在液态熔池中具有足够高的温度时，这些氢溶入，扩散至熔池中。结晶时，随着溶解度下降，氢便大量析出，因此氢便成为焊接有锈金属时产生气孔的主要原因。

（2）工艺因素对生成气孔的影响

1）焊接方法的影响。埋弧焊由于焊速较大，熔池的熔深也大，不如焊条电弧焊那样可随意操纵电弧使气体充分逸出，故用这种方法焊接时生成气孔的倾向较大。气焊时，由于火焰内有较多的 O_2 及 C_2H_2，所以促使生成较多的 CO，但由于一般气焊时熔池存在的时间较长，生成气孔的倾向反比电弧焊时小。惰性气体保护焊时，如果由于某种原因，熔池未保护好，空气进入熔池或电弧中，也会产生气孔。

2）焊接参数的影响。焊接速度增加时，熔池存在的时间较短，出现气孔的倾向增大。焊接电流增大时，熔滴变细，吸入气体量增加；同时熔池深度增加，使气泡逸出的距离加大，因此生成气孔的倾向也加大。电弧电压升高时，空气易侵入，也使出现气孔的倾向增加。

3）电流种类和极性的影响。使用交流电源，焊缝易出现气孔；直流正接，产生气孔倾向较小；直流反接，产生气孔倾向最小。

3. 防止产生气孔的方法

（1）消除产生气孔的各种来源

1）仔细消除焊件表面上的脏物，在焊缝两侧 20~30mm 范围内都要进行除锈。

2）焊丝不应生锈，焊条、焊剂要清洁，并按规定烘干焊条或焊剂，使之所含水分不超过 0.1%。

3）焊条或焊剂要合理存放，防止受潮。

（2）加强熔池保护

1）焊条药皮不要脱落，焊剂或保护气体送给不能中断。

2）采用短弧焊接，电弧不得随意拉长，操作时适当配合动作，以利于气体逸出，注意正确引弧；发现焊条偏心时要及时倾斜焊条，以保持电弧稳定或调换焊条。

3）装配间隙不要过大。

（3）正确执行焊接工艺规程

1）选择适当的焊接参数，运条速度不能太快。

2）对导热快、散热面积大的焊件，若周围环境温度低，应进行预热。

10.3.5　焊接热裂纹

焊接过程中，焊缝和热影响区金属冷却到固相线附近的高温区间产生的焊接裂纹称为热裂纹。金属在常温下，晶界强度高于晶内强度，随着温度的上升，晶界强度比晶内强度下降得快，最后晶界强度低于晶内强度。因此，存在一个等强度温度，热裂纹产生于等强度温度以上，具有沿奥氏体晶界开裂的性质。

1. 热裂纹的分类

（1）焊缝中的结晶裂纹 它是在焊缝凝固后期产生的裂纹，又叫凝固裂纹。

（2）高温液化裂纹 它是在母材热影响区或多层焊的前一焊道因受热作用而液化的晶界上形成的焊接裂纹。

（3）失塑裂纹 它是在热影响区（包括多层焊的前一焊道）的晶界上因受热作用而导致塑性陡降而产生的热裂纹。失塑裂纹一般产生在低于液化裂纹发生的温度，在再结晶温度以上，属于与晶界液化现象无关的低塑性晶间开裂。失塑裂纹常出现在单相奥氏体金属中。

2. 热裂纹的特点

（1）产生的时间 它的发生和发展都处在高温下，从时间上说，它产生在焊接过程中。

（2）产生的部位 热裂纹绝大多数产生在焊缝金属中，有的是纵向的，有的是横向的。发生在弧坑中的热裂纹往往是星状的。有时热裂纹也会发展到母材中。

（3）外观特征 热裂纹或者处在焊缝中心，或者处在焊缝两侧，其方向与焊缝的波纹线相垂直。露在焊缝表面的热裂纹，由于氧在高温下进入裂纹内部，所以裂纹断面上都可以发现明显的氧化色彩。

（4）金相结构上的特征 当对产生裂纹处的断面进行宏观分析时，发现热裂纹都发生在晶界上，因此不难理解，热裂纹的外形之所以是锯齿形的，是因为晶界就是交错生长的晶粒的轮廓线，故不可能是平滑的。

3. 热裂纹产生的原因

焊接过程是一个局部加热的过程，无论是电弧焊还是电阻焊，都是将局部金属加热到熔化状态，当液体凝固后达到将金属连接的目的。由于焊缝金属从液体凝固成固体时体积要收缩，而焊缝周围金属要阻碍上述焊缝金属的收缩，故焊缝就受到一定的拉应力作用。

在焊缝刚开始凝固和结晶时，这种拉应力就产生了，但由于此时液态金属比较多，流动性比较好，此时不会产生裂纹。而当温度继续下降时，柱状晶体继续生长，拉应力也逐渐增大。如果此时焊缝中有低熔点共晶体存在，由于其凝固较晚，而被柱状晶体推向晶界聚集在晶界上。因此，当焊缝金属大部分已经凝固时，这些低熔点金属尚未凝固，在晶界形成所谓的"液态夹层"。这时的拉应力已发展得较大，而液态金属本身没什么强度，晶粒与晶粒之间的结合就大为减弱，在拉应力的作用下，就可能使柱状晶体的空隙增大，而低熔点液体金属又不足以填充增大的空隙，这样就产生了裂纹。如果没有低熔点共晶存在或者数量很少，则晶粒与晶粒之间的结合比较牢固，虽有拉应力作用，也不会产生裂纹。

由此可见，拉应力是产生裂纹的外因，晶界上低熔共晶体是产生裂纹的内因，拉应力通过晶界上的低熔点共晶体而产生裂纹。

4. 影响热裂纹形成的因素

（1）化学元素对热裂纹倾向的影响 化学元素对热裂纹的形成有很大影响，其中主要有以下几个元素：

1）硫和磷。硫和磷都是钢中很有害的杂质元素，在钢中能形成多种低熔点共晶，这些低熔点共晶在结晶过程中极易形成液态薄膜，故结晶裂纹的倾向显著增大。

2）碳。当碳钢和低合金钢的碳含量增加时，焊缝产生裂纹的倾向增大。

3）锰。为了消除硫的有害作用，提高焊缝中的含锰量是大有好处的。碳、硫、锰对焊缝金属热裂纹的影响如图 10-15 所示。

4）硅。碳钢中硅对焊缝金属热裂纹的影响和碳相似。过多地增大含硅量是不利的，因为硅与铁形成低熔点共晶体，同时硅也可能降低硫化铁中的溶解度，促使产生热裂纹，硅对焊缝金属产生热裂纹的影响比碳要弱得多。

（2）一次结晶组织对热裂纹倾向的影响　熔池金属在一次结晶的过程中，晶粒的大小、形态和方向对焊缝金属的抗裂性有很大的影响。一次结晶的晶粒越粗大，柱状晶的方向越明显，产生热裂纹的倾向就越大。

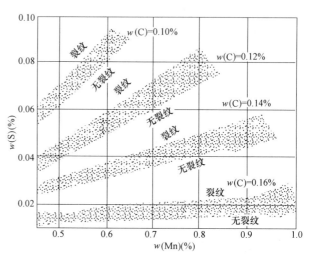

图 10-15　碳、硫、锰对焊缝金属热裂纹的影响

（3）力学因素对产生热裂纹的影响　熔池结晶时所受到的应力是产生裂纹的必要条件。拉应力的大小与焊接工艺、结构形式、接头刚性、熔池冷却速度和焊接顺序等有关。

5. 防止热裂纹的措施

（1）冶金方面

1）控制焊缝化学成分。为了减小焊缝形成低熔点液体夹层的倾向，尽可能限制母材硫、磷的含量；降低焊缝的碳含量，焊接低碳钢和低合金钢的焊丝时，碳的质量分数都不超过 0.12%；提高焊丝的锰含量。

2）改变焊缝组织状态。要想完全消除有害杂质，使其根本不形成低熔点共晶体是不太容易的。为了在拉应力下不发生裂纹，采用向焊缝金属加变质剂，从而调整焊缝金属化学成分，在焊缝中形成双相组织，打乱焊缝金属的结晶方向，使低熔点共晶不能集中分布，降低热裂纹的倾向。

（2）工艺方面

1）控制焊缝的形状。焊缝的形状用焊缝成形系数（$\phi = B/H$）来表示（图 10-16）。当焊缝成形系数 ϕ 变化时，不仅要影响晶粒长大的方向，而且影响枝晶汇合面的偏析情况。一般来说，提高成形系数可以提高焊缝的抗裂能力，因此一般应避免 $\phi<1$，即要求焊缝宽度应大于深度 H。但 ϕ 值也不宜过大。当 $\phi>7$ 时，由于焊缝过薄，抗裂性能反而下降。

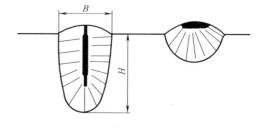

图 10-16　不同焊缝成形系数的结果情况

为了调整焊缝成形系数，必须合理选择焊接参数，一般情况下，成形系数随着电弧电压的增大而增大，随着焊接电流的增大而减小。

2）选择合理的焊接顺序和焊接方向。一般来说，焊接顺序应是使焊件的刚度逐步增大，使焊缝有收缩的可能，从而使焊接应力减小。如果焊接顺序和方向使焊件的刚度一下子就变得很大，那么在焊接后面几道焊缝时，焊缝没有收缩的可能，产生裂纹的可能性增大。

3) 采用碱性焊条和焊剂。由于碱性焊条和焊剂的熔渣具有较强的脱硫能力，因此具有较高的抗热裂能力。

4) 使用引弧板。在焊接终了收弧时，由于弧坑冷却速度较快，常因偏析而在弧坑处形成热裂纹。所以终焊时应逐渐断弧，并填满弧坑。必要时可采用与母材材料相同的引出板。

10.3.6　再热裂纹

焊后焊件在一定温度范围内再次加热而产生的裂纹称为再热裂纹。这种裂纹常常发生在焊后消除应力热处理的过程中。

1. 再热裂纹的特征

1) 再热裂纹产生于焊后再次加热的条件下，对于再热裂纹敏感性大的钢，都存在一个最易产生再热裂纹的温度区间，一般低合金钢为 320~720℃，而在 500~700℃ 最为敏感。不同的材料产生再热裂纹的敏感温度范围不同。

2) 再热裂纹大都产生在熔合区附近的粗晶区，有时可能产生在焊缝中，具有典型的晶间开裂性质。裂纹沿奥氏体晶界发展，中止在细晶区。

3) 再热裂纹的产生以大的残余应力为决定条件，因此常见于拘束度较大的大型工件上应力集中的部位。

4) 与母材的成分有关。含有 Cr、Mo、V 等能起沉淀强化作用的钢，对再热裂纹的敏感性较高。此外，沉淀硬化型的耐热合金、抗蠕变铁素体钢、沉淀硬化型奥氏体钢等也都有再热裂纹倾向。

2. 再热裂纹产生的原因

一种观点认为再热裂纹的产生是晶内二次硬化的作用。根据再热裂纹主要产生在含有沉淀强化元素的金属这一特点，提出再热裂纹产生的过程是：焊接时，熔合线附近的热影响区金属被加热到 1300℃ 以上的高温，此时碳化物相继分解，碳化物形成元素 Cr、Mo、V 等溶于奥氏体中。在快冷过程中，上述元素来不及析出而以过饱和的形式保留在奥氏体中。焊后再次加热时，在温度作用下碳化物从固溶体中析出，在原奥氏体晶粒内呈弥散分布，使晶粒明显强化，即晶粒强度升高，变形困难。由于应力松弛而产生的塑性变形就会集中在强度较低的晶界，使之产生滑移，晶界滑移往往显示出很低的抗变形能力，从而导致晶界开裂。

另一种观点认为：再热裂纹的产生主要是由于在焊后热处理时钢中的杂质向晶界偏聚，减弱了晶界结合力而使晶界脆化。在消除应力处理中，杂质（主要是硫化物或其他杂质）成为产生孔穴的核心，最终导致开裂。也就是说，裂纹的形成主要是由于晶界在高温下强度下降所致。这一理论称为晶界脆化理论。

3. 防止再热裂纹产生的措施

再热裂纹产生的条件决定了它多产生于焊后热处理中，因而往往在成品耐压试验时或使用过程中才被发现。因此一些高压容器上一旦发现再热裂纹，可能造成较大损失，再修补也很困难。

防止再热裂纹产生主要从以下几方面入手：

(1) 母材的选用　在制造焊后必须进行消除应力处理或在中温条件下工作的工件时，若能选用对再热裂纹敏感性低的母材，就可从根本上避免再热裂纹的产生。选材时，可先对钢材的再热裂纹敏感系数进行估算，还应考虑杂质对再热裂纹的影响，尽量降低 S、P、Al、

Sb、Sn 等的含量。最好进行再热裂纹敏感性试验。

（2）焊接材料的选用　再热裂纹多发生在热影响区的粗晶区，这是由于热处理中产生的蠕变首先发生在残余应力较大而强度又较低的部位。如能使蠕变集中在体积较大的焊缝，而同时焊缝又具有较好的塑性，就可以避免再热裂纹的产生。采用强度级别较低、塑性较高的焊接材料就可以满足这一要求。但这一措施只有当焊缝具有足够强度或局部补焊时，才可以采用。

（3）结构刚性与焊接残余应力的控制　过去，进行电厂大口径管焊接和锅筒人孔加强圈焊接时，由于接头刚度大，应力集中严重，焊后将有很高的残余应力，退火过程很容易产生再热裂纹。现将接管接头改为插入式，人孔加强圈改为外贴式，可以有效地防止再热裂纹。

（4）工艺上的控制　预热是防止再热裂纹的有效措施之一，在 200~450℃ 范围内预热可取得较好的效果。一般为了防止产生再热裂纹，应将原定的预热温度适当提高，如 18MnMoNb 钢，为防冷裂，应预热到 180℃，而要防止产生再热裂纹，则应提高到 230℃。焊后及时进行后热处理也可起到与预热相同的效果，并可降低预热温度。如 18MnMoNb 钢焊后在 180℃ 保温 2h，预热温度只要 150℃。

焊接热输入对再热裂纹的影响比较复杂，与钢种成分、热影响区的状态、残余应力的分布等因素有关。一般来说，增大热输入可以降低拘束力，能使再热裂纹倾向有所减小；若热输入大得使奥氏体晶粒粗化严重，则促使再热裂纹倾向增大。

10.3.7　层状撕裂

1. 层状撕裂的特征及形成原因

层状撕裂是指在轧制的厚钢板角接接头、T 形接头或十字接头中，由于多层焊角焊缝产生过大的 z 向（沿板厚方向）应力，在焊接热影响区及其附近的母材内沿轧制方向引起阶梯状的裂纹。一般薄板焊接或对接接头中很少产生这种层状撕裂。层状撕裂产生的部位及其外观如图 10-17 所示。层状撕裂是由若干沿着钢板轧制方向且平行于表面发展的裂纹平台，由与板面垂直的剪切壁连接而成。这种裂纹往往不限于热影响区内，也会出现在远离表面的母材内部。由于层状撕裂不易被发现，往往造成较严重的危害，而且即使能够发现，也很难修复。

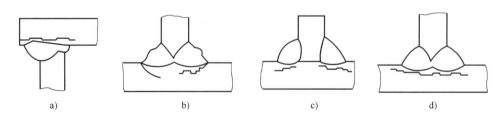

图 10-17　层状撕裂在 T 形接头中的典型位置

层状撕裂属低温开裂，但其特征及影响因素与冷裂纹有显著的区别。

层状撕裂产生的根本原因是钢中存在硫化物、氧化物或硅酸盐等非金属夹杂物。这些夹杂物在轧制中被压成片状，平行于钢板表面，沿轧制方向分布。这种片状夹杂对钢板的 z

向力学性能影响较大，特别是使断面收缩率显著下降。因此，在 z 向应力较大时，某些夹杂物首先开裂，而后各层夹杂物相继开裂，并在主应力方向发生剪切而连成一体，最后形成阶梯形裂纹。从断裂实例统计，层状撕裂几乎都是发生在焊缝熔合线与轧制表面平行时，并位于接近熔合线的母材上。

产生层状撕裂的必要条件是 z 向应力的存在。厚大的 T 形接头与角接头，如厚板上的加强肋、厚壁容器的接管接头中，由 z 向的温差所形成的热应力与工作应力叠加，产生较大的 z 向应力，导致层状撕裂产生。

可以认为层状撕裂是由片状夹杂物、z 向拘束应力以及母材 z 向的力学性能几方面因素共同作用的结果。

2. 防止层状撕裂的措施

（1）控制夹杂物，特别是硫化物夹杂　薄片状夹杂相当于金属内部尖锐的缺口，使 z 向力学性能大大降低。为防止层状撕裂，要求夹杂物数量少、形状圆钝、分散而不集中。大量试验已证实，钢中的硫含量、z 向断面收缩率与层状撕裂敏感性之间存在一定的依赖关系。当钢中含硫量极低时，各个方向的塑性指标均提高，层状撕裂敏感性随之降低。除控制硫含量外，金属加入 Ti、Zr、Mo 或稀土元素能使夹杂物破碎、球化，减少各向异性，改善 z 向性能。这些冶金措施都将使钢材成本大大提高，一般只在要求特别高的场合才采用。

（2）防止母材脆化　母材的塑性和韧性决定其变形能力和对裂纹扩展的阻力，故对层状撕裂敏感性有显著影响。焊接中发生的时效脆化、淬火脆化等都将使熔合区以外的母材硬度上升；焊接材料中带来的氢还会引起氢脆，这些都将使层状撕裂倾向加大。因此，在选材时应尽量避免使用对淬火敏感的材料，并在焊接时采取控制冷却速度的措施，如预热、保温缓冷、控制层间温度等。

（3）从工艺和设计上设法减少 z 向的拘束应力　改进接头形式，降低接头在 z 向的拘束应力，可降低层状撕裂倾向。在强度条件许可时可用低强度隔离焊缝，由焊缝承受接头的变形，减少母材的变形。前面提到的预热、缓冷的措施也可有效地降低 z 向拘束应力。

10.3.8　焊接冷裂纹

焊接接头冷却到较低温度时（对钢来说在 Ms 温度以下）产生的焊接裂纹称为冷裂纹。冷裂纹主要发生在低合金钢、中合金钢和高碳钢的热影响区，有时见于焊缝。在焊接事故中，焊接热裂纹造成的事故只占 10%，而冷裂纹则占 90% 左右，冷裂纹带来的严重危害日益引起人们的关注。

1. 冷裂纹的分类

（1）氢致裂纹　由于氢的脆化作用导致接头中生成的焊接裂纹称为氢致裂纹。氢致裂纹具有延迟断裂的特征，延迟现象的出现与氢的活动有密切关系。采用低强度隔离焊缝防止层状撕裂冷裂纹常出现在较低温度下或焊后几小时、几天，甚至几十天。习惯上把延迟裂纹称为冷裂纹，实际上延迟裂纹只是冷裂纹中的一种。

（2）热应力裂纹　热应力裂纹又称为低塑性脆化裂纹。它是焊接过程中，由于收缩应变超过材料的变形能力所引起的裂纹。这种裂纹与接头的应力大小、材料的塑性储备有关。

（3）淬硬脆化裂纹（淬火裂纹）　有些钢种由于淬硬倾向大，即使在没有氢的条件下，仅由拘束应力的作用，也能导致开裂。这种开裂完全是由于冷却过程中马氏体相变所致。

2. 焊接冷裂纹的特征

（1）冷裂纹的分布状态　　按冷裂纹分布特点，冷裂纹的分布可归纳为以下四种类型：

1）焊道下裂纹。裂纹发生于焊道下面的热影响区，走向与熔合线大体平行（图 10-18），裂纹一般不显露于焊缝表面。

2）焊趾裂纹。焊缝表面与母材交界处称为焊趾。焊趾裂纹即沿应力集中的焊趾处形成的裂纹（图 10-18），裂纹一般向热影响区粗晶区发展，有时也向焊缝中发展。

3）根部裂纹。根部裂纹是沿应力集中的焊根处所形成的焊接冷裂纹（图 10-19）。根部裂纹可能扩展到热影响区的粗晶区，也可能向焊缝中发展。

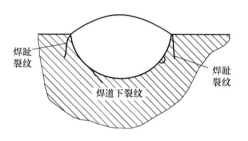

图 10-18　焊道下裂纹及焊趾裂纹

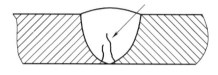

图 10-19　根部裂纹

4）横向裂纹。横向裂纹起源于熔合线，沿垂直于熔合线的方向向热影响区与焊缝扩展。横向裂纹多发生于多层焊的表层下金属中。在未扩展至表面时，只能在接头的横截面上发现（图 10-20）。

（2）冷裂纹生成的温度　　冷裂纹生成的温度大体在 $-100\sim+100℃$ 之间，具体温度随母材成分、焊接材料的不同而变化。

（3）产生冷裂纹的材料　　冷裂纹产生于有淬硬倾向的中碳钢、高碳钢及低合金高强度钢的焊接接

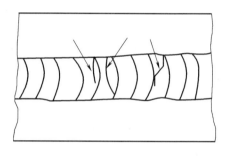

图 10-20　横向裂纹

头，裂纹大多在热影响区，通常发源于熔合线附近，有时也出现在高强度钢或钛合金的焊缝中，特别是在厚板的多层焊缝中。

（4）冷裂纹的断口特征　　从宏观上看冷裂纹的断口具有脆性断裂的特征，有金属光泽，呈人字形发展。从微观上看，裂纹多起源于粗大奥氏体晶粒的晶界处，与热裂纹单一地沿晶界断裂不同，冷裂纹既可以沿晶界发展，也可以穿晶发展，常常是沿晶界与穿晶两种断裂的混合。

（5）冷裂纹产生的时间　　冷裂纹有时出现在焊接过程中，但较多的是在焊后延续一段时间才产生。延迟的时间可能是几秒钟、几分钟，也可能达数月之久。一般把有延迟现象的裂纹称为延迟裂纹。

3. 冷裂纹产生的原因

大量的生产实践与试验研究业已证实，冷裂纹的产生是氢、淬硬组织及应力三者作用的结果，通常称为生成冷裂纹的三要素。

（1）氢　　氢在钢中以扩散氢和残余氢两种形式存在。试验证明，只有扩散氢才会导致焊接冷裂纹，随着焊缝金属中扩散氢含量的增加，产生冷裂纹的机率提高。另外，扩散氢还

影响延迟裂纹延时的长短，扩散氢含量越高，延时越短。

（2）淬硬组织　一般来说，接头中马氏体的数量越多，则越容易产生冷裂纹，接头中淬硬组织是促使冷裂纹产生的又一重要因素。

（3）焊接接头的拘束应力　焊接接头的拘束应力由三方面组成，即焊缝热影响区在不均匀加热和冷却的过程中所产生的热应力、金属相变时造成的内应力。

上述三要素的作用是相互联系、相互制约的，在不同条件下，起主要作用的因素不同。一般认为，氢在金属内部的扩散过程中，遇到显微缺陷而集聚，集聚后原子结合为分子形成一定的应力。在应力作用下，显微缺陷处出现微裂纹，氢再进一步扩散，又使微裂纹扩展为裂纹。由于氢的扩散、集聚并达到临界浓度都需要时间，形成的裂纹常具有延时特性。

在此过程中，当扩散氢含量较高时，即使马氏体数量较少或应力较小，也有可能开裂。反之，当材料的碳当量较高而形成较多的高碳马氏体时，即使扩散氢极少（甚至没有），也会产生裂纹。拘束应力越大，裂纹延时越短，当应力达到一定数值时，立即断裂，没有延迟现象。

4. 防止冷裂纹的措施

（1）杜绝氢的来源　杜绝氢的来源的主要措施包括选用低氢型焊条，并按规定烘干；焊接前对焊接区及焊接表面进行清理等。

（2）预热　焊前预热可以有效降低冷却速度，从而可以改善接头的组织，并有利于氢的逸出，这是生产中最常用的一种方法。但预热使劳动条件恶化，增加了结构的制造难度；预热温度选择不当，还会对产品质量带来不良的影响。选择最佳预热温度是保证产品质量的关键之一。

（3）控制热输入　增大热输入可降低冷却速度，随着热输入提高，抗裂能力提高，临界应力提高。可将开裂应力 $\sigma_f = \sigma_s$ 时对应的热输入作为防止裂纹的最低热输入。如果在实际生产中难以达到，则必须进行预热。

（4）焊后热处理　焊后及时进行不同形式的热处理，可分别起到消除扩散氢、降低和消除残余应力、改善组织、降低硬度等作用。通常说的消氢处理一般为加热至 $300 \sim 400\text{℃}$，保温 1h。采用消氢处理可以降低焊前的预热温度。消氢处理对消除应力、改善组织的效果不明显，在要求消除应力或改善组织时，必须提高热处理温度。

影响冷裂纹的因素很多，在一定的生产条件下，对于起主要作用的因素目前尚有些不同的看法。当前，很多国家的研究人员都认为钢材的化学成分是决定裂纹敏感性的根本因素，因此，合理地调整母材的化学成分，研制对冷裂纹敏感性低的新型高强度钢是防止产生冷裂纹的根本途径。

10.4　热处理工艺及其典型不连续性

热处理是通过加热和冷却，使零件获得适应工作条件需要的使用性能，达到充分发挥材料潜力，提高产品使用寿命和提高效能的重要的工艺方法。如果出现热处理缺陷，热处理就无法达到预期的目的，零件将成为不合格品或废品，从而造成经济损失。热处理缺陷按缺陷性质分类主要包括裂纹、变形、残余应力、组织不合格、性能不合格、脆性及其他缺陷。其中最危险的热处理缺陷是裂纹，一般将其称为第一类热处理缺陷，它属于不可挽救的缺陷；

最常见的热处理缺陷是变形，一般称其为第二类热处理缺陷；其余缺陷，如残余应力、组织不合格等属于第三类，一般统称为第三类热处理缺陷。

10.4.1　淬火裂纹

影响钢件淬火裂纹形成的因素众多，主要包括冶金、结构和工艺等因素。

1. 钢件的冶金质量与化学成分的影响

钢件可用锻件、铸件、冷拉钢材和热轧钢材等加工而成，各种毛坯或材料生产过程中均可能产生冶金缺陷，或者将原料的冶金缺陷遗留给下道工序，最后这些缺陷在淬火时可扩展成淬火裂纹，或导致裂纹的产生。若铸钢件在热加工工艺过程中因加工工艺不当，在内部或表面可能形成气孔、疏松、砂眼、偏析和裂痕等缺陷；在锻件毛坯中，有可能形成缩孔、偏析、白点、夹杂物和裂纹等。这些缺陷对钢的淬火裂纹有很大的影响。一般来说，原始缺陷越严重，其淬火裂纹的倾向性越大。

钢的碳含量和合金元素对钢的淬裂倾向有重要影响。一般随着马氏体中碳含量的增加，增大了马氏体的脆性，降低了钢的脆断强度，增大了淬火裂纹倾向。在碳含量增加时，热应力影响减弱，组织应力影响增强。水中淬火时，工件表面的压应力变小，而中间的拉应力极大值向表面靠近。油中淬火时，表面拉应力变大。所有这些都增加了淬火开裂倾向。而合金元素对淬裂的影响是复杂的，合金元素增多时，钢的导热性降低，增大了相变的不同时性；同时合金含量增大，又强化了奥氏体，难以通过塑性变形来松弛应力，因而增大了热处理内应力，有增加淬裂的倾向。然而合金元素含量增加，提高了钢的淬透性，可用较缓和的淬火冷却介质淬火，减少淬裂倾向。此外有些合金元素（如钒、铌、钛等）有细化奥氏体晶粒的作用，减少了钢的过热倾向，因而减少了淬裂倾向。

2. 原始组织的影响

淬火前钢件的原始组织状态和原始组织对淬裂的影响很大。片状珠光体，在加热温度偏高时易引起奥氏体晶粒长大，容易过热，所以对原始组织为片状珠光体的钢件，必须严格控制淬火加热温度和保温时间；否则，将因钢件过热导致淬火开裂。

具有球状珠光体原始组织的钢件，在淬火加热时，因为球状碳化物比较稳定，在向奥氏体转变的过程中，碳化物的溶解，往往残留少量的碳化物，这些残留碳化物阻碍了奥氏体晶粒长大，与片状珠光体相比，淬火可以获得较细的马氏体，因此原始组织为均匀球状珠光体的钢对减少裂纹来说，是淬火前较理想的组织状态。

在生产中，常常产生重复淬火开裂现象，这是二次淬火前未进行中间正火或中间退火所致，未经退火而直接二次淬火，组织中没有阻碍奥氏体晶粒长大的碳化物存在，奥氏体晶粒极易显著长大，引起过热。因此在二次淬火中进行一次中间退火，也可通过退火来达到完全消除内应力的目的。

3. 零件尺寸和结构的影响

零件的截面尺寸过小和过大都不易淬裂。截面尺寸小的工件淬火时，心部很易淬硬，而且心部和表面的马氏体形成在时间上几乎是同时进行的，组织应力小，不容易淬裂。截面尺寸过大的零件，特别是用淬透性较低的钢制造时，淬火时不仅心部不能硬化，甚至连表层也得不到马氏体，其内应力主要是热应力，不易出现淬火裂纹。因此，对于每一种钢制的零件，在一定的淬火冷却介质下，存在一个临界淬裂直径，也就是说，在临界直径的零件具有较大的淬裂倾向性。出现淬裂的危险尺寸可能因钢的化学成分、加热温度和方法不同而发生变化，不可千篇一律。零件的尖角、棱角等几何形状因素使工件局部冷却速度急剧变化，增大了淬火的残余应力，从而增大了淬火的开裂倾向。零件截面不均匀性的增加使淬裂倾向加大，零件薄的部位在淬火时先发生马氏体转变，随后，当厚的部位发生马氏体转变时，体积膨胀，使薄的部位承受拉应力，同时在薄厚交界处产生应力集中，因而常出现淬火裂纹。

4. 工艺因素的影响

工艺因素（主要是淬火加热温度、保温时间和冷却方式等因素）对淬火裂纹倾向影响较大。热处理包括加热、保温及冷却等过程。热处理不仅在冷却（淬火）时可以产生裂纹，加热时如果加热不当也可能形成裂纹。

（1）加热不当引起的裂纹

1）升温速度过快引起的裂纹。一些材料在铸造时由于结晶过程不同步必然形成成分不均匀、组织不均匀以及铸态材料的非金属夹杂物。如在大型工件快速加热时，铸态高锰钢中硬而脆的碳化物相、高合金铸钢中成分偏析和疏松等可能形成较大的应力，从而出现开裂。

2）表面增碳或脱碳引起的裂纹。合金钢零件在以碳氢化合物为气源的保护气氛炉（或可控气氛炉）中进行加热时，由于操作不当或失控，炉内碳势升高，可使加热的工件表面含碳量超过工件的原始含碳量。在随后的热处理时，操作者仍按原钢件的工艺规程进行淬火，从而产生淬火裂纹。

在对高锰钢的铸件进行热处理时，表层若发生脱碳、脱锰，工件表面将出现裂纹；低合金工具钢、高速钢在热处理加热时，若表面产生脱碳，也有可能产生裂纹。

3）过热或过烧引起的裂纹。高速钢、不锈钢工件，因淬火加热温度较高，一旦加热温度失控，很容易造成过热或过烧，从而引起热处理裂纹。

4）在含氢气氛中加热引起的氢致裂纹。氢有很大的易动性，易被钢中的所谓"陷阱"捕捉。钢中夹杂物、疏松等内部缺陷可能成为"陷阱"。夹杂物等缺陷受载时的应力集中与氢含量高这两个条件的叠加易使氢致裂纹优先产生。产生氢脆一般必须具有三个基本条件：①有足够的氢；②有对氢敏感的金相组织；③有足够的三向应力存在。例如，气体渗碳、碳氮共渗的工件产生装配断裂、放置开裂和使用过程中出现断裂等现象。

总之，淬火加热温度升高，热处理应力增大，淬火马氏体组织粗化、脆化，断裂强度降低，淬裂倾向增大。一般而言，晶粒越细小，断裂抗力越高，淬裂倾向越小；相反，晶粒粗化，断裂抗力下降，断裂倾向增大。晶粒大小同淬火加热温度和淬火保温时间有直接关系。加热温度升高或保温时间增长，均能使晶粒粗化，因而增加了淬裂倾向。从防止淬裂的观点看，应尽量选用较低的淬火加热温度。

（2）冷却引起的裂纹　冷却方式不同，内应力的大小、类型和分布就不同，淬火钢的组织形态也不同，断裂抗力也不同，因此淬裂倾向不同。钢件加热至奥氏体状态，在淬火冷却过程中，一方面，希望快速冷却，使奥氏体不会发生珠光体转变或贝氏体转变，也就是快速冷却，以躲过等温转变图上的"鼻子"；另一方面，希望奥氏体进入马氏体区后慢速冷却，产生马氏体转变，实现淬火。钢件在冷却到马氏体开始相变温度的过程中，由于组织未变，仅仅产生热应力，所以钢件一般不会产生裂纹。当钢件冷却到 Ms 点以下，钢发生马氏体相变时，体积膨胀，产生第二类畸变、第二类应力及宏观的组织应力和热应力，因而容易产生淬火裂纹。因此，在 Ms 点以下缓冷可以获得碳浓度较低的马氏体，从而减少马氏体的正方度和组织应力，提高断裂抗力。另一方面，在马氏体区间内缓慢冷却，还能提高冷却后的钢的破断抗力，从而降低钢件的淬裂。

10.4.2　其他热处理裂纹

1. 回火裂纹

回火裂纹是在回火过程中工艺控制不当而产生的裂纹。在用淬透性好的钢制造较大的工模具时，可能产生回火裂纹。

2. 冷处理裂纹

有些量具、精密机械零件，为了保证高的尺寸稳定性，需尽量减少残余奥氏体，通常采用-800℃的冷处理。工模具经过超低温处理可显著提高寿命。但是，如果冷处理不当，将引起工件开裂。其主要原因是：

1）工件淬火后，本身温度较高，若冷却速度加快，部分未转变的奥氏体进一步转变成马氏体，拉应力增大，在低温下材料的脆断抗力降低，当应力超过材料脆断抗力，则导致裂纹。

2）工件尺寸过大，结构复杂，冷处理温度过低，冷处理所用介质冷却较快等，或增大原来的内应力，这些都可能导致产生冷处理裂纹。

3. 时效裂纹

有些合金在固溶处理时，碳化物全部溶入基体中，从而使合金脆化，这种材料的焊接件在标准热处理时会产生应变时效裂纹。

4. 磨削裂纹

淬硬的工具钢零件，或经渗碳、碳氮共渗并进行淬火的零件，在随后的磨削加工时有时会出现大量的磨削裂纹。

5. 电镀裂纹

淬火零件在电镀时，或在电镀前的酸洗时，会产生具有内应力的表面层。由于工件和溶液作用产生的氢会渗入钢中，温度越高，吸附的氢量也越大。溶液的离解度越强烈，则工件吸附和渗入的氢含量也越多。如果淬火零件在酸、碱等化学活性介质中停留时间较长，零件中的内应力则可引起应力腐蚀。

总之，热处理缺陷裂纹产生的原因是多方面的，概括起来可分为热处理前、热处理中、热处理后三方面的原因。热处理前可能因设计不良、原材料或毛坯缺陷等，若选材不当、热处理技术要求不当、断面急剧变化、锐角过渡、打标记处应力集中等不合理设计，热处理时产生裂纹，导致热处理缺陷。原材料的各种缺陷及热处理前各种加工工序缺陷，在热处理时也可导致热处理缺陷。热处理后，因后续加工工序不当或使用不当，还可能产生与热处理有联系的缺陷。

总之，热处理缺陷种类较多，产生的原因多种多样，热处理中产生缺陷的原因可能有工艺不当、操作不当、设备和环境条件不合适等。因此，为防止产生热处理缺陷，要从与热处理有关的多方面着手解决，对热处理前、热处理中、热处理后各个相关环节进行控制，这就要对热处理全过程进行全面质量控制。因此，无损检测时机的选择和热处理工件的无损检测都要综合考虑可能的缺陷种类和缺陷方向位置，才能正确实施无损检测，确保材料和结构安全。

10.5　在役不连续性

在役指装置或构件处于运行过程中。在役检测是使用无损检测技术对在役设备进行监测，或者在检修期进行定期检测，能及时发现影响装置或构件继续安全运行的隐患，防止事故的发生，这对于重要大型设备的质量和安全运行，如核反应堆、桥梁建筑、铁路车辆、压力容器、输送管道、飞机和火箭等，具有不可忽视的重要意义。

在役检测的目的不仅仅是及时发现和确认危害装置安全运行的隐患并予以消除，更重要的是根据所发现的早期缺陷及其发展程度（如疲劳裂纹的萌生与发展），在确定其方位、尺寸、形状、取向和性质的基础上，还要对装置或构件能否继续使用及安全运行寿命进行评价。以锅炉压力容器为例，锅炉压力容器是具有爆炸危险性的特种承压设备，我国锅炉压力容器安全管理工作经历了从无序到有序的过程，在役锅炉压力容器不可避免地存在缺陷。对待缺陷的锅炉压力容器进行改变工况条件或报废的处理，会造成大量的浪费，适时对锅炉压力容器缺陷状况进行无损评价十分重要。

10.5.1　在役压力容器缺陷统计分析

1. 在役压力容器缺陷统计分布状态

（1）按容器分类缺陷分布状况　Ⅲ类容器较Ⅰ、Ⅱ类容器的缺陷平均数要高。

（2）按容器用途缺陷分布状况　球形容器较其他用途的容器的缺陷平均数要高，储存容器和换热器次之。

（3）按容器安全状况等级缺陷分布状况　安全状况等级为 3 级的容器较安全状况等级为 4 级、5 级的容器的缺陷平均数要高。

2. 缺陷分类统计分析

缺陷可按结构检查、几何尺寸检查、金相检查、表面检查、无损检测检查及其他检查等划分。其中，结构检查缺陷包括封头型式、筒体与封头连接、开孔与补强、焊缝布置、支座选型与排污口布置等结构不合理。几何尺寸检查缺陷有焊缝几何尺寸不合格（包括余高、宽窄差、焊肉低于母材等），容器外形尺寸不合格（包括大小直径差、纵向皱折、错边、棱角度、不直度超差等）等。金相检查缺陷有石墨化、珠光体球化、过烧、过热、回火脆化、渗碳、合金元素重新分配和蠕变等。表面检查缺陷有表面裂纹、表面气孔、变形、腐蚀、咬边、凹坑和机械损伤等。无损检测检查缺陷有裂纹、气孔、夹渣、未熔合和未焊透等。

其他检查缺陷有水压试验不合格和强度校验不合格。

缺陷分类统计情况如下：

1）焊缝距强度削弱部位近、筒体与封头角接及筒体与封头搭接等缺陷是比较突出的结构检查缺陷。

2）焊缝余高超差、错边、棱角度超差及焊肉低于母材是比较普遍的几何尺寸检查缺陷，且以错边超差较为突出。

3）腐蚀、咬边、裂纹和机械损伤是比较普遍的表面检查缺陷，以腐蚀最突出，咬边和机械损伤次之。

4）未焊透、夹渣和气孔是普遍存在的无损检测检查缺陷，且以未焊透最突出。

3. 综合分析

1） Ⅰ类容器的缺陷主要表现为结构不合理、焊接工艺性缺陷和容器形状缺陷；Ⅱ类容器的缺陷主要表现为焊接缺陷。就裂纹缺陷而言，Ⅲ类容器较Ⅰ、Ⅱ类容器的缺陷平均数要高。因此，应加强Ⅲ类容器的安全管理工作。

2） 球形容器的缺陷平均数高。这是因为球形容器的制造水平较高，使用工况比较苛刻，对材质要求较高，且一般球形容器的容积较大，应力水平较高。因此，应加强球形容器的定期检测工作，以便及时了解缺陷的扩展情况。

3） 安全状况等级的降低除了与缺陷的数量有关外，还应与缺陷尺寸、缺陷形成部位和容器类别等因素有关。

4） 在役压力容器的常见缺陷是：焊缝距强度削弱部位近、筒体与封头角接、筒体与封头搭接、焊缝余高超差、错边超差、棱角度超差、腐蚀、咬边、裂纹、机械损伤、未焊透、夹渣和气孔等。

10.5.2 在役锅炉缺陷的统计分析

在役锅炉常见的缺陷有腐蚀、泄漏、变形和裂纹，腐蚀最普遍。腐蚀缺陷常发生的部位有锅筒、水冷壁管、集箱、水管和管板；泄漏常发生的部位有水冷壁管、锅筒、水管、集箱和管板；变形常发生的部位有水冷壁管、锅筒、集箱和拱管；裂纹常发生的部位有管板、焊接管座和胀接管座等。分析造成以上部位常发生缺陷的原因，除制造质量外，主要的原因是不注意除垢、除氧，在缺水、水循环破坏的条件下使用。因此，应加强锅炉的水质监测工作，严格按操作规程操作。

10.5.3 在役检测缺陷的检查与处理

1. 表面缺陷的检查与处理

1） 在役压力容器应十分注意表面缺陷的宏观检查，必要时再借助无损检测和其他检测方法。

2） 在役压力容器常见的表面缺陷有裂纹、腐蚀、变形、凹陷、鼓包、剥落、过烧、机械损伤、工夹具焊迹、电弧擦伤、弧坑、焊缝气孔、焊接咬边、错边、棱角以及焊缝或结构的形状尺寸不符合原设计规定等。其中，某些缺陷是使用中产生的，某些缺陷则是制造所遗留下来的。检查和处理的重点一般应是使用中产生的缺陷，这些缺陷通常多是"活"缺陷。

3） 表面裂纹情况必须进行严格检查，必要时应采用表面无损检测方法详细检测焊缝，尤其是要检查应力集中部位角焊缝是否存在表面裂纹。对于低温容器、剧毒介质容器、高强钢焊制容器、承受交变载荷或频繁间歇操作的容器以及高压紧固螺栓等，尤其应严格检查。对于表面裂纹，应分析裂纹的发生原因并根据具体情况采取适当措施（如打磨、挖补或报废）彻底消除，特殊情况下，经过同意后，也可通过严格的安全评定进行处理或监督使用。

4） 对于变形、凹陷、鼓包、剥落、过烧等缺陷，具体情况和成因不尽相同，应根据具体情况（如部位、程度、成因、使用条件以及有无其他缺陷等）进行具体分析处理。凡继续使用不能满足强度和安全要求的，应限制条件使用或判废。

5） 不太严重的机械损伤或工夹具焊迹、电弧擦伤、弧坑等缺陷，可打磨消除。

6） 对焊缝气孔、错边、棱角等缺陷要加以测量。属一般性超过现行制造规范的，可只做打磨处理或不做处理。属较严重超标的，一般应在该部位增加焊缝的内外部无损检测来确认是否还同时存在其他缺陷，如果还存在裂纹、未熔合、未焊透缺陷，则一般应消除 缺陷、补焊修复。对于错边和棱角严重者，应通过应力分析，做出能否继续使用的结论。

7）低温容器和疲劳操作容器的焊缝的任何咬边都应打磨消除。

2. 焊缝内部缺陷的检查与处理

在役压力容器焊缝内部缺陷多数是制造时遗留下来的缺陷。除下述情况应对焊缝进行射线检测或超波检测抽查外，一般可不进行检测检查。

1）低温容器、高压容器、高强钢容器、剧毒介质容器、承受交变载荷或频繁间歇操作的容器，且未进行过无损检测或检测报告和质量可疑者。

2）表面检测结果发现焊缝裂纹存在较严重的焊缝气孔、焊缝咬边、错边及棱角等缺陷者。

3）安装或投入使用后曾发生过焊缝开裂、泄漏等焊缝质量问题者。

4）制造中存在较多焊缝补焊者。

5）用户要求或检测员认为必须进一步抽查焊缝内部质量者。

6）拟以气体、液化气体或易燃介质直接进行强度试验者，应进行 100% 检测检查。

7）发现的裂纹和近表面的未熔合、未焊透以及沿焊缝柱状晶呈"八"字形分布的气孔等危险缺陷，均应挖除并补焊，严重者应予以判废。特殊情况下，经过同意后，也可通过严格的安全评定进行处理或监督使用。

8）其他缺陷应根据具体情况进行具体分析处理。体积性缺陷一般可按现行规范放宽 1~2 级处理，条状夹渣和内部未熔合、未焊透也可适当放宽。但对于低温容器、高压容器、高强钢容器、剧毒介质容器、有气压试验要求的容器、以易燃介质做液压试验的容器以及承受交变载荷或频繁间歇操作的容器，其缺陷的放宽处理必须十分慎重。

总之，在役容器"合乎使用"的原则符合我国的国情。Ⅲ类容器仍是今后安全管理工作的重点，应加强Ⅲ类容器和球形容器的定期检测工作，以便及时发现缺陷的扩展情况，从而防止事故的发生。在役压力容器定期检测以厚度测定、无损检测检查、宏观检测、强度校验等作为常见的检测方法。在役锅炉检测以宏观检测为主，检查部位以锅筒、集箱、水冷壁管、水管、管板、焊接管座和胀接管座等为重点。提高压力容器制造质量，尤其是焊接质量是保证压力容器安全运行的根本。加强锅炉的安全使用与管理工作是锅炉安全运行的可靠保证。

10.5.4　冬奥场馆的在役检测

随着北京城市功能的转变，首钢等钢铁企业已搬迁至河北省唐山市。首钢工业园区改建为北京 2022 年冬奥会场馆，其中三号高炉顶层平台改造为奥运会滑雪跳台。原钢铁工业园区经过改建改造，将工业风与艺术感完美融合，旧貌换新颜。改造后的园区更具人文情怀，钢铁的硬度与人性的柔美得到和谐的统一。为保证改造后钢结构的力学性能，对焊接结构要运用无损检测方法进行 100% 在役检测。

第11章 无损检测标准体系和实验室认证

11.1 标准的基本知识

11.1.1 标准的含义

标准是对重复性事务和概念所做的规定，它以科学、技术和实践经验的综合成果为基础，经有关方面协调一致，由主管机构批准，以特定形式发布，作为共同遵守的准则和依据。可见，标准是一种特定的文件，其主要作用是作为人们从事某种特定工作时共同遵守的准则和依据。

《中华人民共和国标准化法》明确规定，对需要在全国范围内统一的技术要求，应当制定国家标准。国家标准由国务院标准化行政主管部门制定。对没有国家标准而又需要在全国某个行业范围内统一的技术要求，可以制定行业标准。行业标准由国务院有关行政主管部门制定，并报国务院标准化行政主管部门备案，在公布国家标准之后，该项行业标准即行废止。对没有国家标准和行业标准而又需要在省、自治区、直辖市范围内统一的工业产品的安全、卫生要求，可以制定地方标准。地方标准由省、自治区、直辖市标准化行政主管部门制定，并报国务院标准化行政主管部门和国务院有关行政主管部门备案，在公布国家标准或者行业标准之后，该项地方标准即行废止。

企业生产的产品没有国家标准和行业标准的，应当制定企业标准，作为组织生产的依据。企业的产品标准须报当地政府标准化行政主管部门和有关行政主管部门备案。已有国家标准或者行业标准的，国家鼓励企业制定严于国家标准或者行业标准的企业标准，在企业内部适用。

法律对标准的制定另有规定的，依照法律的规定执行。

11.1.2 标准的层级

标准分为四级，级别由高到低分别是：国家标准、行业标准、地方标准和企业标准。级别低的标准严于高一级别标准的技术要求，即级别越低的标准，技术要求越高。从属性上看，国家标准是由国家（国家标准化管理委员会）颁布，行业标准是由各部委、行业协会、某一特定领域或某联盟制定和颁布的；从内容上看，行业标准严于国家标准，国家标准是标准的最低门槛；从应用对象上看，行业标准用于技术壁垒或区域的市场准入，国家标准则在国家范围内广泛应用。

11.1.3 标准的分类

1. 国家标准

国家标准包括 GB 及 GB/T 等。

2. 行业标准

行业标准主要包括 CB 船舶行业标准、DL 电力行业标准、EJ 核工业行业标准、HB 航空行业标准、HG 化工行业标准、HGJ 化工行业工程建设规程、JB 机械行业标准、JC 建材行业标准、JG 建筑行业标准、JGJ 建筑行业工程建设规程、MH 民用航空行业标准、NB 能源行业标准、QC 汽车行业标准、QJ 航天行业标准、SH 石油化工行业标准、SL 水利行业标准、SY 石油行业标准、TB 铁道行业标准以及 YB 黑色冶金行业标准等。

11.2　无损检测标准

11.2.1　无损检测标准分类

制定无损检测标准的目的是给人们进行无损检测工作提供共同遵守的原则，保证无损检测过程的正确实施和检测结果的正确评判，是无损检测质量控制的重要依据。按标准的不同用途，可将无损检测标准分为术语标准、设备与器材标准、检测方法标准以及验收标准。

术语标准是对无损检测相关术语名称进行规定和解释，主要用途是使人们用科学的、统一的语言编写与无损检测相关的文本，以避免发生理解上的歧义和偏差，也便于进行纠纷的仲裁。

设备与器材标准主要是规定无损检测仪器设备和材料等产品本身技术要求的标准，也包括不同无损检测方法检测系统的性能测试方法，以及无损检测用标准试块和对比试块的制作和检测方法的标准，主要用于无损检测系统的标准化和质量控制。

检测方法标准是对无损检测过程要素进行控制的标准，是保证无损检测工艺过程可靠性的主要技术文件，也是进行无损检测质量控制的主要依据。检测方法标准有通用性的检测技术标准，也有针对某种无损检测技术方法或特定产品的检测技术标准。

验收标准规定了无损检测结果和一系列特征的指标，依据这些指标，可对被检对象的质量状态做出评价。多数情况下，验收标准不是独立的标准，常常是某种或某类材料、产品技术条件或制造标准的一部分，是对被检测对象的一系列质量要求之一。

上述各类标准中，检测方法标准和验收标准是与无损检测过程直接相关的标准，是编制无损检测工艺规程和工艺指导书的主要依据。检测方法标准是对无损检测过程的全面要求，用来保证无损检测过程能够提供用于产品验收的准确结果。验收标准不是对无损检测过程的要求，而是对被检对象的要求，但被检对象的验收标准是无损检测技术选择的依据之一，也是检测结果评定的依据之一。因此验收标准也是对无损检测过程有直接影响的标准。

11.2.2　超声检测标准

1. 国内超声检测标准

目前，我国应用较为广泛的有关超声检测的标准主要有：

GB/T 11345—2013《焊缝无损检测　超声检测　技术、检测等级和评定》

GB/T 12604.1—2005《无损检测　术语　超声检测》

GB/T 18694—2002《无损检测　超声检验　探头及其声场的表征》

GB/T 11259—2015《无损检测　超声检测用钢参考试块的制作和控制方法》

GB/T 19799.1—2015《无损检测　超声检测　1 号校准试块》

GB/T 19799.2—2012《无损检测　超声检测　2 号校准试块》

GB/T 20935.2—2009《金属材料电磁超声检验方法　第 2 部分：利用电磁超声换能器技术进行超声检测的方法》

GB/T 23905—2009《无损检测　超声检测用试块》

GB/T 25759—2010《无损检测　数字化超声检测数据的计算机传输数据段指南》

GB/T 27664.1—2011《无损检测　超声检测设备的性能与检验　第 1 部分：仪器》

GB/T 27664.2—2011《无损检测　超声检测设备的性能与检验　第 2 部分：探头》

GB/T 27664.3—2012《无损检测　超声检测设备的性能与检验　第 3 部分：组合设备》

GB/T 27669—2011《无损检测　超声检测　超声检测仪电性能评定》

GB/T 28880—2012《无损检测　不用电子测量仪器对脉冲反射式超声检测系统性能特性的评定》

GB/T 23902—2009《无损检测　超声检测　超声衍射声时技术检测和评价方法》

GB/T 29302—2012《无损检测仪器　相控阵超声检测系统的性能与检验》

GB/T 29711—2013《焊缝无损检测　超声检测　焊缝中的显示特征》

GB/T 29712—2013《焊缝无损检测　超声检测　验收等级》

GB/T 5777—2008《无缝钢管超声波探伤检验方法》

GB/T 15830—2008《无损检测　钢制管道环向焊缝对接接头超声检测方法》

GB/T 20490—2006《承压无缝和焊接（埋弧焊除外）钢管分层的超声检测》

GB/T 29461—2012《聚乙烯管道电熔接头超声检测》

GB/T 1786—2008《锻制圆饼超声波检验方法》

GB/T 4162—2008《锻轧钢棒超声检测方法》

GB/T 6402—2008《钢锻件超声检测方法》

GB/T 7233.1—2009《铸钢件　超声检测　第 1 部分：一般用途铸钢件》

GB/T 7233.2—2010《铸钢件　超声检测　第 2 部分：高承压铸钢件》

NB/T 47013.1—2015《承压设备无损检测　第 1 部分：通用要求》

NB/T 47013.3—2015《承压设备无损检测　第 3 部分：超声检测》

NB/T 20003.1—2010《核电厂核岛机械设备无损检测　第 1 部分：通用要求》

NB/T 20003.2—2010《核电厂核岛机械设备无损检测　第 2 部分：超声检测》

NB/T 20328.1—2015《核电厂核岛机械设备无损检测另一规范　第 1 部分：通用要求》

NB/T 20328.2—2015《核电厂核岛机械设备无损检测另一规范　第 2 部分：超声检测》

NB/T 47013.10—2015《承压设备无损检测　第 10 部分：衍射时差法超声检测》

DL/T 1105.1—2009《电站锅炉集箱小口径接管座角焊缝无损检测技术导则　第 1 部分：通用要求》

DL/T 1105.2—2010《电站锅炉集箱小口径接管座角焊缝无损检测技术导则 第 2 部分：超声检测》

DL/T 330—2010《水电水利工程金属结构及设备焊接接头衍射时差法超声检测》

DL/T 694—2012《高温紧固螺栓超声检测技术导则》

JB/T 8467—2014《锻钢件超声检测》

JB/T 1582—2014《汽轮机叶轮锻件超声检测方法》

JB/T 1581—2014《汽轮机、汽轮发电机转子和主轴锻件超声检测方法》

JB/T 10411—2014《离心机、分离机不锈钢锻件超声检测及质量评级》

JB/T 10554.1—2015《无损检测 轴类球墨铸铁超声检测 第 1 部分：总则》

JB/T 10554.2—2015《无损检测 轴类球墨铸铁超声检测 第 2 部分：球墨铸铁曲轴的检测》

JB/T 10555—2013《无损检测 气门超声检测》

JB/T 10559—2006《起重机械无损检测 钢焊缝超声检测》

JB/T 10659—2015《无损检测 锻钢材料超声检测 连杆的检测》

JB/T 10660—2015《无损检测 锻钢材料超声检测 连杆螺栓的检测》

JB/T 10661—2015《无损检测 锻钢材料超声检测 万向节的检测》

JB/T 10662—2013《无损检测 聚乙烯管道焊缝超声检测》

JB/T 11610—2013《无损检测仪器 数字超声检测仪技术条件》

JB/T 8428—2015《无损检测 超声试块通用规范》

JB/T 9212—2010《无损检测 常压钢质储罐焊缝超声检测方法》

JB/T 9214—2010《无损检测 A 型脉冲反射式超声检测系统工作性能测试方法》

SY/T 6423.2—2013《石油天然气工业 钢管无损检测方法 第 2 部分：焊接钢管焊缝纵向和/或横向缺欠的自动超声检测》

SY/T 6423.3—2013《石油天然气工业 钢管无损检测方法 第 3 部分：焊接钢管用钢带/钢板分层缺欠的自动超声检测》

SY/T 6423.4—2013《石油天然气工业 钢管无损检测方法 第 4 部分：无缝和焊接钢管分层缺欠的自动超声检测》

SY/T 6858.4—2012《油井管无损检测方法 第 4 部分：钻杆焊缝超声波检测》

SY/T 6858.5—2016《油井管无损检测方法 第 5 部分：超声测厚》

MH/T 3002—2006《航空器无损检测 超声检测》

TB/T 1558.1—2010《机车车辆焊缝无损检测 第 1 部分：总则》

TB/T 1558.2—2010《机车车辆焊缝无损检测 第 2 部分：超声检测》

SL 581—2012《水工金属结构 T 形接头角焊缝和组合焊缝超声检测方法和质量分级》

JJG（交通）070—2006《混凝土超声检测仪》

JT/T 659—2006《混凝土超声检测仪》

2. 国际和国外主要超声检测标准

ISO 5577—2017《Non-destructive testing-Ultrasonic testing-Vocabulary》

ISO 10375—1997 《Non-destructive testing. Ultrasonic inspection. Characterization of search unit and sound field first edition》

ISO 12710—2002 《Non-destructive testing. Ultrasonic inspection. Evaluating electronic characteristics of ultrasonic test instruments first edition》

ASTM E114—2015 《接触式超声脉冲回波直射束测试规程》

ASTM E164—2013 《焊件接触式超声波检测规程》

ASTM A388/A388M—2016a 《钢锻件超声波检验规程》

ASTM A435/A435M—2017 《中厚钢板直射束超声检测规格》

ASTM E2373/E2373M—2014 《超声衍射时差法使用规程》

JIS Z 3060—2015 《钢焊缝的超声波试验方法》

JIS Z 3080—1995 《铝合金对接焊缝超声波角试验方法》

JIS Z 3050—1995 《管道焊接件的无损检测方法》

JIS G 0801—2008 《压力容器用钢板超声波探伤方法》

11.2.3　射线检测标准

1. 国内射线检测标准

GB/T 3323—2005 《金属熔化焊焊接接头射线照相》

GB/T 5677—2007 《铸钢件射线照相检测》

GB/T 9445—2015 《无损检测　人员资格鉴定与认证》

GB/T 9582—2008 《摄影　工业射线胶片 ISO 感光度，ISO 平均斜率和 ISO 斜率 G2 和 G4 的测定（用 X 和 γ 射线曝光）》

GB/T 12604.2—2005 《无损检测　术语　射线照相检测》

GB/T 12605—2008 《无损检测　金属管道熔化焊环向对接接头射线照相检测方法》

GB 18871—2002 《电离辐射防护与辐射源安全基本标准》

GB/T 19348.1—2014 《无损检测　工业射线照相胶片　第 1 部分：工业射线照相胶片系统的分类》

GB/T 19348.2—2003 《无损检测　工业射线照相胶片　第 2 部分：用参考值方法控制胶片处理》

GB/T 19802—2005 《无损检测　工业射线照相观片灯　最低要求》

GB/T 19803—2005 《无损检测　射线照相像质计　原则与标识》

GB/T 19943—2005 《无损检测　金属材料 X 和伽玛射线　照相检测　基本规则》

NB/T 20003.1—2010 《核电厂核岛机械设备无损检测　第 1 部分：通用要求》

NB/T 20003.3—2010 《核电厂核岛机械设备无损检测　第 3 部分：射线检测》

NB/T 20328.3—2015 《核电厂核岛机械设备无损检测另一规范　第 3 部分：射线检测》

NB/T 47013.1—2015 《承压设备无损检测　第 1 部分：通用要求》

NB/T 47013.2—2015 《承压设备无损检测　第 2 部分：射线检测》

NB/T 47013.11—2015 《承压设备无损检测　第 11 部分：X 射线数字成像检测》

CB/T 3929—2013 《铝合金船体对接接头 X 射线检测及质量分级》

CB/T 3558—2011 《船舶钢焊缝射线检测工艺和质量分级》

JB/T 12457—2015《无损检测仪器　线路板检测用 X 射线检测仪性能试验方法》

JB/T 12456—2015《无损检测仪器　线路板检测用 X 射线检测仪技术条件》

JB/T 12530.3—2015《塑料焊缝无损检测方法　第 3 部分：射线检测》

JB/T 8543—2015《泵产品零件无损检测　泵受压铸钢件射线检测》

JB/T 7902—2015《无损检测　线型像质计通用规范》

TB/T 1558.1—2010《机车车辆焊缝无损检测　第 1 部分：总则》

TB/T 1558.3—2010《机车车辆焊缝无损检测　第 3 部分：射线照相检测》

SY/T 6423.1—2013《石油天然气工业　钢管无损检测方法　第 1 部分：焊接钢管焊缝缺欠的射线检测》

SY/T 6423.5—2014《石油天然气工业　钢管无损检测方法　第 5 部分：焊接钢管焊缝缺欠的数字射线检测》

SY/T 4120—2012《高含硫化氢气田钢质管道环焊缝射线检测》

HB 7684—2000《射线照相检验用线型像质计》

2. 国际和国外主要射线检测标准

ASTM E94/E94M—2017《用工业射线胶片进行射线探伤的指南》

ASTM E155—2015《铝和镁铸件检验用参考照片》

ASTM E186—2015《厚壁 2~4.5in（51~114mm）钢铸件的参考射线照片》

ASTM E192—2015《航空航天设备熔模钢铸件的参考射线照片》

ASTM E242—2015《某些参数变化时射线照相图像外观的参考射线照片》

ASTM E272—2015《高强度铜基和镍铜合金铸件参考射线照片》

ASTM E280—2015《厚壁 4.5~12in（114~305mm）钢铸件参考射线照片》

ASTM E310—2015《锡青铜铸件参考射线照片》

ASTM E390—2015《钢熔化焊焊缝参考照片》

ASTM E431—1996（2016）《半导体器件及有关器件射线照片说明指南》

ASTM E446—2015《厚度 2in（51mm）以下钢铸件参考照片》

ASTM E505—2015《铝和镁压铸件检验用参考照片》

ASTM E545—2014《测定直接热中子射线探伤中成像质量的试验方法》

ASTM E689—2015《球墨铁铸件参考射线照片》

ASTM E746—2018《工业用射线底片相关图像质量灵敏度测定方法》

ASTM E747—2004（2010）《射线照相检测用线型像质计的设计、制造与材料分组分类规程》

ASTM E748—2016《材料热中子 X 射线照相规程》

ASTM E801—2016《电子器件射线检验质量控制规程》

ASTM E802—2015《厚度最大为 4.5in（114mm）的灰铸铁件参考射线照片》

ASTM E803—2017《测定中子射线束 L/D 的试验方法》

ASTM E999—2015《工业射线照相胶片的冲洗质量控制指南》

ASTM E1000—2016《X 射线检验法导则》

ASTM E1025—2018《放射学用孔型图像质量指示器设计、制造和材料分组分类规程》

ASTM E1030/E1030M—2015《金属铸件射线探伤规程》

ASTM E1032—2012《焊件射线照相检查的试验方法》

ASTM E1079—2016《透射光密度计的校准规程》

ASTM E1114—2009 (2014)《192 铱工业 X 射线源尺寸测定方法》

ASTM E1161—2009 (2014)《半导体和电子元件放射性检查规程》

ASTM E1165—2012《用针孔成像法测量工业 X 射线管焦点的试验方法》

ASTM E1254—2013《X 射线照片和未曝光工业 X 射线照相胶片的保存指南》

ASTM E1255—2016《放射检查规程》

ASTM E1320—2015《钛铸件参考照片》

ASTM E1390—2012 (2016)《工业放射线照片检视灯规格》

ASTM E1411—2016《射线检查系统鉴定规程》

ASTM E1416—2016a《焊件射线检验方法》

ASTM E1441—2011《计算机断面 X 射线照相成像指南》

ASTM E1453—2014《包含模拟或数字射线检查数据的磁带媒介贮存指南》

ASTM E1475—2013《数字式放射线试验数据计算机传输用数据字段的指南》

ASTM E1570—2011《计算机断面 X 射线检查规程》

ASTM E1647—2016《射线检查的对比灵敏度评定规程》

ASTM E1648—2015《铝熔化焊件检验用参考射线照片》

ASTM E1672—2012《计算机 X 射线断层成像系统的选择指南》

ASTM E1695—1995 (2013)《测量计算机层析 X 射线照相系统性能的试验方法》

ASTM E1734—2016a《铸件射线检查规程》

ASTM E1735—2007 (2014)《测定曝光于 4~25MeV 的 X 射线的工业射线底片相对图像质量的试验方法》

ASTM E1742/E1742M—2018《射线照相检验规程》

ASTM E1814—2014《铸件的计算机层析摄影 (CT) 检查规程》

ASTM E1815—2008 (2013)《工业射线照相胶卷系统分类的试验方法》

ASTM E1817—2008 (2014)《用典型质量指示剂实施放射学检查的质量检验规程》

ASTM E1931—2016《X 射线康普顿散射成像指南》

ASTM E1935—1997 (2013)《校准和测量 CT 密度的试验方法》

ASTM E1936—2015《射线照片数字化系统性能评定用参考射线照片》

ASTM E1955—2004 (2014)《用 ASTM E390 分级射线照片检验钢中焊缝完善性的参考射线照片》

ASTM E2002—2015《射线检测中测定总的不清晰度的方法》

ASTM E2003—2010 (2014)《中子射线束纯度指示器的制作方法》

ASTM E2007—2010 (2016)《计算机放射成像系统指南》

ASTM E2023—2010 (2014)《中子射线照相灵敏度指示器的制作方法》

ASTM E2033—2017《计算机 X 线摄影 (光激发光法) 规程》

ASTM E2104—2015《先进航空和涡轮材料及部件射线照相检验规程》

ASTM E543—2015《无损检测机构规格》

ASTM E1212—2017《无损测试机构质量管理体系规程》

ASTM E1359—2017《无损检测机构能力评定指南》

11.2.4　磁粉检测标准

1. 国内磁粉检测标准

NB/T 20003.1—2010《核电厂核岛机械设备无损检测　第 1 部分：通用要求》

NB/T 20003.5—2010《核电厂核岛机械设备无损检测　第 5 部分：磁粉检测》

NB/T 20328.1—2015《核电厂核岛机械设备无损检测另一规范　第 1 部分：通用要求》

NB/T 20328.5—2015《核电厂核岛机械设备无损检测另一规范　第 5 部分：磁粉检测》

NB/T 47013.1—2015《承压设备无损检测　第 1 部分：通用要求》

NB/T 47013.4—2015《承压设备无损检测　第 4 部分：磁粉检测》

TB/T 1558.4—2010《机车车辆焊缝无损检测　第 4 部分：磁粉检测》

TB/T 3256.7—2011《机车在役零部件无损检测　第 7 部分：一般零部件磁粉检测》

TB/T 3256.6—2011《机车在役零部件无损检测　第 6 部分：杆类、销类及轴类零件磁粉检测》

TB/T 3256.3—2011《机车在役零部件无损检测　第 3 部分：轮对磁粉检测》

DL/T 1105.1—2009《电站锅炉集箱小口径接管座角焊缝无损检测技术导则　第 1 部分：通用要求》

DL/T 1105.4—2010《电站锅炉集箱小口径接管座角焊缝无损检测技术导则　第 4 部分：磁记忆检测》

CB/T 3958—2004《船舶钢焊缝磁粉检测、渗透检测工艺和质量分级》

SY/T 6423.6—2014《石油天然气工业　钢管无损检测方法　第 6 部分：无缝和焊接（埋弧焊除外）铁磁性钢管纵向和/或横向缺欠的全周自动漏磁检测》

SY/T 6858.3—2012《油井管无损检测方法　第 3 部分：钻具螺纹磁粉检测》

SY/T 6858.1—2012《油井管无损检测方法　第 1 部分：套铣管螺纹漏磁探伤》

SY/T 6858.2—2012《油井管无损检测方法　第 2 部分：钻杆加厚过渡带漏磁探伤》

JB/T 8468—2014《锻钢件磁粉检测》

JB/T 11784—2014《往复式内燃机　大功率柴油机 连续纤维锻钢曲轴　检验方法：湿法连续法磁粉检测》

JB/T 7367—2013《圆柱螺旋压缩弹簧　磁粉检测方法》

JB/T 8118.3—2011《内燃机　活塞销　第 3 部分：磁粉检测》

JB/T 9744—2010《内燃机　零、部件磁粉检测》

JB/T 7293.4—2010《内燃机 螺栓与螺母　第 4 部分：连杆螺栓　磁粉检测》

JB/T 6912—2008《泵产品零件无损检测　磁粉探伤》

JB/T 6439—2008《阀门受压件磁粉探伤检验》

JB/T 6721.2—2007《内燃机　连杆　第 2 部分：磁粉探伤》

JB/T 6729—2007《内燃机　曲轴、凸轮轴磁粉探伤》

JB/T 6063—2006《无损检测　磁粉检测用材料》

JB/T 8290—2011《无损检测仪器　磁粉探伤机》

HB/Z 72—1998《磁粉检验》

MH/T 3008—2012《航空器无损检测　磁粉检测》

2. 国际和国外主要磁粉检测标准

ISO 9934-3—2015《无损检测　磁粉检测　第3部分：设备》

ISO 9934-2—2015《无损检测　磁粉检测　第2部分：检测介质》

ISO 9934-1—2016《无损检测　磁粉检测　第1部分：总则》

ISO 23278—2015《焊接的无损检测　磁粉检测　验收标准》

ISO 3059—2012《无损检测　渗透检测和磁粉检测　观察条件》

ISO 4986—2010《铸钢件　磁粉检测》

ASTM E709—2015《磁粉检验指南》

ASTM E1444/E1444M—2016《磁粉检验规程》

JIS G0565—1992《钢铁材料的磁粉探伤试验方法及磁粉模样的分类》

11.2.5　渗透检测标准

1. 国内渗透检测标准

GB/T 12604.3—2013《无损检测　术语　渗透检测》

GB/T 9443—2007《铸钢件渗透检测》

GB/T 18853—2008《无损检测　渗透检测　第3部分：参考试块》

NB/T 20003.1—2010《核电厂核岛机械设备无损检测　第1部分：通用要求》

NB/T 20003.4—2010《核电厂核岛机械设备无损检测　第4部分：渗透检测》

NB/T 20328.1—2015《核电厂核岛机械设备无损检测另一规范　第1部分：通用要求》

NB/T 20328.4-2015《核电厂核岛机械设备无损检测另一规范　第4部分：渗透检测》

NB/T 47013.1—2015《承压设备无损检测　第1部分：通用要求》

NB/T 47013.5—2015《承压设备无损检测　第5部分：渗透检测》

JB/T 6064—2015《无损检测　渗透试块通用规范》

JB/T 9218—2015《无损检测　渗透检测方法》

TB/T 1558.1—2010《机车车辆焊缝无损检测　第1部分：总则》

TB/T 1558.5—2010《机车车辆焊缝无损检测　第5部分：渗透检测》

CB/T 3958—2004《船舶钢焊缝磁粉检测、渗透检测工艺和质量分级》

CB/T 3290—2013《民用船舶铜合金螺旋桨渗透检测》

SY/T 6858.6—2016《油井管无损检测方法　第6部分：非铁磁体螺纹渗透检测》

GJB 2367A—2005《渗透检测方法》

HB 7681—2000《渗透检验用材料》

2. 国际和国外主要渗透检测标准

ISO 4987—2010《铸钢件　液体渗透检测》

ASTM E1316—2018a《无损检验术语》

ASTM E1417/E1417M—2016《液体渗透探伤规程》

ASTM E1208—2016《使用亲脂性后乳化方法进行荧光液体渗透探伤的试验方法》

ASTM E1209—2010《使用水洗方法做荧光液体渗透检查的试验方法》

ASTM E1210—2016《使用亲水后乳化工艺进行荧光液体渗透探伤的试验方法》

ASTM E1219—2016《使用溶剂去除法做荧光液体渗透检查的试验方法》

ASTM E1220—2016《使用溶剂去除法做可视渗透检查的试验方法》

ASTM E1418—2016《使用水洗法做可视渗透检验的规程》

ASTM E165/E165M—2012《产业通用液体渗透探伤规程》

ASTM E1135—2012《比较荧光渗透剂亮度的试验方法》

ASTM B137—1995（2014）《测量阳极镀铝层单位镀层重量的试验方法》

ASTM A903/A903M—1999（2017）《用磁性粒子和液体渗透检验法的钢铸件表面验收标准规格》

ASTM E 433—1971（2013）《液体渗透检查用参考照片》

11.2.6　涡流检测标准

NB/T 20003.6—2010《核电厂核岛机械设备无损检测　第 6 部分：管材制品涡流检测》

NB/T 20328.1—2015《核电厂核岛机械设备无损检测另一规范　第 1 部分：通用要求》

NB/T 20328.6—2015《核电厂核岛机械设备无损检测另一规范　第 6 部分：涡流检测》

NB/T 47013.1—2015《承压设备无损检测　第 1 部分：通用要求》

NB/T 47013.6—2015《承压设备无损检测　第 6 部分：涡流检测》

DL/T 1105.1—2009《电站锅炉集箱小口径接管座角焊缝无损检测技术导则　第 1 部分：通用要求》

DL/T 1105.3—2010《电站锅炉集箱小口径接管座角焊缝无损检测技术导则　第 3 部分：涡流检测》

11.2.7　其他无损检测标准

GB 11533—2011《标准对数视力表》

GB/T 6417.1—2005《金属熔化焊接头缺欠分类及说明》

GB/T 5097—2005《无损检测　渗透检测和磁粉检测　观察条件》

NB/T 47013.7—2012《承压设备无损检测　第 7 部分：目视检测》

NB/T 47013.8—2012《承压设备无损检测　第 8 部分：泄漏检测》

NB/T 47013.9—2012《承压设备无损检测　第 9 部分：声发射检测》

11.3　实验室认证

11.3.1　实验室认可起源

20 世纪 40 年代，澳大利亚由于缺乏一致的检测标准和手段，无法为第二次世界大战中的英军提供军火，为此着手组建全国统一的检测体系。1947 年，澳大利亚首先建立了世界上第一个检测实验室认可体系——国家检测权威机构协会（NATA）。1966 年，英国建立了校准实验室认可体系——大不列颠校准服务局（BCS）。此后，世界上一些发达国家纷纷建立了自己的实验室认可机构。1973 年，在关贸总协定（GATT）的《贸易技术壁垒协定》（TBT 协定）中采用了实验室认可制度。1977 年，在美国倡议下成立了论坛性质的国际实验室认可会议（ILAC），并于 1996 年转变为实体，即国际实验室认可合作组织（ILAC）。

"认可"一词"Accreditation"的传统释义为：甄别合格、鉴定合格、公认合格（例如承认学校、医院、社会工作机构等达到标准）的行动，或被甄别、鉴定、公认合格的状态。与此类似，ISO/IEC 指南 2：1996 将"认可"定义为：权威机构对某一机构或个人有能力完成特定任务做出正式承认的程序。引申到实验室认可，其定义为：由权威机构对检测/校准实验室及其人员有能力进行特定类型的检测/校准做出正式承认的程序。所谓的权威机构，是指具有法律或行政授权的职责和权力的政府或民间机构。这种承认，意味着承认检测/校准实验室有管理能力和技术能力从事特定领域的工作。由此可知，实验室认可的实质是对实验室开展的特定的检测/校准项目的认可，并非实验室的所有业务活动。

11.3.2　实验室认可的作用和意义

1）表明具备了按相应认可准则开展检测和校准服务的技术能力。

2）增强市场竞争能力，赢得政府部门、社会各界的信任。

3）获得签署互认协议方国家和地区认可机构的承认。

4）有机会参与国际合格评定机构认可双边、多边合作交流。

5）可在认可的范围内使用 CNAS（中国合格评定国家认可委员会）国家实验室认可标志和 ILAC 国际互认联合标志。

6）列入获准认可机构名录，提高知名度。

7）CNAS 检测报告目前被全球 60 个国家/地区所承认，从而真正达到了一次检测、全球认可的效果。

11.3.3　我国实验室认可现状

目前，我国已经有六千余家实验室获得了国家认可。我国实验室认可的规模和发展速度目前在世界上均处于第一位。持续增长的认可数量和不断拓宽的认可领域，不仅提高了我国实验室认可服务的广度和深度，促进了我国实验室管理水平和技术能力的提升，而且从技术上提升了我国的产品质量和食品安全水平。随着我国政府以及社会各界对产品质量的重视及对实验室国家认可的提倡，社会各界对实验室认可益处的不断认识，一些大型企业已经对其供应商的质检部门提出实验室认可的要求。实验室认可已经成为社会各类实验室对外证明其能力的最重要的途径。

11.3.4　实验室认可的基本准则

CNAS-CL01：2018《检测和校准实验室能力认可准则》（ISO/IEC 17025：2017）

CNAS-CL02：2012《医学实验室质量和能力认可准则》

CNAS-CL08：2013《司法鉴定/法庭科学机构能力认可准则》

CNAS-CI01：2012《检查机构能力认可准则》（ISO/IEC 17020：2016）

以上是申请 CNAS 的基本准则，同时还要考虑各个行业的特殊条款。

11.3.5　实验室认可的条件

根据国家有关法律法规和国际规范，认可是自愿的，CNAS 仅对申请人申请的认可范围，依据有关认可准则等要求，实施评审并做出认可决定。但申请人必须满足下列条件方可获得认可：

1）具有明确的法律地位，具备承担法律责任的能力。

2）符合 CNAS 颁布的认可准则。

① 质量管理体系正式运行超过 6 个月，而且进行了完整的内审和管理评审。

② 符合 CNAS-RL02：2018《能力验证规则》的要求。

③ 申请人的质量管理体系和技术活动运作处于稳定运行状态。

④ 聘用的工作人员符合有关法律法规的要求。

⑤ 正式受理后，可以在 3 个月内接受现场评审。

3）遵守 CNAS 认可规范文件的有关规定，履行相关义务。

4）符合有关法律法规的规定。

参 考 文 献

[1] 郑晖，林树青. 超声检测 [M]. 2 版. 北京：中国劳动社会保障出版社，2008.

[2] 胡学知. 渗透检测 [M]. 2 版. 北京：中国劳动社会保障出版社，2007.

[3] 强天鹏. 射线检测 [M]. 2 版. 北京：中国劳动社会保障出版社，2007.

[4] 宋志哲. 磁粉检测 [M]. 2 版. 北京：中国劳动社会保障出版社，2007.

[5] 国家能源局. 承压设备无损检测：NB/T 47013—2015 [S]. 北京：新华出版社，2015.

[6] 郑世才. 数字射线检测技术专题（五）——数字射线检测基本技术 [J]. 无损检测，2012，34（05）：
44-48.

[7] 郑世才. 数字射线检测技术专题（四）——数字射线图像基本理论 [J]. 无损检测，2012，34（04）：
60-65.

[8] 郑世才. 数字射线检测技术专题（三）——成像过程基本理论 [J]. 无损检测，2012，34（03）：
42-46.

[9] 郑世才. 数字射线检测技术专题（二）——辐射探测器介绍 [J]. 无损检测，2012，34（02）：35-40.

[10] 郑世才. 数字射线检测技术专题（一）——概述 [J]. 无损检测，2012，34（01）：49-51，60.

[11] 靳世久，杨晓霞，陈世利，等. 超声相控阵检测技术的发展及应用 [J]. 电子测量与仪器学报，
2014，28（09）：925-934.

[12] 潘亮，董世运，徐滨士，等. 相控阵超声检测技术研究与应用概况 [J]. 无损检测，2013，35
（05）：26-29.

[13] 田安定. 相控阵超声检测技术应用 [J]. 无损检测，2011，33（06）：58-62.

[14] 李衍. 超声 TOFD 检测读谱 [J]. 无损探伤，2010，34（05）：1-8.

[15] 梁玉梅，王琳，王彦启. 超声 TOFD 检测原理探析 [J]. 无损检测，2010，32（07）：533-538.

[16] 李衍. 承压设备 NDE 新通道——ASME 对超声 TOFD 技术的应用规定　第一部分：焊缝 TOFD 检测
的基本要求 [J]. 中国特种设备安全，2010，26（03）：45-48.